21世纪高等学校计算机教育实用规划教材

Visual Basic 6.0 程序设计实训教材

麦永浩 姚秋凤 吴燕波 高江明 主编

U0315300

清华大学出版社

北京

内 容 简 介

本书结合作者多年的实践教学经验,介绍了 Visual Basic 6.0 语言理论基础,增加了许多实际用例,着重于程序开发实践能力的培养,是面向过程开发模式向面向对象开发模式的继承与延续;本书在传承过程编程思想的同时,采用面向对象与事件驱动程序设计思想,循序渐进地引导读者理解面向对象的开发思想,并以大量实际案例介绍整个软件开发的过程,满足最新全国计算机等级考试大纲要求,由浅入深,易学好懂,重点难点突出。

本书既可作为《全国计算机等级考试二级考试大纲(Visual Basic 语言程序设计)》的配套教材,也可单独作为 Visual Basic 6.0 程序设计的实用教材,可为各院校教师、学生及热衷于程序开发的 IT 读者提供理论与实践指导。

图书在版编目(CIP)数据

Visual Basic 6.0 程序设计实训教材/麦永浩等主编.--北京:清华大学出版社,2015
  21 世纪高等学校计算机教育实用规划教材
ISBN 978-7-302-38922-4

Ⅰ. ①V… Ⅱ. ①麦… Ⅲ. ①BASIC 语言—程序设计—教材 Ⅳ. ①TP312

中国版本图书馆 CIP 数据核字(2015)第 005481 号

责任编辑:黄 芝 王冰飞
封面设计:常雪影
责任校对:焦丽丽
责任印制:刘海龙

出版发行:清华大学出版社
      网   址:http://www.tup.com.cn,http://www.wqbook.com
      地   址:北京清华大学学研大厦 A 座   邮   编:100084
      社 总 机:010-62770175   邮   购:010-62786544
      投稿与读者服务:010-62776969,c-service@tup.tsinghua.edu.cn
      质 量 反 馈:010-62772015,zhiliang@tup.tsinghua.edu.cn
      课 件 下 载:http://www.tup.com.cn,010-62795954
印 装 者:三河市中晟雅豪印务有限公司
经   销:全国新华书店
开   本:185mm×260mm   印   张:18.25   字   数:443 千字
版   次:2015 年 3 月第 1 版   印   次:2015 年 3 月第 1 次印刷
印   数:1~2000
定   价:34.50 元

产品编号:059344-01

编　委　会

主　编：麦永浩　　姚秋凤　　吴燕波　　高江明

编　委：麦永浩　　姚秋凤　　吴燕波　　高江明

　　　　向大为　　周世萍　　李　俊　　陈光明

　　　　李小刚

出 版 说 明

　　随着我国高等教育规模的扩大以及产业结构调整的进一步完善,社会对高层次应用型人才的需求将更加迫切。各地高校紧密结合地方经济建设发展需要,科学运用市场调节机制,合理调整和配置教育资源,在改革和改造传统学科专业的基础上,加强工程型和应用型学科专业建设,积极设置主要面向地方支柱产业、高新技术产业、服务业的工程型和应用型学科专业,积极为地方经济建设输送各类应用型人才。各高校加大了使用信息科学等现代科学技术提升、改造传统学科专业的力度,从而实现传统学科专业向工程型和应用型学科专业的发展与转变。在发挥传统学科专业师资力量强、办学经验丰富、教学资源充裕等优势的同时,不断更新教学内容、改革课程体系,使工程型和应用型学科专业教育与经济建设相适应。计算机课程教学在从传统学科向工程型和应用型学科转变中起着至关重要的作用,工程型和应用型学科专业中的计算机课程设置、内容体系和教学手段及方法等也具有不同于传统学科的鲜明特点。

　　为了配合高校工程型和应用型学科专业的建设和发展,急需出版一批内容新、体系新、方法新、手段新的高水平计算机课程教材。目前,工程型和应用型学科专业计算机课程教材的建设工作仍滞后于教学改革的实践,如现有的计算机教材中有不少内容陈旧(依然用传统专业计算机教材代替工程型和应用型学科专业教材),重理论、轻实践,不能满足新的教学计划、课程设置的需要;一些课程的教材可供选择的品种太少;一些基础课的教材虽然品种较多,但低水平重复严重;有些教材内容庞杂,书越编越厚;专业课教材、教学辅助教材及教学参考书短缺,等等,都不利于学生能力的提高和素质的培养。为此,在教育部相关教学指导委员会专家的指导和建议下,清华大学出版社组织出版本系列教材,以满足工程型和应用型学科专业计算机课程教学的需要。本系列教材在规划过程中体现了如下一些基本原则和特点。

　　(1) 面向工程型与应用型学科专业,强调计算机在各专业中的应用。教材内容坚持基本理论适度,反映基本理论和原理的综合应用,强调实践和应用环节。

　　(2) 反映教学需要,促进教学发展。教材规划以新的工程型和应用型专业目录为依据。教材要适应多样化的教学需要,正确把握教学内容和课程体系的改革方向,在选择教材内容和编写体系时注意体现素质教育、创新能力与实践能力的培养,为学生知识、能力、素质协调发展创造条件。

　　(3) 实施精品战略,突出重点,保证质量。规划教材建设仍然把重点放在公共基础课和专业基础课的教材建设上;特别注意选择并安排一部分原来基础比较好的优秀教材或讲义修订再版,逐步形成精品教材;提倡并鼓励编写体现工程型和应用型专业教学内容和课程体系改革成果的教材。

（4）主张一纲多本，合理配套。基础课和专业基础课教材要配套，同一门课程可以有多本具有不同内容特点的教材。处理好教材统一性与多样化，基本教材与辅助教材，教学参考书，文字教材与软件教材的关系，实现教材系列资源配套。

（5）依靠专家，择优选用。在制订教材规划时要依靠各课程专家在调查研究本课程教材建设现状的基础上提出规划选题。在落实主编人选时，要引入竞争机制，通过申报、评审确定主编。书稿完成后要认真实行审稿程序，确保出书质量。

繁荣教材出版事业，提高教材质量的关键是教师。建立一支高水平的以老带新的教材编写队伍才能保证教材的编写质量和建设力度，希望有志于教材建设的教师能够加入到我们的编写队伍中来。

21世纪高等学校计算机教育实用规划教材编委会

联系人：魏江江 weijj@tup. tsinghua. edu. cn

前　言

计算机应用能力是高等院校各专业学生必备的能力,掌握可视化程序设计方法是计算机应用的一个方面。Visual Basic 6.0 是一种应用广泛、较为流行的可视化程序设计工具,采用的是面向对象事件驱动的程序设计方法,由于它易学、通用,因此在计算机应用领域被广泛使用。

本书的编写以专业理论为基础,以实用为原则,结合当代大学生的特点,理论以适用为度,通过侧重综合能力和实践能力的培养来精心组织教学内容,以程序设计流程和事件驱动的实践演练为两条主线贯穿始终,在传承过程编程思想的同时,采用面向对象与事件驱动程序设计方法,由浅入深地引导读者理解面向对象的开发思想,顺利地从面向过程的程序设计转向面向对象的程序设计。本书语言精练、内容丰富,采用循序渐进的方式,结合界面设计,充分考虑与《全国计算机等级考试二级考试大纲(Visual Basic 语言程序设计)》相统一,以面向对象程序设计训练为主,同时对文件、数据库技术等方面的应用进行了较为详细的介绍,并通过一些应用实例帮助读者理解和掌握程序设计的基本理论和常用算法,同时配备大量实训例子和习题,供读者进行学习和练习。

本书由具有丰富教学和实践经验的教师编写,由麦永浩、姚秋凤、吴燕波、高江明担任主编。麦永浩负责总体构思,确定章节框架和写作内容,姚秋凤、吴燕波负责统稿与编排,高江明负责全部程序调试,周世萍负责资料收集和整理,陈光明、李小刚参与部分程序调试。本书第 1~2 章由姚秋凤编写,第 3~5 章及第 13 章由高江明编写,第 6~9 章由吴燕波编写,第 10 章由李俊编写,第 11 章由麦永浩编写,第 12 章由向大为编写。

本书在编写过程中得到了清华大学出版社和湖北省电子取证协同创新中心的大力支持,同时也参考了许多学者的研究成果,在此一并感谢。由于时间仓促,书中缺点或错误在所难免,敬请广大读者、专家提出宝贵的意见。

编　者

2015 年 1 月

目　　录

第1章　中文 Visual Basic 6.0 开发环境

Visual Basic(简称 VB)是 Microsoft 公司推出的专门用于开发基于 Windows 应用程序的工具语言,它由在计算机技术发展史上应用最为广泛的 Basic 发展而来,如今已是一种可视化的、面向对象的程序设计语言,在数据库、分布式处理、Internet 及多媒体等方面有着广泛的应用。

本章主要任务:

(1) 了解 VB 的发展及其功能、特点;

(2) 掌握中文 VB 6.0 的安装与启动方法;

(3) 认识中文 VB 6.0 的集成开发环境;

(4) 掌握中文 VB 6.0 帮助系统的安装及使用方法。

1.1　中文 Visual Basic 6.0 简介

Visual 指的是开发图形用户界面(GUI)的方法,无须编写大量的代码去描述界面元素的外观和位置,只要把预先建立的对象加到屏幕上即可。Basic 指的是 BASIC(Beginners All-Purpose Symbolic Instruction Code,初学者通用指令代码),它是一种在计算机技术发展史上应用最为广泛的语言。

Visual Basic 简单易学、通用性强、功能强大、用途广泛。对于一个对编程一无所知而又迫切希望掌握一种快捷、实用的编程语言的初学者来说,Visual Basic 是最好的选择。虽然 Visual Basic 存在程序编译和运行效率较低的不足,但其快捷的开发速度、简单易学的语法,体贴便利的开发环境,使得它仍不失为一款优秀的编程工具,是初学者的首选。

1.1.1　Visual Basic 的发展

Visual Basic 是一种可视化的、面向对象和采用事件驱动方式的结构化高级程序设计语言,可用于开发 Windows 环境下的各类应用程序,它是伴随 Windows 操作系统发展的。Microsoft 公司于 1991 年推出 Visual Basic 1.0 版,获得巨大成功,此后陆续推出 2.0 版、3.0 版、4.0 版、5.0 版、6.0 版。随着版本的改进,Visual Basic 已逐渐成为简单易学、功能强大的编程工具。从 1.0 到 4.0 版,Visual Basic 只有英文版;而 5.0 版以后的 Visual Basic 在推出英文版的同时又推出了中文版,大大方便了中国用户。Visual Basic 6.0 是 1998 年推出的可视化编程工具之一,是目前世界上使用最广泛的程序开发工具,进一步加强了数据库、Internet 和创建控件等方面的功能。

Visual Basic 6.0 包含 3 种版本,3 种版本适合不同的用户。

(1) 学习版(Learning)：基础版本,包括所有的内部控件以及网格、选项卡和数据绑定控件。

(2) 专业版(Professional)：针对计算机专业开发人员,是一整套功能完备的开发工具。该版本包括学习版的全部功能以及 ActiveX 控件、Internet 控件、Crystal Report Writer 和报表控件。

(3) 企业版(Enteprise)：Visual Basic 6.0 功能最全的版本,企业版使得专业编程人员能够开发功能强大的组内分布式应用程序。该版本包括专业版的全部功能,同时具有自动化管理器、部件管理器、数据库管理器、数据库管理工具、Microsoft Visual SourceSafe 面向工程版的控制系统等。

在 3 种版本中,企业版的功能最全,而专业版包括了学习版的功能,用户可根据自己的需要购买不同的版本。

本书使用的是中文 Visual Basic 6.0 的企业版,主要介绍 Visual Basic 程序设计的基本概念、开发环境、基本数据结构等,使大家具有使用 Visual Basic 解决基本应用问题的能力。

1.1.2 Visual Basic 的功能及特点

Visual Basic 可以用于开发多媒体、数据库、网络、图形等方面的应用程序。随着 Visual Basic 较新版本的陆续推出,Visual Basic 的功能越来越强。中文 Visual Basic 6.0 版本又在数据访问、控件、语言、向导及 Internet 支持等方面增加了许多新的功能。

数据访问特性允许对包括 Microsoft SQL Server 和其他企业数据库在内的大部分数据库格式建立数据库和前端应用程序,以及可调整的服务器端部件。

有了 ActiveX(TM)技术就可以使用其他应用程序提供的功能,例如 Microsoft Word 字处理器、Microsoft Excel 电子数据表及其他 Windows 应用程序。

Internet 功能强大,很容易在应用程序内通过 Internet 或 Intranet 访问文档和应用程序,或者创建 Internet 服务器应用程序。另外,已完成的应用程序是使用 Visual Basic 虚拟机的真正的 EXE 文件,可以自由发布。

总的来看,Visual Basic 具有以下特点。

1. 面向对象和可视化的程序设计

Visual Basic 实现了对象的封装,程序员只需把注意力集中到对象的设计特别是程序界面的设计上。

2. 事件驱动的运行机制

Visual Basic 程序是在 Windows 环境下开发的,因此其运行机制是事件驱动的。也就是说,只有发生某个动作(如按下某键或移动鼠标等动作时发生的变化等)才会执行相应的程序段。这种机制使人机交互更加方便,使程序的功能大大加强,也为多任务运行方式提供了保证。

3. 结构化的程序设计语言

在程序结构方面,Visual Basic 继承了 QBasic 的所有优点,不仅完全符合结构化程序设计的要求,而且具有较强的数值运算和字符串处理能力。

4. 多种数据库访问能力

Visual Basic 具有很强的数据库访问能力,不仅能方便地处理诸如 Visual FoxPro、

Access 等小型数据库中的数据，还可以轻松访问 Microsoft SQL Server 等大中型数据库中的数据。

5. 提供了功能完备的应用程序集成开发环境

Visual Basic 的集成开发环境集用户界面、代码编写、调试运行和编译打包等诸多功能于一体，为程序员提供了一整套功能强大的应用程序开发环境。

6. 方便使用的联机帮助功能

使用集成开发环境中的"帮助"菜单或 F1 键，用户可以随时获取和查阅有关的帮助信息（MSDN）。

1.2　中文 Visual Basic 的安装与启动

1.2.1　Visual Basic 6.0 的运行环境

1. 硬件环境

运行 Visual Basic 6.0 的硬件环境如下。

(1) CPU：Pentium 90MHz 或更高的微处理器。

(2) 显示器：VGA 640×480 或 Microsoft Windows 支持的更高分辨率的屏幕。

(3) 内存：32MB 以上。

(4) 硬盘空间。

- 学习版：典型安装 48MB，完全安装 80MB。
- 专业版：典型安装 48MB，完全安装 80MB。
- 企业版：典型安装 128MB，完全安装 147MB。

(5) 附加部件：MSDN（用于文档）67MB；Internet Explorer 4. x 约 66MB；CD-ROM。

2. 软件环境

运行 Visual Basic 6.0 的软件环境如下。

(1) Microsoft Windows NT 3. 51 以上版本。

(2) Microsoft Windows 98 以上版本。

(3) Microsoft Internet Explorer 4. 01 以上版本。

1.2.2　Visual Basic 6.0 的安装、启动与退出

1. 安装

Visual Basic 6.0 是 Visual Studio 6.0 套装组件中的一员，它可以和 Visual Studio 6.0 一起安装，也可以单独安装。单独安装的 Visual Basic 6.0 中文版有 4 张光盘，其中两张为 MSDN。安装时只需将安装盘放入光驱，在安装画面上单击"安装"按钮，跟随安装向导进行安装即可。

2. 添加或删除组件

添加或删除组件的方法如下：

(1) 将 Visual Basic 6.0 光盘放入光驱。

(2) 单击"开始"按钮，选择"设置"→"控制面板"→"添加/删除程序"。

（3）选择 Visual Basic 6.0 选项，单击"添加/删除"按钮。

（4）选择"添加/删除"、"重新安装"或"全部删除"。

3. 启动

启动 Visual Basic 6.0 有多种方法，下面介绍几种常用的方法：

1）通过"开始"菜单启动

单击"开始"按钮，选择"程序"→"Microsoft Visual Basic 6.0 中文版"，即可进入编程环境，如图 1-1 所示。

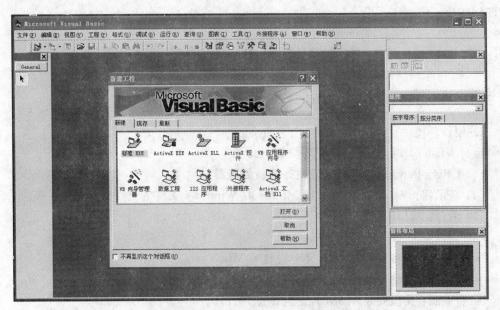

图 1-1　Visual Basic 6.0 启动窗口

2）使用"我的电脑"启动

在"我的电脑"中打开 Visual Basic 6.0 所在的硬盘，打开 VB 6.0 文件夹，双击 vb6.exe 图标，即可进入 Visual Basic 6.0 编程环境。

3）使用"开始"菜单中的"运行"命令启动

单击"开始"按钮，选择"运行"命令，在"打开"栏内输入 Visual Basic 6.0 启动文件的名字（包括路径），单击"确定"按钮即可。

4）通过快捷方式启动

建立启动 Visual Basic 6.0 的快捷方式，启动时只需双击该快捷方式图标即可。

4. 退出

在"文件"菜单中选择"退出"或单击 Visual Basic 6.0 主窗口中的"关闭"按钮。

1.3　中文 Visual Basic 6.0 集成开发环境简介

Visual Basic 6.0 采用可视化的编程环境，运行 Visual Basic 6.0 后，就会出现如图 1-1 所示的窗口。虽然看起来很复杂，数量较多的按钮、菜单、小窗口让人眼花缭乱，但如果把它分解为几个部分，用户了解了每个部分特定的功能，就会觉得非常清晰。

例如新建一个 Visual Basic 工程，方法很简单，在程序启动时出现的"新建工程"对话框中选择"标准 EXE"并单击"确定"按钮，就能直接创建一个工程。其实，Visual Basic 的编程环境就是通过这样一个界面把相近或相同的功能组合在一起的，它使用户在设计程序时能方便地控制程序的各个方面。

VB 6.0 的集成开发环境由主窗口、工具箱、窗体设计器窗口、属性窗口、代码窗口、工程资源管理器窗口、窗体布局窗口、对象浏览器窗口、立即窗口、本地窗口和监视窗口等几部分组成，如图 1-2 所示。下面分别介绍各部分的功能。

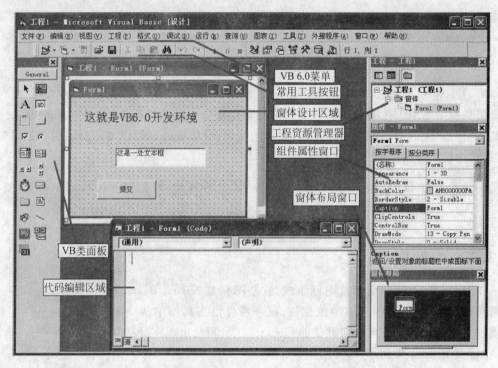

图 1-2　中文 Visual Basic 6.0 的编程环境

1.3.1　主窗口

主窗口也称设计窗口，位于集成环境的顶部，该窗口由标题栏、菜单栏、工具栏和工作桌面组成。

1. 标题栏

标题栏是屏幕顶部的水平条，包含控制菜单、工作模式、"最大化"按钮、"最小化"按钮和"关闭"按钮，如图 1-3 所示。

图 1-3　Visual Basic 6.0 的标题栏

Visual Basic 的工作模式（即标题名后面方括号中的内容）随着工作状态的不同而改变，通常有以下 3 种情形。

- 设计模式(Design)：可进行用户界面的设计和代码的编辑。
- 运行模式(Run)：正在运行应用程序。
- 中断模式(Break)：程序被暂时中断，可进行代码的编辑。

2. 菜单栏

在标题栏的下面是集成环境的主菜单。菜单栏中的菜单命令提供了开发、调试和保存应用程序所需要的工具。Visual Basic 6.0 中文版的菜单栏中共有 13 个菜单项，即文件、编辑、视图、工程、格式、调试、运行、查询、图表、工具、外接程序、窗口和帮助，如图 1-4 所示。

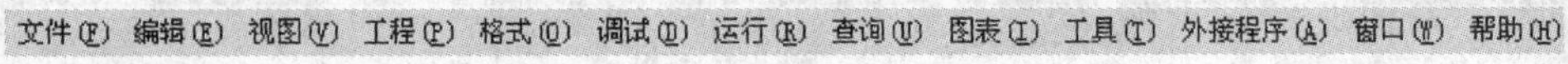

文件(F) 编辑(E) 视图(V) 工程(P) 格式(O) 调试(D) 运行(R) 查询(U) 图表(I) 工具(T) 外接程序(A) 窗口(W) 帮助(H)

图 1-4　Visual Basic 6.0 的菜单栏

3. 工具栏

工具栏主要用于在编程环境下快速访问常用命令。默认情况下，启动 Visual Basic 后将显示"标准"工具栏，如图 1-5 所示。附加的编辑、窗体设计和调试的工具栏可以通过"视图"菜单中的"工具栏"命令移进或移出。

图 1-5　Visual Basic 6.0 的工具栏

1.3.2　工具箱

工具箱(Tool Box)由工具图标组成，这些图标是 Visual Basic 应用程序的构件，被称为图形对象或控件，每个控件由工具箱中的一个工具图标来表示。系统启动后默认的 General 工具箱会出现在屏幕左边，上面共有 21 个常用部件，如图 1-6 所示。

工具箱主要用于应用程序的界面设计。在设计阶段，首先用工具箱中的工具（即控件）在窗体上建立用户界面，然后编写程序代码。界面的设计完全通过控件来实现，可以任意改变其大小，或移动到窗体的任何位置。

1.3.3　窗体设计器窗口

窗体设计器窗口简称窗体(Form)，是应用程序最终面向用户的窗口，对应于应用程序的运行结果。各种图形、图像、数据等都是通过窗体或窗体中的控件显示出来的。当打开一个新的工程文件时，Visual Basic 建立一个空的窗体，并命名为 FormX(这里的 X 为 1、2、3…)，如图 1-7 所示。

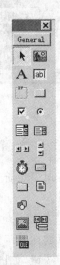

图 1-6　Visual Basic 工具箱

窗体的网格点可帮助用户对安装的控件准确定位，间距可通过"工具"→"选项"→"通用"→"显示网格"来设置。

1.3.4 属性窗口

"属性"窗口主要是针对窗体和控件设置的。在 Visual Basic 中，窗体和控件被称为对象。每个对象都可以用一组属性来刻画其特征，而属性窗口就是用来设置窗体或窗体中控件的属性的，如图 1-8 所示。

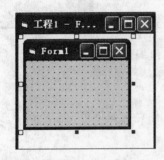

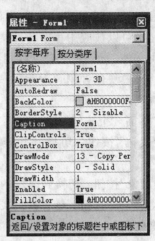

图 1-7　Visual Basic 窗体窗口　　　　图 1-8　Visual Basic 属性窗口

1.3.5 代码窗口

在设计模式中，通过双击窗体或窗体上的任何对象或通过单击工程资源管理器窗口中的"查看代码"按钮打开代码编辑器窗口，也称代码窗口，如图 1-9 所示。代码编辑器是输入应用程序代码的编辑器。

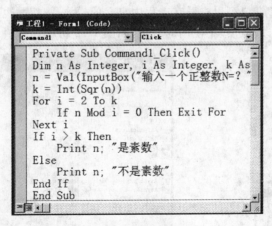

```
Private Sub Command1_Click()
Dim n As Integer, i As Integer, k As
n = Val(InputBox("输入一个正整数N=? "
k = Int(Sqr(n))
For i = 2 To k
    If n Mod i = 0 Then Exit For
Next i
If i > k Then
    Print n; "是素数"
Else
    Print n; "不是素数"
End If
End Sub
```

图 1-9　代码窗口

1.3.6 工程资源管理器窗口

工程是指用于创建一个应用程序的文件的集合。工程资源管理器中列出了当前工程中的窗体和模块，如图 1-10 所示。

中文 Visual Basic 6.0 开发环境

"工程"中包含下面 3 类文件。

- 窗体文件(.frm)：该文件存储窗体上使用的所有控件对象、对象的属性、对象相应的事件过程及程序代码。一个应用程序至少包含一个窗体文件。
- 标准模块文件(.bas)：所有模块级变量和用户自定义的通用过程都可以产生这样的文件。一个通用过程是指可以被应用程序各处调用的过程。
- 类模块文件(.cls)：用户可以用类模块建立自己的对象。类模块包含用户对象的属性及方法，但不包含事件代码。

窗体中有下面 3 个按钮。

图 1-10　工程资源管理器窗口

- "查看代码"按钮：切换到代码窗口，显示和编辑代码。
- "查看对象"按钮：切换到模块的对象窗口。
- "切换文件夹"按钮：显示各类文件所在的文件夹。如果再单击一次该按钮，则取消文件夹的显示。

1.3.7　窗体布局窗口

"窗体布局"窗口显示在屏幕右下角。用户可以使用表示屏幕的小图像来布置应用程序中各窗体的位置。这个窗口在多窗体应用程序中很有用，因为它可以指定相对于主窗体的位置，如图 1-11 所示。

1.3.8　对象浏览器窗口

通过"对象浏览器"窗口可以查看在工程中定义的模块或过程，也可以查看对象库、类型库、类、方法、事件及可以在过程中使用的常数，如图 1-12 所示。

图 1-11　"窗体布局"窗口　　　　　　图 1-12　"对象浏览器"窗口

1.3.9　立即、本地和监视窗口

立即、本地和监视窗口是为调试应用程序提供的窗口，只在运行应用程序时有效。

1.4 中文 Visual Basic 帮助系统的安装与使用

1.4.1 MSDN 的安装

MSDN（Microsoft Developer Network）是微软产品的帮助汇总说明。顾名思义，MSDN 即"微软开发者网络"。MSDN 就是关于该软件的相关说明、帮助等，如果在使用该软件时遇到什么不懂的问题，就可以打开"帮助"，这就是 MSDN。

MSDN 的安装（参见图 1-13）方法如下：

（1）在 Visual Basic 安装界面中可以直接安装帮助文件，选中"安装 MSDN"选项，单击"下一步"按钮。

（2）在弹出的对话框中单击"浏览"按钮，找到 MSDN for VB 6.0 文件夹。

（3）单击"继续"按钮，再单击"确定"按钮，选中"接受协议"复选框。

（4）选中"自定义安装"单选按钮，然后选中"VB 6.0 帮助文件"复选框，单击"继续"按钮。

（5）完成 MSDN 的安装，单击"确定"按钮。

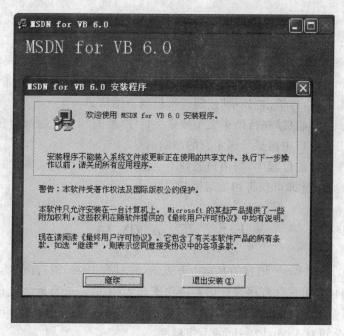

图 1-13　MSDN 的安装

1.4.2 使用 MSDN Library 查看器

中文 Visual Basic 6.0 提供了功能强大的帮助系统，使用 MSDN Library 查看器可以获得任何项目的帮助信息。它可以使用户更快、更方便地学习和掌握 Visual Basic 程序设计的编程方法和技巧。用户可以使用"帮助"菜单或 F1 键打开帮助窗口，如图 1-14 所示。

中文 Visual Basic 6.0 的帮助窗口有 4 个选项卡，即目录、索引、搜索和书签。

图 1-14　中文 Visual Basic 6.0 的帮助窗口

"目录"选项卡可以按分类浏览主题,其内容像一本书,每一个选项的左边都有一个书的图标,单击其中任何一项都能显示它内部的章节标题,此时图标变成一本打开的书的样子,用户可不断单击下一级章节图标,直到图标变成一页纸的样子,得到所需要的帮助信息。

"索引"选项卡可以查看索引列表,或输入一个待查找的关键字,当要查询主题显示在列表窗口中时,单击主题,再单击"显示"按钮即可得到帮助信息。

"搜索"选项卡可以直接在帮助正文中搜索关键字,所有相关主题都会在列表框中显示,双击某个主题,正文窗口中将显示该主题的帮助信息。

另外,在程序设计的过程中,当用户遇到不会使用的命令、属性或方法时,将光标定位到该内容处,然后按 F1 键即可获得相关帮助信息。

1.5　本 章 小 结

Visual Basic 是在 Basic 语言的基础上开发的,它具有 Basic 语言简单但不贫乏的优点,同时增加了结构化和可视化程序设计语言的功能。Visual Basic 自诞生之日起,在短短几年时间内经历了 6 个版本,如此高的更新率,一方面说明用户对 Visual Basic 的热衷,同时也说明 Microsoft 公司对 Visual Basic 的重视程度。

Visual Basic 的出现是 Microsoft Windows 日渐成熟的必然产物。Visual 的意思是"视觉的"、"可视的",Visual Basic 这个名字可能有点抽象,但实际上它却是最直观的编程方法,之所以称其"可视",是因为用户只要看到 Visual Basic 的界面就会明白,实际上无须编程就可以完成许多步骤。在 Visual Basic 中引入了控件的概念,在 Windows 中控件的身影无处不在,各种各样的按钮、文本框、对话框等都是控件,Visual Basic 把这些控件模式化,并且每个控件都有若干属性用来控制控件的外观、工作方法。这样用户就可以像在画板上一样,随意点几下鼠标,一个按钮就完成了,而用以前的编程语言要经过相当复杂的工作才能完成。

第2章　简单 Visual Basic 程序设计

本章介绍 Visual Basic 的一些基本概念以及几个常用控件的属性、方法和事件，并通过一个实例说明 Visual Basic 应用程序设计的一般步骤。

本章主要任务：

(1) 理解面向对象程序设计的方法；

(2) 掌握文本框、标签和命令按钮控件的常用属性、事件和方法及其使用；

(3) 掌握 Visual Basic 应用程序的组成；

(4) 掌握开发 Visual Basic 应用程序的一般步骤。

2.1　面向对象程序设计的基本概念

2.1.1　基本术语

1. 对象和对象类

对象是代码和数据的组合，可以作为一个单位来处理。对象可以是应用程序的一部分，比如可以是控件或窗体。整个应用程序也是一个对象。

VB 中的每个对象都是用类定义的。用饼干模子和饼干之间的关系作比，用户就能明白对象和它的类之间的关系。饼干模子是类，它确定了每块饼干的特征，比如大小和形状。用类创建对象，对象就是饼干。类是面向对象程序设计的核心技术，可以将其理解成一种定义了对象行为和外观的模板。把对象看作是类的原原本本的复制品，类具有继承性、封装性、多态性、抽象性。

Visual Basic 类与对象的关系如图 2-1 所示。

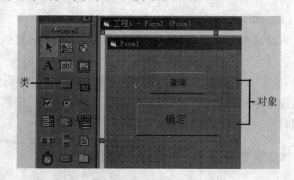

图 2-1　类与对象

2. 属性

属性是对对象特性的描述,VB 为每一类对象都规定了若干属性,在设计中可以改变具体对象的属性值,例如窗体的背景颜色、高度与宽度。属性的设置有两种方法,第一种方法是在静态列表中直接对相应的属性进行设置;第二种方法是利用公式在代码区的事件中进行设置,其公式为"对象名称. 属性＝值"。

3. 事件

事件(Event)是发生在对象上的动作。事件的发生不是随意的,某些事件仅发生在某些对象上。

在 VB 中调用事件的形式如下:

```
Private Sub 对象名_事件名
  (事件内容)
End Sub
```

4. 方法

方法(Method)指控制对象动作行为的方式。它是对象本身内含的函数或过程,它也是一个动作,是一个简单的、用户不必知道细节的、无法改变的事件,但不称为事件。同样,方法也不是随意的,一些对象有一些特定的方法。在 VB 中方法的调用形式如下:

```
对象名. 方法名[参数列表]
```

2.1.2 属性、方法和事件之间的关系

对象具有属性、方法和事件。属性是描述对象的数据;方法告诉对象应做的事情;事件是对象所产生的事情,事件发生时可以编写代码进行处理。

VB 的窗体和控件是具有自己的属性、方法和事件的对象。可以把属性看作一个对象的性质,把方法看作对象的动作,把事件看作对象的响应。

日常生活中的对象,如小孩玩的气球,同样具有属性、方法和事件。气球的属性包括可以看到的一些性质,例如它的直径和颜色。其他一些属性描述气球的状态(充气的或未充气的)或不可见的性质,例如它的寿命。通过定义,所有的气球都具有这些属性,这些属性也会因气球的不同而不同。

气球还具有本身所固有的方法和动作。例如充气方法(用氢气充满气球的动作)、放气方法(排出气球中的气体)和上升方法(放手让气球飞走),所有的气球都具备这些能力。

气球还有预定义的对某些外部事件的响应。例如,气球对刺破它的事件响应是放气,对放手事件的响应是升空。

在 VB 程序设计中,基本的设计机制就是改变对象的属性、使用对象的方法、为对象事件编写事件过程。设计程序时要做的工作就是决定更改哪些属性、调用哪些方法、对哪些事件做出响应,从而得到希望的外观和行为。

2.1.3 对象属性、事件、方法的设置与应用

1. 对象属性的设置

对象属性可以通过程序代码(对象名称. 属性＝值)结合对象事件来设置,也可以在设计

阶段通过属性窗口设置。为了在属性窗口中设置对象的属性,必须先选择要设置属性的对象,然后激活属性窗口。用户可以通过下面几种方法激活属性窗口:

(1) 单击属性窗口中的任何部位。

(2) 选择"视图"菜单中的"属性窗口"命令。

(3) 单击工具栏上的"属性窗口"按钮。

(4) 按 Ctrl+PgDn 或 Ctrl+PgUp 键。

属性不同,设置新属性的方式也不一样,在属性列表中设置对象属性通常有以下 3 种方法。

(1) 直接输入新属性值:例如 Caption(标题)、Text(文本框的文本内容)等属性的设置,可以按以下操作步骤进行设置。

第一步:启动 Visual Basic,在窗体上画一个命令按钮(在工具箱上单击按钮类,然后将光标移至窗体上,按住鼠标左键拖动)。

第二步:选择命令按钮(单击该按钮内部),然后激活属性窗口。

第三步:在属性列表的左侧找到 Caption,并双击该属性条。

第四步:在 Caption 左侧列上输入"确定",即完成了属性的设置。

(2) 选择输入:即通过下拉列表选择所需要的属性值,例如 BorderStyle、ControlBox、DrawMode 等,其属性的取值可能有所不同,可能有两种、几种或十几种,对于这样的属性,可以直接单击对应属性右侧的下拉列表箭头,然后选取一个值完成属性的设置。

(3) 利用对话框设置属性值:对于和图形(Picture)、图标(Icon)或字体(Font)等有关的属性,设置框的右端会显示省略号(…)。对于这类属性单击省略号后通常会弹出一个对话框,对对话框中的选项进行设置后确定。

这 3 种方法的图示如图 2-2(a)、图 2-2(b)、图 2-2(c)所示。

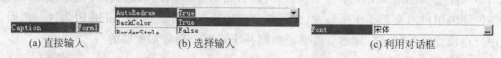

(a) 直接输入　　　　　　　(b) 选择输入　　　　　　　(c) 利用对话框

图 2-2　设置对象属性的 3 种方法

2. 对象的事件驱动模型

在传统的或"过程化"的应用程序中,应用程序自身控制了执行哪一部分代码和按何种顺序执行代码。从第一行代码执行程序并按应用程序中预定的路径执行,必要时调用过程。

在事件驱动的应用程序中,代码不是按照预定的路径执行,而是在响应不同的事件时执行不同的代码片段。事件可以由用户操作触发,也可以由来自操作系统或其他应用程序的消息触发,甚至由应用程序本身的消息触发。这些事件的顺序决定了代码执行的顺序,因此应用程序每次运行时所经过的代码的路径都是不同的。

因为事件的顺序是无法预测的,所以在代码中必须对执行时的"各种状态"做一定的假设。当做出某些假设时(例如,假设在运行处理某一输入字段的过程之前,该输入字段必须包含确定的值),应该组织好应用程序的结构,以确保该假设始终有效(例如,在输入字段值之前禁止使用启动该处理过程的命令按钮)。

事件过程是指附在该对象上的程序代码,是事件的处理程序,用来完成事件发生后所要做的动作。

对于窗体对象,其事件过程的形式如下:

```
Private Sub Form_事件过程名[(参数列表)]
    …(事件代码)
End Sub
```

例 2.1　对于窗体的单击事件编写了如下代码,当程序运行后,单击窗体,即在窗体中打印输出两个数据之和。

```
Private Sub Form_Click()
    Dim x As Integer,y As Integer,z As Integer        '定义 3 个整型变量
    X = 20:y = 100
    z = x + y
    Print "z = ";z                                    '打印输出结果 120
End Sub
```

对于除窗体以外的对象,其事件过程的形式如下:

```
Private Sub cmdHide_Click()
    …(事件代码过程)
End Sub
```

例 2.2　单击名为 cmdHide 的命令按钮,使命令按钮变为不可见,则对应的事件过程如下:

```
Private Sub cmdHide_Click()
    cmdHide.Visible = False
End Sub
```

在执行中代码也可以触发事件。例如,在程序中改变文本框中的文本将引发文本框的 Change 事件。如果 Change 事件中包含有代码,则将导致该代码的执行。如果原来假设该事件仅能由用户的交互操作所触发,则可能会产生意料之外的结果。正是因为这一原因,所以用户在设计应用程序时理解事件驱动模型并牢记在心是非常重要的。

3. 对象的方法应用

方法是面向对象程序设计语言为编程者提供的用来完成特定操作的过程和函数。在 Visual Basic 中已将一些通用的过程和函数写好并封装起来,作为方法提供给用户直接调用,这给用户的编程带来了极大的方便。因为方法是面向对象的,所以在调用时一定要指明对象。其调用格式如下:

[对象.]方法[参数列表]

例如,在窗体上打印输出"VB 程序设计",可以使用窗体的 Print 方法:

```
Form1.Print "VB 程序设计"
```

若当前窗体是 Form1,则可以写成为"Print "VB 程序设计""。

这里举一个日常生活中的简单例子来帮助用户理解这些抽象的概念。例如你对一个人说:"下午两点钟请把那辆蓝色的别克 2000 轿车开过来",其实这句话里就包含了 Visual Basic 的对象、事件、属性和方法,下午两点就是响应的事件,其中的对象就是那辆"轿车",也就是这件事物中的目标物;"蓝色"、"别克 2000 型"是用来描述轿车的特征的,它就是轿车

的属性；"开过来"就是对轿车实施的处理即方法。

2.2　窗体的常用属性、事件和方法

窗体(Form)也就是大家平时所说的窗口，它是 Visual Basic 编程中最常见的对象，也是程序设计的基础。窗体是所有控件的容器，各种控件对象必须建立在窗体上，一个窗体对应一个窗体模块。

2.2.1　窗体的属性

窗体的属性决定了窗体的外观与操作。和 Windows 环境下的应用程序窗口一样，Visual Basic 中的窗体在默认设置下具有控制菜单、"最大化"/"还原"按钮、"最小化"按钮、"关闭"按钮、边框等，如图 2-3 所示。

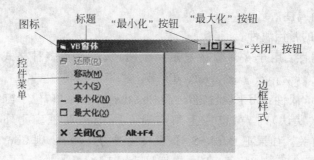

图 2-3　窗体的相关属性

窗体的许多属性既可以通过属性窗口设置，也可以在程序中设置。有些属性（如 MaxButton、BorderStyle 等会影响窗体外观的属性）只能在设计状态时设置，有些属性（如 CurrentX、CurrentY 等属性）只能在运行期间设置。

1. 窗体的基本属性

窗体的基本属性有 Name、Left、Top、Height、Width、Visible、Enabled、Font、ForeColor、BackColor 等。在 Visual Basic 中，大多数控件基本上都有这些属性。

(1) Name 属性：窗体的名称，只能在属性列表框中设置，默认名为 Form1。

(2) Caption 属性：定义窗体的标题。

(3) Enbaled 属性：用于窗体的激活或禁止。值为 True 表示激活，为 False 表示禁止。

(4) Visible 属性：可见性设置。值为 True 表示可见，为 False 表示不可见。

(5) Icon 属性：设置窗体最小化时的图标，需要.ico 格式的图标文件。

(6) Left、Top 属性：分别为窗体上边框离显示器左侧的距离、窗体上边框离显示器顶端的距离。这两个属性决定了对象的位置。只有两种情况需要在属性窗口中设置这两个属性，第一种是用户没有鼠标，第二种是程序员需要十分精确地设定这两个值。当选中对象，单击并拖曳它的时候，便在修改这两个值了。

(7) Height、Width 属性：返回或设置对象的高度和宽度，包括边框和标题栏。这两个属性决定了对象的大小，当选中控件时，其周围会出现 8 个小黑方块，把鼠标指针指向这些方块，鼠标指针将变成一个双向的箭头，这时按下鼠标并拖曳，即可改变控件的大小，也就改

变了 Height、Width 属性。

Left、Top、Height、Width 属性值的单位都是 twip。

$$1\text{twip}=1/20\text{ 点}=1/1440\text{ 英寸}=1/567\text{ 厘米}$$

(8) BackColor 属性：窗体背景颜色的设置。

(9) ForeColor 属性：用来定义文本或图形的前景颜色，其设置与 BorderStyle 相同。

(10) Font 属性组：窗体字体的设置，该属性组包括以下属性。

* FontName 属性：字符型，决定对象上正文的字体（默认为宋体）。

* FontSize 属性：整型，决定对象上正文的字体大小。

* FontBold 属性：逻辑值，决定对象上正文的字体是否为粗体。

* FontItalic 属性：逻辑型，决定对象上的正文是否为斜体。

* FontStrikeThru 属性：逻辑型，决定对象上的正文是否加删除线。

* FontUnderLine 属性：逻辑型，决定对象上的正文是否带下划线。

2. 窗体的常用属性

下面介绍窗体的常用属性。

(1) Picture 属性：用于在对象中显示一个图形，可显示多种格式的图形文件，包括
.ico、.bmp、.wmf、.gif、.jpg、.cur、.emf、.dib 等。

(2) ControlBox 属性：用来设置窗口控制框（也称系统菜单，位于窗口左上角）的状态。
当该属性为 True（默认）时，窗口左上角会显示一个控制框。此外，ControlBox 还和
BorderStyle 属性有关。如果把 BorderStyle 属性设置为 0-None，则 ControlBox 属性将不起
作用（即使被设置为 True）。ControlBox 属性只适用于窗体。

(3) BorderStyle 属性：确定窗体边框的类型，可设置 6 个预定义值之一。该属性属于
"只读"属性，也就是说，它只能在设计阶段设置，不能在运行期间改变。

* 0-None：窗体无边框。

* 1-Fixed Single：固定单边框，窗体大小只能通过"最大化"按钮和"最小化"按钮
改变。

* 2-Sizable：默认值，表示可调整的边框，窗体大小可变，并有标准的双线边界。

* 3-Fixed Dialog：固定对话框，无"最大化"按钮和"最小化"按钮，并有双线边界。

* 4-Fixed ToolWindow：固定工具窗口，窗体大小不能改变，只显示"关闭"按钮。

* 5-Sizable ToolWindow：可变大小工具窗口，窗体大小可变，只显示"关闭"按钮。

(4) MaxButton、MinButton 属性："最大化"、"最小化"按钮设置，为 True 时显示"最大
化"、"最小化"按钮；为 False 时不显示"最大化"、"最小化"按钮。

(5) WindowState 属性：设置窗体的操作状态，其值分别为下列之一。

* 0：正常状态，有窗口边界。

* 1：最小化状态，显示一个示意图标。

* 2：最大化状态，无边界，充满整个屏幕。

以上介绍了 Visual Basic 窗体的部分属性，下面举一个例子。

```
Form1.Width = 8000                              (把窗体的宽度设置为 8000)
Form1.Height = 8000                             (把窗体的高度设置为 8000)
Form1.Caption = "Visual Basic 6.0 windows"      (设置窗体的标题)
```

```
Form1.FontName = "隶书"                          (设置字体)
Form1.FontSize = 30                            (设置字号)
```

该例中的属性设置都有对象名,即 Form1。如果省略对象名,则默认为当前窗体。

2.2.2 窗体的事件

1. Click 事件

在程序运行时单击窗体内的某个位置,Visual Basic 将调用窗体的 Form_Click 事件。

2. DbClick 事件

程序运行时双击窗体内的某个位置触发了两个事件,第 1 次按动鼠标时触发 Click 事件,第 2 次按动鼠标时触发 DbClick 事件。

3. Load 事件

Load 事件是窗体被装入时触发的事件。该事件通常用来在启动应用程序时对属性和变量进行初始化。

4. Unload 事件

卸载窗体时触发该事件。

5. Resize 事件

无论是因为用户交互,还是通过代码调整窗体的大小,都会触发一个 Resize 事件。

6. Activate 事件、Deactivate 事件

当窗体变为活动窗口时触发 Activate 事件,而在另一个窗体变为活动窗口前触发 Deactivate 事件。通过操作可以把窗体变为活动窗体,例如单击窗体或在程序中执行 Show 方法等。

7. Paint 事件

当窗体被移动或放大时,或者移动窗口覆盖了一个窗体时,触发该事件。

例 2.3 在窗体的 Resize 事件中编写以下代码,使窗体在调整大小时始终位于正中。

```
Private Sub Form_Resize()
    Form1.Left = Screen.Width/2-Form1.Width/2
    Form1.Top = Screen.Height/2-Form1.Height/2
End Sub
```

在上面程序中,Screen 是系统屏幕对象。

2.2.3 窗体的方法

窗体常用的方法有 Print、Move、Cls、Show、Hide 等。

方法的使用形式如下:

```
[对象.]方法 [参数]
```

1. Print 方法

形式:

```
[对象.]Print[{Spc(n)|Tab(n)}][表达式列表][; |,]
```

作用:在对象上输出信息。

对象：窗体、图形框或打印机（Pinter），若省略对象，则在窗体上输出。

Spc(*n*)函数：插入 *n* 个空格，允许重复使用。

Tab(*n*)函数：从左端开始右移 *n* 列，允许重复使用。

；（分号）：光标定位在上一个显示的字符后。

，（逗号）：光标定位在下一个打印区的开始位置处。每个打印区占 14 列。

不带参数：换行。

例 2.4　在窗体 Form1 的单击事件中写入以下代码，程序运行后的结果如图 2-4 所示。

```
Private Sub Form_Click()
    a = 10: b = 3.14
    Print "a = "; a, "b = "; b
    Print "a = "; a, "b = "; b
    Print "a = "; a, "b = "; b
    Print                                   '空一行
    Print "a = "; a, "b = "; b
    Print "a = "; a, Tab(18); "b = "; b
    Print "a = "; a, Spc(18); "b = "; b
    Print
    Print "a = "; a, "b = "; b
    Print Tab(18); "a = "; a, "b = "; b      '从第 18 列开始打印输出
    Print Spc(18); "a = "; a, "b = "; b
End Sub
```

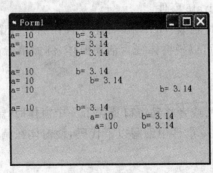

图 2-4　运行结果

2. Cls 方法

形式：

[对象.]Cls

作用：清除运行时在窗体或图形框中显示的文本或图形。

注意：Cls 方法不能清除设计时的文本和图形。清屏后当前坐标回到原点。

例子：

`Form1.Cls`

说明：使用 Cls 方法后，对象的当前坐标为（0,0）。

3. Move 方法

形式：

[对象.]Move 左边距离[,上边距离[,宽度[,高度]]]

作用：移动窗体或控件，并可改变其大小。

对象：可以是窗体及除时钟、菜单以外的所有可视控件，省略代表窗体。

左边距离、上边距离、宽度、高度：数值表达式，以 twip 为单位。如果是窗体对象，则"左边距"和"上边距"以屏幕左边界和上边界为准，其他则以窗体的左边界和上边界为准。

例 2.5 使用 Move 方法移动一个窗体。双击窗体，窗体移动并定位在屏幕的左上角，同时窗体的长宽也缩小一半。为了实现这一功能，可以在窗体 Form1 的代码窗口中输入下列代码：

```
Private Sub Form_DblClick()
  Form1.Move 0,0,Form1.Width/2,Form1.Height/2
End Sub
```

4. Show 方法

Show(显示)方法用于在屏幕上显示一个窗体，调用 Show 方法与设置窗体的 Visible 属性为 True 具有相同的效果。

其调用格式如下：

窗体名.Show　[vbModal ｜ vbModeless]

说明：

(1) 该方法有一个可选参数，0(系统常量 vbModeless)或 1(系统常量 vbModal)，若未指定参数，则默认为 vbModeless。

(2) 如果要显示的窗体事先未装入，该方法会自动装入该窗体再显示。

5. Hide 方法

Hide(隐藏)方法用于使指定的窗体不显示，但不从内存中删除窗体。其调用格式如下：

窗体名.Hide

说明：当一个窗体从屏幕上隐去时，其 Visible 属性被设置成 False，并且该窗体上的控件也变得不可访问，但对运行程序期间的数据引用无影响。若要隐去的窗体没有装入，则 Hide 方法会装入该窗体但不显示。

例 2.6 将指定的窗体在屏幕上进行显示或隐藏的切换。为了实现这一功能，可以在窗体 Form1 的代码窗口中输入下列代码：

```
Private Sub Form_Click()
Form1.Hide                              '隐藏窗体
MsgBox "单击确定按钮,使窗体重现屏幕"        '显示信息
Form1.Show                             '重显窗体
End Sub
```

2.3　控　　件

窗体和控件都是 Visual Basic 中的对象，它们是应用程序的"积木块"，共同构成用户界面。因为有了控件，才使得 Visual Basic 不仅功能强大，而且易于应用。控件以图标的形式存放在工具箱中，每种控件都有与之对应的图标。启动 Visual Basic 后，工具箱位于窗体的左侧。

2.3.1　标准控件

Visual Basic 6.0 的控件分为以下 3 类。

（1）标准控件（也称内部控件）：例如文本框、命令按钮、图片框等。这些控件由 Visual Basic 的.exe 文件提供。启动 Visual Basic 后，内部控件就出现在工具箱中，既不能添加，也不能删除，如图 2-5 所示。

指针(选择对象)　　　图片框(PictureBox)
标签(Label)　　　　文本框(TextBox)
框架(Frame)　　　　命令按钮(CommandButton)
复选框(CheckBox)　　单选按钮(OptionButton)
组合框(ComboBox)　　列表框(ListBox)
水平滚动条(HscrollBar)　垂直滚动条(VscrollBar)
定时器(Timer)　　　驱动器列表框(DriveListBox)
目录列表框(DirListBox)　文件列表框(FileListBox)
形状(Shape)　　　　画线(Line)
图像框(Image)　　　数据库(Data)

图 2-5　工具箱

（2）ActiveX 控件：扩展名为 ocx 的独立文件，其中包括各种版本 Visual Basic 提供的控件和仅在专业版和企业版中提供的控件，另外还包括第三方提供的 ActiveX 控件。

（3）可插入对象：因为这些对象能添加到工具箱中，所以可以把它们当作控件使用。其中一些对象支持 OLE，使用这类控件可以在 Visual Basic 应用程序中控制另一个应用程序（例如 Microsoft Word）的对象。

2.3.2　控件的操作

1. 控件的建立

方法一：单击工具箱中的控件对象，在窗体上按住左键拖到所需要的大小后释放。

方法二：双击工具箱中的控件对象，会立即在窗体上出现一个默认大小的对象框。

2. 控件的编辑

1）选中对象

（1）单个控件的选定：单击要选定的控件，被选择的每个控件的周围会出现 8 个小方块。

（2）多个控件的选定：

方法一：按住 Shift 键不要松开，然后单击每个要选择的控件。

方法二：把鼠标光标移到窗体中的适当位置（没有控件的地方），然后拖动鼠标画出一个虚线矩形，在该矩形内的控件（包括边线所经过的控件）即被选择。

2）放大、缩小

当控件处于选定状态时，用鼠标拖动上、下、左、右 4 个小方块中的某个小方块可以使控件在相应的方向放大或缩小；如果拖拉动于 4 个角上的某个小方块，则可以使该控件同时在两个方向上放大或缩小。

3) 复制对象

Visual Basic 允许对画好的控件进行复制,操作步骤如下:

(1) 把需要复制的控件变为活动控件(即选定该控件,则如 Command1)。

(2) 选择"编辑"菜单中的"复制"命令,Visual Basic 将把活动控件复制到 Windows 的剪贴板中。

(3) 选择"编辑"菜单中的"粘贴"命令,屏幕上将显示一个对话框,询问是否要建立控件数组,单击"否"按钮,就把活动控件复制到窗体的左上角。

4) 删除对象

为了清除一个控件,必须先把该控件变为活动控件,然后按 Del 键。清除后,其他某个控件自动变为活动控件(如果存在其他控件)。

3. 控件的命名

每个窗体和控件都有一个名字,这个名字就是窗体或控件的 Name 属性值。在一般情况下,窗体和控件都有默认值,如 Form1、Command1 等。为了能见名知意,提高程序的可读性,最好用有一定意义的名字作为对象的 Name 属性值,方便看出对象的类型。如窗体对象,默认名为 Form1,前缀 frm,完整名可以设置为 frmStarUp。

为控件命名要遵循以下原则:

(1) 必须由字母或汉字开头,之后可以是字母、汉字、数字、下划线(最好不用)。

(2) 长度少于 255 个字符。

2.4　命令按钮、标签、文本框

命令按钮、标签、文本框如图 2-6 所示。

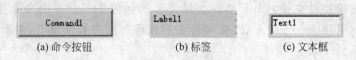

(a) 命令按钮　　　　(b) 标签　　　　(c) 文本框

图 2-6　命令按钮、标签、文本框

2.4.1　命令按钮

在 Visual Basic 应用程序中,命令按钮(CommandButton)是使用最多的控件之一,经常用它接收用户的操作信息,激发某些事件,实现一个命令的启动、中断、结束等操作。

通过命令按钮接收用户输入的命令有下面 3 种方式:

- 鼠标单击;
- 按 Tab 键使焦点跳转到该按钮,再按 Enter 键;
- 使用快捷键(Alt+有下划线的字母)。

1. 基本属性

Name、Height、Width、Top、Left、Enabled、Visible、Font 等属性与在窗体中使用的属性相同。

2. 常用属性

在窗体上添加了命令按钮后,就可以对它进行属性设置。命令按钮和窗体类似,也有其自身的属性。在程序设计中,常用属性主要有以下几种。

（1）Caption：标题属性,命令按钮显示的内容,可在某字母前加"&"设置快捷键。例如"&Ok",显示"Ok"。

（2）Default：确认属性（逻辑值）,设置为 True 时,按 Enter 键相当于用鼠标单击了该按钮。注意,在一个窗体中只能有一个按钮的 Default 被设置为 True。

（3）Cancel：取消功能属性（逻辑值）,当设置为 True 时,程序运行时按 Esc 键与单击此命令按钮的效果相同。注意,在一个窗体中只能有一个按钮的 Cancel 属性被设置为 True。

（4）Value：检查该按钮是否被按下,该属性在设计时无效。

（5）Picture：可显示图片文件.bmp 和.Ico,只有当 Style 属性值设为 1 时有效。

（6）Style：确定显示的形式,0 表示只能显示文字,1 表示文字、图形均可。

（7）ToolTipText：设置工具提示。

3. 常用方法

在程序代码中,通过调用命令按钮的方法实现与命令按钮相关的功能。与命令按钮相关的常用方法主要有以下两种。

1）Move 方法

该方法的使用与窗体中的 Move 方法一样。Visual Basic 系统中的所有可视控件都有该方法,不同的是,窗体的移动是对屏幕而言,控件的移动则是相对其"容器"而言。

2）Setfocus 方法

该方法设置指定的命令按钮获得焦点。一旦使用 SetFocus 方法,用户的输入（如按 Enter 键）将被立即引导至焦点的按钮上。在使用该方法之前,必须保证命令按钮当前处于可见和可用状态,即其 Visible 和 Enabled 属性应被设置为 True。

4. 常用事件

对于命令按钮控件来说,Click 事件是最重要的触发方式。单击命令按钮时,将触发 Click 事件,并调用和执行已写入 Click 事件中的代码。在多数情况下,主要是针对该事件过程来编写代码。

2.4.2 标签控件

标签控件（Label）用于显示（输出）文本信息,不能作为输入信息的界面。

1. 基本属性

Name、Height、Width、Top、Left、Enabled、Visible、Font、ForeColor、BackColor 等与窗体中属性的使用相同。

2. 常用属性

下面介绍标签控件的常用属性。

1）Caption 属性

Caption 属性用来改变 Label 控件中显示的文本。Caption 属性允许文本的长度最多为 1024 字节。默认情况下,当文本超过控件宽度时,文本会自动换行,当文本超过控件高度时,超出的部分将被裁剪掉。

2）Alignment 属性

设置 Caption 属性中文本的对齐方式,共有 3 种可选值,其中,0 为左对齐（Left

Justify)、1 为右对齐(Right Justify)、2 为居中对齐(Center Justify)。

3）BackStyle 属性

该属性用于确定标签的背景是否透明,有两种情况可选:值为 0 时表示背景透明,标签后的背景和图形可见;值为 1 时表示不透明,标签后的背景和图形不可见。

4）AutoSize 属性

AutoSize 属性确定标签是否会随标题内容的多少自动变化。如果值为 True,则随Caption 内容的大小自动调整控件本身的大小,且不换行;如果值为 False,表示标签的尺寸不能自动调整,超出尺寸范围的内容不予显示。

例 2.7 在窗体上放置 5 个标签,其名称使用默认值 Label1～Label5,它们的高度与宽度相同,在属性窗口中按表 2-1 所示设置它们的属性,运行后的结果如图 2-7 所示。

表 2-1 控件的相关属性及对应的值

默认控件名 Name	标题 Caption	有关属性设置
Label1	左对齐	Alignment＝0,BorderStyle ＝1
Label2	水平居中	Alignment＝1,BorderStyle ＝1
Label3	自动	AutoSize＝True,BorderStyle ＝1
Label4	背景白	BackColor＝ ＆H00FFFFFF＆,BorderStyle ＝0
Label5	前景红	ForeColor＝ ＆H000000FF＆,BorderStyle ＝0

3. 常用事件

标签可响应单击(Click)和双击(DblClick)事件。

2.4.3 文本框控件

在 Visual Basic 应用程序中,文本框控件(TextBox)有两个作用,一是用于显示用户输入的信息,作为接收用户输入数据的接口;二是在设计或运行时通过控件的Text 属性赋值,作为信息输出的对象。

图 2-7 运行结果

1. 基本属性

Name、Height、Width、Top、Left、Enabled、Visible、Font、ForeColor、BackColor 等属性与在标签控件中的使用相同。

2. 常用属性

下面介绍文本框控件的常用属性。

(1) Text:该属性用来设置文本框中显示的内容,例如"Text1. text＝"VB""。

(2) Locked:指定文本框是否可编辑。当值为 False 时表示可编辑,True 时表示不可编辑。

(3) MaxLength:设置文本框中输入的最大字符数,默认值为 0。

(4) MultiLine:值为 False 时,只能输入单行文本,值为 True 时,可以输入多行文本。

(5) PasswordChar:该属性用于口令的输入,可以设置口令的掩码字符。

(6) SelText:当前选择的文本字符串,若没有选择,则为空串。

(7) SelStart:定义当前选择的文本的起始位置。

(8) SelLength：当前选中的字符数。

(9) ScrollBar：用来确定文本框中有没有滚动条，其值可以取 0、1、2 或 3。

- 0：文本框中没有滚动条。
- 1：只有水平滚动条。
- 2：只有垂直滚动条。
- 3：同时具有水平和垂直滚动条。

注意：只有当 MultiLine 属性被设置为 True 时，才能使用 ScrollBars 属性在文本框中设置滚动条。

3. 常用方法

SetFocus 是文本框中较常用的方法，格式如下：

[对象.]SetFocus

该方法可以把输入光标（焦点）移到指定的文本框中。当在窗体上建立了多个文本框后，可以用该方法把光标置于所需要的文本框中。

4. 常用事件

文本框控件的常用事件如下。

(1) Change：当用户向文本框中输入新信息，或当程序把 Text 属性设置为新值从而改变文本框的 Text 属性时，将触发 Change 事件。程序运行后，在文本框中每输入一个字符，就会引发一次 Change 事件。

(2) GotFocus：当文本框具有输入焦点（即处于活动状态）时所触发的事件。只有当一个文本框被激活并且可见性为 True 时才能接收焦点。

(3) LostFocus：当按 Tab 键使光标离开当前文本框或用鼠标选择窗体中的其他对象时触发该事件。

(4) KeyPress：当进行文本输入时，每一次键盘输入都将使文本框接收一个 ASCII 码字符，发生一次 KeyPress 事件，因此，通过该事件对某些特殊键（如 Enter 键、Esc 键）进行处理十分有效。

例 2.8 用 Change 事件改变文本框的 Text 属性。

在窗体上建立 3 个文本框和一个命令按钮，其 Name 属性分别为 Text1、Text2、Text3 和 Command1，然后编写以下事件过程：

```
Private Sub Command1_Click()
    Text1.text = "Microsoft Visual Basic 6.0"
End Sub
Private Sub Text1_Change()
    Text2.text = LCase(Text1.text)
    Text3.text = UCase(Text1.text)
End Sub
```

程序运行后，单击命令按钮，在第 1 个文本框中显示的是由 Command1_Click 事件过程设定的内容，执行该事件后，将引发一个文本框的 Change 事件，执行 Text1_Change 事件过程，从而在第 2、第 3 个文本框中分别用小写字母和大写字母显示文本框 Text1 中的内容。

2.5 Visual Basic 应用程序的组成及工作方式

2.5.1 Visual Basic 应用程序的组成

一个 Visual Basic 应用程序也称为一个工程,工程用来管理构成应用程序的所有文件。工程文件主要由窗体文件(.frm)、标准模块文件(.bas)、类模块文件(.cls)组成,它们的关系如图 2-8 所示。

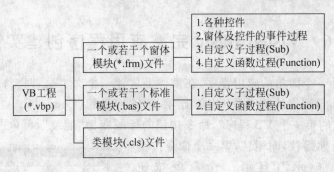

图 2-8　工程文件

对于 VB 文件的存储,一般需要存放两个文件,一个是工程文件,其后缀为.vbp;另一个是窗体文件(.frm)。除此之外,它还包含以下类型的文件。

(1) 窗体的二进制数据文件(.frx):自动产生同名的.frx 文件,如图片或图标。

(2) 标准模块文件(.bas):与特定窗体或控件无关的代码组成的另一类型的模块。

(3) 类模块的文件(.cls):只是没有可见的用户界面。

(4) 资源文件(.res):包含不必重新编辑代码就可以改变的位图、字符串和其他数据。

(5) ActiveX 控件的文件(.ocx):一段设计好的可以重复使用的程序代码和数据。

2.5.2 Visual Basic 应用程序的工作方式

Visual Basic 应用程序采用的是以事件驱动应用程序的工作方式。

事件是窗体或控件识别的动作。在响应事件时,事件驱动应用程序执行相应事件的 Basic 代码。

下面是事件驱动应用程序的典型工作方式。

(1) 启动应用程序,装载和显示窗体。

(2) 窗体(或窗体上的控件)接收事件。事件可由用户引发(如通过键盘或鼠标操作),可由系统引发(如定时器事件),也可由代码间接引发(如代码装载窗体的 Load 事件)。

(3) 如果在相应的事件过程中已编写了相应的程序代码,就执行该代码。

(4) 应用程序等待下一次事件。

2.5.3 创建应用程序的步骤

创建 Visual Basic 应用程序一般有以下几个步骤。

(1) 新建工程:创建一个应用程序首先要打开一个新的工程。

（2）创建应用程序界面：使用工具箱在窗体上放置所需的控件，其中，窗体是用户进行界面设计时在其上放置控件的窗口，它是创建应用程序界面的基础。

（3）设置属性值：通过这一步骤改变对象的外观和行为，可通过属性窗口设置，也可通过程序代码设置。

（4）对象事件过程的编程：通过代码窗口为一些对象的相关事件编写代码。

（5）保存文件：在运行调试程序之前一般要先保存文件。

（6）程序运行与调试：测试所编的程序，直到运行结果正确、用户满意为止，再次保存修改后的程序。

2.6 Visual Basic 完整应用程序创建实例

例 2.9 设计一个简单的应用程序，在窗体上放置一个文本框、两个命令按钮，用户界面如图 2-9 所示。该程序的功能是：当单击第一个命令按钮（Command1）"显示"时，在文本框中显示"这是我的第一个 VB 程序"，命令按钮的标题变为"继续"，再单击该命令按钮，则文本框中显示"请你赐教，谢谢！"，第一个命令按钮的标题又变为"显示"，且第二个命令按钮（Command2）"结束"变为可用。

第一步：启动 Visual Basic 6.0，将出现"新建工程"对话框，从中选择"标准 EXE"，单击"确定"按钮，进入 Visual Basic 的设计工作模式。这时，Visual Basic 创建了一个带有单个窗体的新工程，系统默认工程为"工程 1"，如图 2-10 所示。

图 2-9 程序运行结果

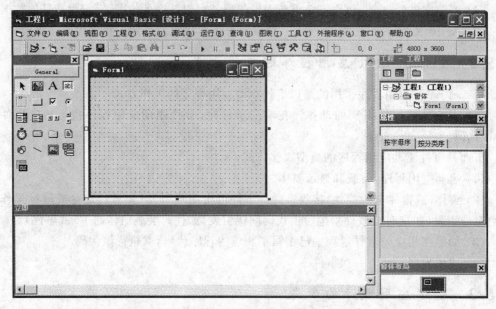

图 2-10 Visual Basic 6.0 的设计工作模式

第二步：程序界面设计。在工具箱上选择 TextBox ▦ 图标，然后单击，则图标变亮且凹陷下去，此时鼠标指针变成十字形。把十字形鼠标指针移到窗体上面，选定适当的位置按下鼠标左键拖出一个矩形框，松开鼠标后，就会在窗体上画出一个大小相当的文本框（或是在工具箱上面双击该对象），文本框的名称被系统自动命名为 Text1，文本框的文本属性（Text 属性）被自动设为 Text1。用相同的方法在窗体上放置两个命令按钮 ▭，其默认 Name 属性分别为 Command1 和 Command2，其 Caption 属性分别为 Command1、Command2，如图 2-11 所示。接下来对其界面进行微调，得到自己想要的效果。

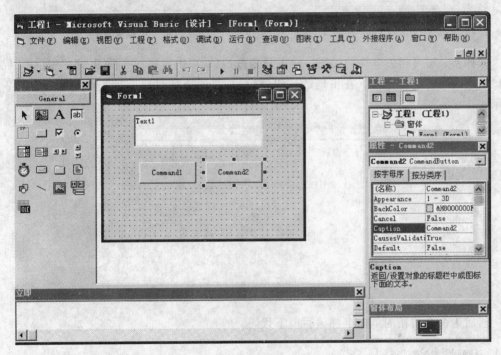

图 2-11　程序界面设计

第三步：设置各对象的属性。根据题意的要求，按表 2-2 所示的值在属性列表中设置各对象的主要属性。

表 2-2　控件对象及其相应的属性值

对象	属性（属性值）	属性（属性值）	属性（属性值）
窗体	Name(Form1)	Caption("第一个应用程序")	
文本框	Name(Text1)	Text("")	Alignment(1)
命令按钮 1	Name(Command1)	Caption("显示")	FontSize(16)
命令按钮 2	Name(Command2)	Caption("结束")	FontSize(16)

其设置方法如下：

选中 Command2，再通过属性窗口来设置控件的属性。将 Command2 的 Caption 属性设置为"结束"，如图 2-12 所示。

当所有的控件属性设置好后，可通过按 F5 键、选择"运行"菜单中的"启动"命令或单击工具栏中的 ▶ 按钮查看运行界面。本例运行后的步骤如图 2-13 所示。

简单 Visual Basic 程序设计

图 2-12 设置 Caption 属性

图 2-13 运行结果

第四步：编写相关事件的代码。双击命令按钮（或双击窗体、在"视图"菜单中选择"代码窗口"）进入代码编辑窗口。在出现的代码窗口中，左侧选择对象，右侧选择事件，如图 2-14 所示。

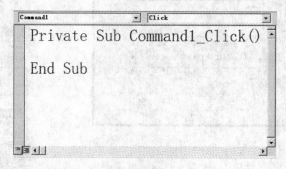

图 2-14 代码窗口

然后为命令按钮的单击事件编写以下代码：

```
Private Sub Command1_Click()
    If Command1.Caption = "显示" Then
        Text1.FontSize = 20                      '设置文本框显示文本的字符大小(磅)
        Text1.Text = "这是我的第一个 VB 应用程序"
        Command1.Caption = "继续"
        Command2.Enabled = False                 '让命令按钮 Command2 变为不可用
    Else
        Text1.FontSize = 26
        Text1.Text = "敬请赐教,谢谢!"
        Command1.Caption = "显示"
        Command2.Enabled = True
    End If
End Sub

Private Sub Command2_Click()                      '结束命令按钮单击事件过程代码
    End
End Sub
Private Sub Form_Load()                           '设置命令按钮 Command2 初始状态不能用
    Command2.Enabled = False
End Sub
```

第五步：保存工程。选择"文件"菜单中的"工程保存"命令，或者单击工具栏上的"保存"按钮 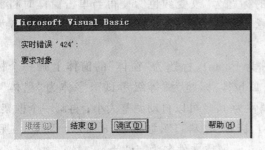，Visual Basic 系统会弹出"文件另存为"对话框，如图 2-15 所示。

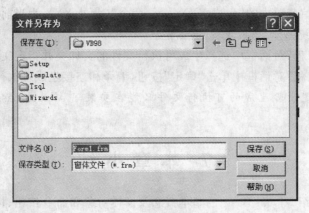

图 2-15　保存工程

选择想要保存的目录，默认以窗体的 Name 来命名，也可以改成自己想要的名称，然后单击"保存"按钮。在这里，要对窗体(.frm)和工程(.vbp)进行保存。

第六步：运行、调试程序。选择"运行"菜单中的"启动"命令、或按 F5 键或单击工具栏上的 ▶ 按钮，若程序代码没有错，则可完整运行。若程序代码有错，假如把 Text1 写成了Tdext1，则会弹出错误信息提示框，如图 2-16 所示。

在此提示框中有以下 3 种选择。

(1) 单击"结束"按钮，结束运行的程序，回到设计工作模式，在代码窗口中修改错误的代码。

(2) 单击"调试"按钮，进入中断工作模式，此时出现代码窗口，光标停在有错误的行上，并用黄色显示错误行，如图 2-17 所示。改正错误后，可以按 F5 键或单击工具栏上的 ▶ 按钮继续运行。

```
Else
    Tdxt1.FontSize = 26
    Text1.Text ="敬请赐教，谢谢!"
    Command1.Caption ="显示"
    Command2.Enabled = True
```

图 2-16　错误信息提示　　　　　图 2-17　错误定位

(3) 单击"帮助"按钮可获得系统的详细帮助。

运行、调试程序，直到用户满意为止，然后保存修改后的程序。

第七步：生成可执行文件。Visual Basic 提供了两种运行程序的方式，即解释执行方式和编译执行方式。通常，调试程序使用解释执行方式，因为解释执行方式是边解释边执行，在运行中如果遇到错误，则会自动返回代码窗口并提示错误语句，使用比较方便。在程序调试运行正确后，若今后要多次运行或要提供给其他用户使用该程序，就要将程序编译成可执

简单 Visual Basic 程序设计

行程序。

在 Visual Basic 集成开发环境下生成可执行文件的步骤如下：

（1）选择"文件"菜单中的"生成 XXX．exe 命令"（此处 XXX 为当前要生成可执行文件的工程文件名），系统弹出"生成工程"对话框。

（2）在"生成工程"对话框中选择生成可执行文件的文件夹并指定文件名。

（3）在"生成工程"对话框中单击"确定"按钮，编译和连接生成可执行文件。

注意：按照上述步骤生成的可执行文件只能在安装了 Visual Basic 6.0 的计算机上使用。

2.7　本章小结

本章向读者介绍 Visual Basic 的基本概念及窗体对象和命令按钮、标签、文本框等基本控件的常用属性、方法、事件。然后通过一个简单的程序实例，介绍一个简单的 Visual Basic 应用程序的建立过程。

学完本章后，读者应掌握面向对象程序设计的概念，对象、对象的属性和对象的方法的概念，事件和事件过程的概念，Visual Basic 程序的工作机制等。

2.8　课后练习与上机实验

一、操作题

1. 在名称为 Form1 的窗体上设置窗体的标题为"练习"，不显示"最大化"按钮，但是显示"最小化"按钮。注意，工程文件名为 sjt1.vbp，窗体文件名为 sjt1.frm。

2. 在名称为 Form1 的窗体上设置窗体的标题为"颜色"，将窗体的背景颜色设为红色（&HFF&）。注意，工程文件名为 sjt2.vbp、窗体文件名为 sjt2.frm。

3. 在名称为 Form1 的窗体上设置窗体的标题为"改变颜色"，使得当单击窗体时将窗体的背景颜色改为红色（&HFF&）。注意，工程文件名为 sjt3.vbp、窗体文件名为 sjt3.frm。

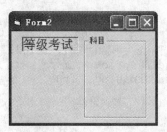

图 2-17　程序界面

4. 在名称为 Form1、标题为"窗体"的窗体上画一个标签，其名称为 Label1、标题为"等级考试"、字体为"黑体"、BorderStyle 属性为 1，且可以自动调整大小；再画一个框架，名称为 Frame1、标题为"科目"，如图 2-18 所示。注意，工程文件名为 sjt1.vbp、窗体文件名为 sjt1.frm。

5. 在名称为 Form1 的窗体上画两个文本框，其名称分别为 Text1 和 Text2，内容分别为"文本框 1"和"文本框 2"，编写适当的事件过程。程序运行后，如果单击窗体，则 Text1 隐藏、Text2 显示，如图 2-19(a)所示；如果双击窗体，则 Text1 显示、Text2 隐藏，如图 2-19(b)所示。注意，程序中不得使用变量，工程文件名为 sjt2.vbp、窗体文件名为 sjt2.frm。

6. 在名称为 Form1 的窗体上画一个名称为 txtInput 的文本框，其高、宽分别为 500、2500，请在属性框中设置适当的属性满足以下要求：

| (a) 单击窗体时 | (b) 双击窗体时 |

图 2-19　文本框的显示

（1）txtInput 的字体为"黑体"，字号为"四号"；

（2）窗体的标题为"输入示例"，不显示"最大化"按钮和"最小化"按钮。

注意：工程文件名为 sjt3.vbp、窗体文件名为 sjt3.frm。

二、选择题

1. 在 Visual Basic 中，所有的标准控件都具有的属性是（　　）。

    A）Caption　　　　　　B）Name　　　　　　C）Text　　　　　　D）Value

2. 下列打开代码窗口的操作错误的是（　　）。

    A）按 F4 键

    B）单击工程资源管理器窗口中的"查看代码"按钮

    C）双击已建立好的控件

    D）选择"视图"菜单中的"代码窗口"命令

3. 在程序运行时，下面的叙述正确的是（　　）。

    A）右击窗体中无控件的部分，会执行窗体的 Form_Load 事件过程

    B）单击窗体的标题栏，会执行窗体的 Form_Click 事件过程

    C）只装入但不显示窗体，也会执行窗体的 Form_Load 事件过程

    D）装入窗体后，每次显示该窗体时都会执行窗体的 Form_Click 事件过程

4. 下面有关标准模块的叙述中，错误的是（　　）。

    A）标准模块不完全由代码组成，还可以有窗体

    B）标准模块中的 Private 过程不能被工程中的其他模块调用

    C）标准模块的文件扩展名为 bas

    D）标准模块中的全局变量可以被工程中的任何模块引用

5. 在设计窗体时双击窗体的任何地方，可以打开的窗口是（　　）。

    A）代码设计窗口　　　　　　　　　　B）属性窗口

    C）工程资源管理器　　　　　　　　　D）工具箱窗口

6. 以下叙述中错误的是（　　）。

    A）Visual Basic 是事件驱动型可视化编程工具

    B）Visual Basic 应用程序不具有明显的开始和结束语句

    C）Visual Basic 工具箱中的所有控件都具有宽度（Width）和高度（Height）属性

    D）Visual Basic 中控件的某些属性只能在运行时设置

第3章 Visual Basic 语言基础

通过上一章的学习,读者可以了解到,要建立一个简单的 Visual Basic 应用程序是非常容易的。但是要编写稍微复杂的程序,就会用到各种不同类型的数据、常量、变量以及由这些数据和运算符组成的各种表达式,这些内容是程序设计语言的重要基础。

本章主要任务:

(1) 理解变量与常量的概念,掌握其定义与使用;

(2) 掌握各种数据类型的数据在内存中的存放形式,了解自定义数据类型;

(3) 掌握各种运算符、表达式的使用方法;

(4) 掌握常用内部函数的使用。

3.1 Visual Basic 语言字符集及编码规则

1. 字符集

字符集中包含有字母、数字和专用字符。

(1) 字母: 大写英文字母 A~Z; 小写英文字母 a~z。

(2) 数字: 0、1、2、3、4、5、6、7、8、9。

(3) 专用字符: 共 27 个,如表 3-1 所示。

表 3-1 Visual Basic 中的专用字符

符　号	说　　明	符　号	说　　明
%	百分号(整型数据类型说明符)	=	等于号(关系运算符、赋值号)
&	和号(长整型数据类型说明符)	(	左圆括号
!	感叹号(单精度数据类型说明符)	)	右圆括号
♯	磅号(双精度数据类型说明符)	'	单引号(半角)
$	美元号(字符串数据类型说明符)	"	双引号(半角)
@	AT 号(货币数据类型说明符)	,	逗号(半角)
＋	加号	;	分号(半角)
－	减号	:	冒号(半角)
*	星号(乘号)	.	实心句号(小数点)
/	斜杠(除号)	?	问号
\	反斜杠(整除号)	_	下划线(续行号)
^	上箭头(乘方号)		空格符
＞	大于号	<CR>	回车键
＜	小于号		

2. 编码规则与约定

1）编码规则

编码规则如下：

（1）VB 代码中不区分字母的大小写。

（2）在同一行上可以书写多条语句，语句间要用冒号":"分隔。

（3）若一个语句行不能写下全部语句，或在特别需要时，可以换行。换行时需在本行后加入续行符，即一个空格加下划线。

（4）一行最多允许 255 个字符。

（5）注释以 Rem 开头，也可以使用单引号"'"，注释内容可直接出现在语句的后面。

（6）在程序转向时需要用到标号，标号是以字母开始、以冒号结束的字符串。

2）约定

在 VB 中有以下几个约定：

（1）为了提高程序的可读性，VB 中的关键字首字母大写，其余字母小写。

（2）注释有利于程序的维护和调试，在语句中以 Rem 或单撇'开始。例如：

```
'This is a VB
  REM This is a VB
```

在 VB 6.0 中新增了"块注释/取消块注释"。

（3）通常不使用行号。

（4）对象名的命名约定：每个对象的名字由 3 个小写字母组成的前缀（指明对象的类型）和表示该对象作用的缩写字母组成。

3.2　Visual Basic 数据类型

Visual Basic 数据类型分为标准数据类型和自定义数据类型。

1. Visual Basic 的标准数据类型

Visual Basic 的标准数据类型如表 3-2 所示。

表 3-2　Visual Basic 的标准数据类型

数据类型	关键字	类型符	占字节数	前缀	大 小 范 围
字节	Byte	无	1	Bty	0～255
逻辑类型	Boolean	无	2	Bln	True 或 False(-1 或 0)
整型	Integer	%	2	Int	-32 768～32 767
长整型	Long	&	4	Lng	-2 147 483 648～2 147 483 647
单精度实数	Single	!	4	Sng	$-3.402\ 823\times10^{38}$～$3.402\ 823\times10^{38}$
双精度实数	Double	#	8	Dbl	$-1.797\ 693\ 134\ 862\ 32\times10^{308}$～ $1.797\ 693\ 134\ 862\ 32\times10^{308}$
字符型	String	$	与串长有关	Str	0～65 535
货币	Currency	@	8	Cur	-922 377 203 685 477.5808～ 922 377 203 685 477.5807
日期类型	Date	无	8	Dtm	1/1/100～12/31/9999
对象类型	Object	无	4	Obj	任何对象
通用(变体)类型	Variant	无	按实际分配	Vnt	上述有效范围之一

对于 Visual Basic 中的数据(变量或常量),首先应确定以下几点:

(1) 数据的类型。

(2) 此类数据在内存中的存储形式、占用的字节数。

(3) 数据的取值范围。

(4) 数据能参与的运算。

(5) 数据的有效范围(是全局、局部还是模块级数据)、生成周期(是动态还是静态变量)等。

2. 用户自定义类型

如果用户还需要增加新的数据类型,可以用 Visual Basic 的标准类型数据组合成一个新的数据类型。例如,一个学生的学号、姓名、性别、年龄等数据,为了处理数据方便,常常需要把这些数据定义成一个新的数据类型(如 Student),这种结构称为"记录"。Visual Basic 提供了 Type 语句让用户自己定义数据类型,其形式如下:

```
Type 数据类型名
    元素名 1  As  类型
    元素名 2  As  类型
      ⋮
    元素名 n-1  As  类型
    元素名 n  As  类型
End Type
```

例如:
```
Type  Student
    Xh  As  String
    Xm  As  String
    Xb  As  String
    Age  As  Integer
End  Type
```

3.3 常量和变量

3.3.1 常量

在程序运行的过程中,其值不能被改变的量称为常量。在 Visual Basic 中有 3 类常量,即普通常量、符号常量和系统常量。

1. 普通常量

定义:普通常量也称直接常量,可从字面形式判断其类型。

下面介绍其分类。

(1) 整型常量:通常所说的整型常量指的是十进制整数,但 Visual Basic 中还可以使用八进制和十六进制形式的整型常量,因此整型常量有以下 3 种表现形式。

- 十进制数:如 1、0、-56。
- 八进制数:以 & 或 &O(字母 O)开头的整数。例如 &O25 即为 $(25)_8 = (21)_{10}$。
- 十六进制数:以 &H 开头的整数。例如 &H25 表示十六进制整数 25,即 $(25)_{16} = (37)_{10}$。

说明:上面整数表示的是整型(Integer),若要表示长整型(Long)整数,则在数的最后加表示长整型的类型符号 &。例如,10&、&O10&、&H10& 分别表示十进制、八进制和十六进制长整型常数 10、$(10)_8$、$(10)_{16}$,请注意 10 和 10& 的区别。

(2) 实型常量:指带小数点的数据,在 Visual Basic 中,实数分为单精度(Single)和双精度(Double)实数,它们在计算机内存中以浮点数的形式存放,故又称为浮点实数。实型常量有下面两种表示形式。

① 十进制小数形式：它是由正负号（＋、－）、数字（0～9）和小数点（.）或类型符号（!、#）组成的，如±$n.n$、±n! 或±n#，其中 n 是 0～9 的数字。例如，0.111、.111、111.0、111!、111# 等都是十进制小数形式。

② 指数形式：±nE±m 或±$n.n$E±m，±nD±m 或±$n.n$D±m。

例如：1.11E＋3 和 1.11D＋3 相当于 1110.0 或者 1.11×10³。

说明：

① 当幂为正数时，正号可以省略，即 1.11E＋3 等价于 1.11E3。

② 同一个实数可以有多种表示形式，如 1110.0 可以表示为 1.11E＋3、0.111E＋4、11.1E＋2 等。一般将 1.11×10³ 称为"规范化的指数形式"。

③ Visual Basic 系统默认直接实型常数都是双精度类型，即 111.0 与 111# 是等价的常数，除非在其尾部加类型符号"!"才表示单精度常量。

（3）字符串常量：在 Visual Basic 中字符串常量是用双引号括起的一串字符。例如 "ABC"、"123"。

说明：

① 字符串的字符可以是西文字符、汉字、标点符号等。

② ""表示空字符串，而 " "表示有一个空格的字符串。

③ 若字符串中有双引号，例如 ABC"DE，则用连续的两个双引号表示，即"ABC""DE"。

（4）逻辑常量：只有两个值，即 True 和 False。将逻辑数据转换成整型时 True 为－1，False 为 0，将其他的数据转换成逻辑数据时非 0 为 True，0 为 False。

（5）日期常量：日期（Date）型数据按 8 字的浮点数来存储。表示日期范围从公元 100 年 1 月 1 日到 9999 年 12 月 31 日，而时间范围从 0:00:00 到 23:59:59。在使用时要用#定界，例如#09/01/99#、#January 4,1989#、#2014-5-1 14:30:00PM#都是合法的日期型常量。

2. 符号常量

在程序中，若某个常量多次使用，可以使用一个符号来代替该常量。例如圆周率（3.141 592 653 5…），可以用 PI 代替它，这样不仅书写方便，而且有效地增强了程序的可读性和可维护性。

在 Visual Basic 中使用关键字 Const，在通用声明处声明符号常量，其格式如下：

Const 常量名[As 类型|类型符号] = 常数表达式

例如：

```
Const PI# = 3.1415926535
```

或

```
Const PI As Double = 3.1415926535
```

说明：

（1）常量名的命名规则遵循 3.1 节的规则，为了与一般变量区别，通常采用大写。

（2）数据类型可省略，若省略，则数据类型取决于右边的数据。

（3）常数表达式可以是直接常量、符号常量、系统常量，也可以是表达式，但不能有函数调用和变量。

3. 系统常量

Visual Basic 提供了应用程序和控件的系统定义常数，它们存于系统的对象库中。在程序中，使用系统常量可以使程序变得易于阅读和编写。同时，Visual Basic 系统常量的值在更高版本中可能发生改变，系统常量的使用也可使程序保持兼容。

例如，窗口状态 WindowsState 的属性可以取 0、1、2 共 3 个值，对应正常、最小化、最大化 3 种不同状态。在程序中使用语句 Form1. WindowsState＝vbMaxMized 将窗口最大化，显然要比使用语句 Form1. WindowsState＝2 易于阅读和理解。

3.3.2　变量

1. 变量的命名规则

变量的命名规则如下：

（1）以字母或汉字开头，后可跟字母、数字或下划线；

（2）变量名最长为 255 个字符；

（3）VB 中的变量名不区分大小写，不能使用 VB 中的关键字；

（4）字符之间必须并排书写，不能出现上下标；

（5）合法的变量名：a，x，x3，BOOK_1，sum5；

（6）非法的变量名：

```
3s      以数字开头              s * T    出现非法字符 *
- 3x    以减号开头              bowy-1   出现非法字符 - (减号)
if      使用了 VB 的关键字
```

2. 变量声明

用 Dim 语句显式声明变量形式：

```
Dim 变量名[AS 类型]
Dim 变量名[类型符]
```

例如："Dim ab As integer，sum As single"等价于"Dim ab％，sum！"。

说明：＜类型＞为表 3-1 中所列的关键字，例如 Integer、String 等；＜类型符＞为表 3-1 中所列的类型符，例如％、$ 等。

声明时，如果不指定类型，则为变体。

对于字符串，根据其存放的字符串长度是否固定，其定义方式有下面两种：

```
Dim 字符串变量名 As String
Dim 字符串变量名 As String * 字符个数
```

例如：

```
Dim strS1 As String              '声明可变长字符串变量
Dim strS2 As String * 10         '声明可存放 10 个字符的定长字符串的变量
```

3. 隐式声明

Visual Basic 允许用户在编写应用程序时不声明而直接使用变量，系统临时为新变量分配内存空间并使用,这就是隐式声明。

例如,下面是一个很简单的程序,其使用的变量 X、Y、Sum 都没有事先定义。

```
Private Sub Form_Click()
    Sum = 0
    X = 10 : Y = 20
    Sum = X + Y
    Print "Sum = " ; Sum
End sub
```

4. 强制显式声明

良好的编程习惯是"先声明变量,后使用变量",这样做可以提高程序的效率,同时也使程序易于调试。在 Visual Basic 中可以强制显式声明变量,可以在窗体模块、标准模块和类模块的通用声明段中加入下列语句:

```
Option Explicit
```

5. 记录类型变量

记录类型变量的定义与基本数据变量的定义没有什么区别,但在引用时有所不同。例如,假定有以下记录类型:

```
Type TypeDemo
    Num1 As Double
    Num2 As Integer
    Num3 As String * 8
End Type
```

则可用下面的语句定义 TypeDemo 变量:

```
Dim X As TypeDemo
```

以后就可以用"变量.元素"的格式引用记录中的各个成员。例如:

```
X. Num1、X. Num2、X. Num3
```

注意:在一般情况下,记录类型应在标准模块中定义。如果在窗体模块中定义,则必须在 Type 关键字前面加上 Private。

6. 变量的默认值

当执行变量的声明语句后,Visual Basic 就给变量赋予一个默认值(初值),在变量首次赋值之前,一直保持这个默认值。对于不同类型的变量,默认值如表 3-3 所示。

表 3-3　不同类型变量的默认值

变 量 类 型	默认值(初值)
数值型	0(或 0.0)
逻辑型	False
日期型	#0:00:00#
变长字符串	空字符串""
定长字符串	空格字符串,其长度等于定长字符串的字符个数
对象型	Nothing
变体类型	Empty

3.4 运算符和表达式

3.4.1 算术运算符与算术表达式

1. 算术运算符

算术运算符要求参与运算的量是数值型,运算结果也是数值型,除"－"取负号运算是单目运算符(要求一个运算量)外,其余都是双目运算符(要求两个运算量)。各算术运算符的运算规则及优先级如表 3-4 所示。

表 3-4　算术运算符及其优先级

运 算 符	含 义	优 先 级	实 例	结 果
^	幂方	1	3 ^ 2	9
－	负号	2	－4＋2	－2
*	乘	3	3 * 4	12
/	除		5/2	2.5
\	整除	4	5\2	2
mod	求余	5	5 mod 2	1
＋	加	6	10＋1	11
－	减		10－5	5

例如"5＋2 * 10 mod 10 \ 9 / 3 ＋2 ^2",结果是 11。

2. 算术表达式

(1) 运算符不能相邻。例如 $a+*b$ 是错误的。

(2) 乘号不能省略。例如 x 乘以 y 应写成"$x*y$"。

(3) 括号必须成对出现,均使用圆括号。

(4) 表达式从左到右以同一基准并排书写,不能出现上、下标。

(5) 要注意各种运算符的优先级别,为保持运算顺序,在写 VB 表达式时需要适当添加括号(),若用到库函数必须按库函数的要求书写。

例如:

$$\frac{b-\sqrt{b^2-4ac}}{2a} \longrightarrow \text{(b-sqr(b*b-4*a*c))/(2*a)}$$

$$\frac{a+b}{a-b} \longrightarrow \text{(a+b)/(a-b)}$$

3.4.2 字符串运算符与字符串表达式

字符串运算符:&、+。

功能:字符串的连接。

例如:

```
"ABCD" + "EFGHI"              '结果为: ABCDEFGHI
" VB "&"程序设计教程"          '结果为: VB 程序设计教程
```

说明：当连接符两旁的操作量都为字符串时，上述两个连接符等价。它们的区别如下。

（1）＋（连接运算）：两个操作数都应为字符串类型。注意，对于纯数字型字符串（如"123"），由于 Visual Basic 6.0 编译器可以自动将纯数字型字符串自动转化为数值，所以当"＋"连接一个整数时会得到一个数值型的值，而得不到一个新字符串。所以为了避免这种歧义性，字符串连接尽可能选择 & 操作符。

（2）&（连接运算）：两个操作数既可以是字符型也可以是数值型，当是数值型时，系统先自动将其转换为数字字符，然后进行连接操作。

例如：

```
"100" + 123            '结果为 223
"100" + "123"          '结果为 100123
"Abc" + 123            '出错
"100" & 123            '结果为 100123
100 & 123              '结果为 100123
"Abc" & "123"          '结果为 Abc123
"Abc" & 123            '结果为 Abc123
```

注意：在使用运算符 & 时，变量与运算符 & 之间应加一个空格。这是因为符号 & 还是长整型的类型定义符，如果变量与符号 & 连接在一起，Visual Basic 系统先把它作为类型定义符处理，因此会出现语法错误。

3.4.3 关系运算符与关系表达式

关系运算符用于比较两个运算量之间的关系，关系表达式的运算结果为逻辑量。若关系成立，结果为 True；若关系不成立，结果为 False。在将逻辑数据转换成整型时，True 为 -1，False 为 0；将其他的数据转换成逻辑数据时，非 0 为 True，0 为 False。各关系运算符的运算规则及优先级如表 3-5 所示。

表 3-5 关系运算符及其优先级

运 算 符	含 义	优 先 级	实 例	结 果
<	小于	所有关系运算符的优先级相同，低于算术运算符的加"＋"、减"－"运算，高于逻辑非"Not"运算	15+10<20	False
<=	小于或等于		10<=20	True
>	大于		10>20	False
>=	大于或等于		"This">= "That"	True
=	等于		"This"= "That"	False
<>	不等于		"This"<>"That"	True
Like	字符串的匹配		"This" Like " * is"	True
Is	对象的比较			

关系运算的规则如下：

（1）当两个操作式均为数值型时，按数值大小比较。

（2）字符串比较，按字符的 ASCII 码值从左到右一一比较，直到出现不同的字符为止。

例如：

```
" ABCDE ">" ABRA "      结果为 False
```

（3）数值型与可转换为数值型的数据比较，例如"29＞"189""，按数值比较，结果为 False。

（4）数值型与不能转换成数值型的字符型比较，例如"77＞" sdcd""不能比较，系统出错。

（5）"Like"运算符是 VB 6.0 新增的，其使用格式为"str1 Like str2"。

3.4.4 逻辑运算符与逻辑表达式

逻辑运算符有 Not(逻辑非，单目运算符)、And(逻辑与)、Or(逻辑或)、Xor(逻辑异或)、Eqv(逻辑等于)、Imp(逻辑蕴含)，其运算规则如表 3-6 所示。

表 3-6　逻辑运算符的运算规则

运算符	功　　能	优先级	实　　例
Not	操作数为 True 时，结果为 False；操作数为 False 时，结果为 True	1	Not(5＞3)为 False Not(5＜3)为 True
And	两个操作数都为 True 时，结果为 True，否则为 False	2	(5＞3) And(5＞=3)为 True (5＞3) And(5＜3)为 False
Or	两个操作数都为 False 时，结果为 False，其他情况为 True	3	(5＞3) Or(5＜3)为 True (5＜3) Or(5＜=3)为 False
Xor	两个操作数的布尔值不相同时，结果为 True，否则为 False		(5＞3) Xor(5＜3)为 True (5＞3) Xor(5＞=3)为 False
Eqv	两个操作数的布尔值相同时，结果为 True，否则为 False	4	(5＞3) Eqv(5＞=3)为 True (5＜3) Eqv(5＜=3)为 True
Imp	左边为 True，右边为 False 时，结果为 False，其余为 True	5	(5＞3) Imp(5＜3)为 False (5＞3) Imp(5＞=3)为 True

说明：

（1）逻辑运算符的优先级不相同，Not(逻辑非)最高，但它低于关系运算符，Imp(逻辑蕴含)最低。

（2）VB 中常用的逻辑运算符有 Not、And 和 Or，它们用于对多个关系表达式进行逻辑判断。

例如：

（1）数学上表示某个数在某个区域时用表达式：$10 \leqslant X < 20$，用 VB 程序应写成：X＞=10 And X＜20，如果写成后面的形式将是错误的：10＜= x＜20 或 10＜= x Or x＜20。

（2）用人单位招聘秘书，要求年龄小于 40 岁，女性，学历为专科或本科，写成 VB 的表达式为"年龄＜=39 And 性别＝"女" And(学历="专科" Or 学历="本科")"。

3.4.5 日期型表达式

日期型数据是一种特殊的数值型数据，只能有下面 3 种情况。

（1）两个日期型数据可以相减，"DateB-DateA"的结果是一个数值型整数(两个日期相差的天数)。例如，"♯05/08/2008♯-♯05/01/2008♯"，其结果为数值 7。

（2）一个日期型数据(DateA)与一数值数据(N)可作加法运算。例如"DateA＋N"，其结果仍是一个日期型数据。

（3）一个日期型数据（DateA）与一数值数据（N）可作减法运算。例如"DateA-N"，其结果仍是一个日期型数据。

3.4.6 运算符的执行顺序

当表达式中出现了多种不同类型的运算符时，其运算符优先级如下：

算术运算符>＝字符运算符>关系运算符>逻辑运算

Visual Basic 中各类运算符的优先级如表 3-7 所示。

表 3-7 运算符的优先顺序

优先顺序	运算符类型	运 算 符
1	算术运算符	^ 指数运算
2		一 取负数
3		* 、/ 乘法和除法
4		\ 整除运算
5		Mod 求模（余）运算
6		＋、一 加法和减法
7	字符串运算符	＋、& 字符串连接
8	关系运算符	＝、<>、>、>＝、<、<＝
9	逻辑运算符	Not
10		And
11		Or、Xor
12		Eqv
13		Imp

例如：用一个逻辑表达式表示满足闰年的条件。闰年的条件是：

① 能被 4 整除，但不能被 100 整除的年份都是闰年；

② 能被 400 整除的年份是闰年。

用 Year 表示一个年份，则有以下判断条件：

Year Mod 4 = 0 And Year Mod 100 <> 0 Or Year Mod 400 = 0

现在用上式判断 2000 年是否为闰年？令 Year＝2000，首先计算 2000 Mod 4 和 2000 Mod 400，然后计算（2000 Mod 4）＝0、（2000 Mod 100）<>0、（2000 Mod 400）＝0 三个表达式，最后计算 And 和 Or，因为 And 比 Or 的优先级高，所以先进行 And 计算。最后可得到计算结果为 True，即 2000 年是闰年。

在实际编程中，为了清晰起见，可为表达式加上括号，例如：

((Year Mod 4 = 0) And (Year Mod 100 <> 0)) Or (Year Mod 400 = 0)

3.5 本章小结

数据类型、常量、变量、运算符及表达式是计算机程序设计语言的基础。Visual Basic 的数据类型分为标准类型和自定义类型两大类，如图 3-1 所示。

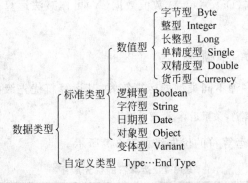

图 3-1　Visual Basic 的数据类型

在编写程序时,经常需要用不同的数据,数据有类型之分,不同类型的数据在计算机中的存放形式不同,使用的内存空间不同,参与的运算也不同,这一点初学者很难理解,在写程序时常常将数据类型用错。例如,要计算"$S=1+1/2+1/3+1/4+\cdots+1/100$",如果将 S 定义为整型数据,就不能得到正确的结果。

Visual Basic 有 4 种运算符,即算术运算符、连接运算符、关系运算符、逻辑运算符。由运算符、括号、内部函数及数据组成的式子称为表达式。Visual Basic 表达式的书写原则如下:

(1) 表达式中的所有运算符和操作数必须并排书写。

(2) 数学表达式中省略乘号的地方,在 Visual Basic 表达式中不能省。

(3) 要注意各种运算符的优先级别,为保证运算顺序,在写 Visual Basic 表达式时需要适当添加括号(),若要用到库函数,必须按库函数的要求书写。

Visual Basic 提供了上百种内部函数,也称库函数,用户需要掌握一些常用函数的功能及使用方法。Visual Basic 函数的调用只能出现在表达式中,目的是使用函数求得一个值。

3.6　课后练习与上机实验

一、操作题

1. 在名称为 Form1、标题为"计算"的窗体上画两个文本框,名称分别为 Text1 和 Text2;再画一个命令按钮,其名称为 Command1,标题为"计算";然后编写命令按钮的单击事件,要求单击命令按钮时,在窗体上输出两个文本框中输入的数字之和。注意,工程文件名为 sjt1.vbp,窗体文件名为 sjt1.frm。

第一步:打开 Visual Basic 6.0,创建一个新工程文件。

第二步:在窗体上创建 3 个对象,分别为 text1、text2、command1。

第三步:选定对象,更改其相关属性。

```
Form1.Caption = "计算"
Command1.Caption = "计算"
```

第四步:编写 Command1 的单击事件。

```
Private sub command1_Click()
Dim x as integer:Dim y as integer
X = val(text1.text):Y = val(text2.text)
Form1.print x + y
```

第五步：运行、调试，直至满意（按 F5 键或单击 ▶ 按钮）。

第六步：单击"常用"工具栏上的"保存"按钮或选择"文件"菜单中的"保存"命令，在弹出的"另存为"对话框中选择归档的目录，然后输入工程文件名 sjt1. vbp 和窗体文件名 sjt1. frm，最后单击"保存"按钮。

2. 在名称为 Form1、标题为"连接"的窗体上画两个文本框，名称分别为 Text1 和 Text2；再画一个命令按钮，其名称为 Command1，标题为"字符串连接"；然后编写命令按钮的单击事件，要求单击命令按钮时，在窗体上输出两个文本框中的文本连接之后的值。注意，工程文件名为 sjt2. vbp、窗体文件名为 sjt2. frm。

3. 在名称为 Form1、标题为"窗体变量"的窗体上画一个文本框，名称为 Text1；再画两个命令按钮，其名称分别为 Command1 和 Command2，标题分别为"加1"和"加2"。设计一个窗体级变量 n，初值为 0，然后编写命令按钮的单击事件，要求单击 Command1 时，n 的值自加 1 并且显示在文本框中，单击 Command2 时，n 的值自加 2 并且显示在文本框中。注意，工程文件名为 sjt3. vbp、窗体文件名为 sjt3. frm。

二、选择题

1. 若变量 a 未事先定义而直接使用（例如 $a=0$），则变量 a 的类型是（　　）。

   A) Integer   B) String   C) Boolean   D) Variant

2. 以下选项中，不合法的 Visual Basic 的变量名是（　　）。

   A) a5b   B) _xyz   C) ab   D) andif

3. 以下叙述中错误的是（　　）。

   A) 续行符与它前面的字符之间至少要有一个空格

   B) Visual Basic 中使用的续行符为下划线(_)

   C) 以撇号(')开头的注释语句可以放在续行符的后面

   D) Visual Basic 可以自动对输入的内容进行语法检查

4. 为把圆周率的近似值 3.14159 存放在变量 pi 中，应该把变量 pi 定义为（　　）。

   A) Dim pi As Integer   B) Dim pi(7) As Integer

   C) Dim pi As Single   D) Dim pi As Long

5. 为了声明一个长度为 128 个字符的定长字符串变量 StrD，以下语句正确的是（　　）。

   A) Dim StrD As String   B) Dim StrD As String(128)

   C) Dim StrD As String[128]   D) Dim StrD As String * 128

6. 有语句序列"Dim a, b As Integer Print a Print b"，执行后，下列叙述中错误的是（　　）。

   A) 输出的 a 值是 0   B) 输出的 b 值是 0

   C) a 是变体类型变量   D) b 是整型变量

7. 有数据定义语句"Dim a, b As Integer Dim x％, y as Integer"，执行后，不是整型变量的是（　　）。

   A) a B) b C) x D) y

8. 在 VB 中,若没有显式声明变量的数据类型,则默认的类型是(   )。

   A) 整型   B) 字符型
   C) 日期型   D) 变体类型

9. 假定有程序段"Dim intVar As Integer intvar ＝ True Print intVar",则结果是(   )。

   A) 0   B) －1   C) True   D) False

10. 下面为单精度实型(即单精度浮点型)变量的是(   )。

   A) $x\$$ B) $x\&$ C) $x!$ D) $x\#$

11. 设有定义语句"Private Type point x As Integer y As Integer End Type Dim a As point",下面语句中正确的是(   )。

   A) a ＝ 12   B) a. x ＝ 12
   C) point ＝ 12   D) point. x ＝ 12

12. 执行语句"Dim X, Y As Integer"后,(   )。

   A) X 和 Y 均被定义为整型变量
   B) X 和 Y 均被定义为变体类型变量
   C) X 被定义为整型变量,Y 被定义为变体类型变量
   D) X 被定义为变体类型变量,Y 被定义为整型变量

第4章

Visual Basic 6.0 常用内部函数的操作

Visual Basic 中函数的概念与一般数学中函数的概念没有什么根本区别。在 Visual Basic 中,函数有内部函数和用户定义函数两类。用户定义函数是用户自己根据需要定义的函数。内部函数也称标准函数或库函数,它们是 Visual Basic 系统为实现一些特定功能而设置的内部程序。本章介绍常用的数学函数、转换函数、字符串函数、日期时间函数等。

4.1 Visual Basic 6.0 内部函数

Visual Basic 提供了大量的内部函数,在这些函数中,有些是通用的,有些与某种操作有关,大体上可分为 5 类。表 4-1 中列出了部分函数的名称及其功能,读者可以在"立即"窗口(见图 4-1)中练习这些函数的操作。

表 4-1　部分 Visual Basic 函数

类别	函　　数	功　　能	举　　例	结果
转换	Int(x)	正数取整同 Fix,负数取不大于 N 的最大整数	Int(-9.6)	-10
			Int(9.6)	9
	Fix(x)	截断取整	Fix(-9.6)	-9
	Hex\$(x)	十进制转十六进制	Hex(76)	"4C"
	Oct(x)	十进制转八进制	Oct(76)	"114"
	Asc(\$x)	字符转换成 ASCII 码值	Asc("0")	48
	Chr\$(x)	ASCII 码值转换成字符	Chr(65)	"A"
	Str(x)	数值转换成字符串	Str(125)	"125"
	Cint(x)	将一个数值按四舍五入取整	Cint(9.6)	10
	Lcase\$(x)	大写字母转换为小写字母	Lcase("AB2")	ab2
	Ucase\$(x)	小写字母转换为大写字母	Ucase("ab2")	AB2
	Val(x)	数字字符串转换成数值	Val("125")	125
数学	Sin(x)	正弦函数	Sin(0)	0
	Cos(x)	余弦函数	Cos(0)	1
	Tan(x)	正切函数	Tan(0)	0
	Atn(x)	反正切函数	Atn(1)	.78539816
	Abs(x)	取绝对值	Abs(-1)	1
	Sgn(x)	符号函数	Sng(-5.6)	-1
	Sqr(x)	平方根	Sqr(9)	3

类别	函 数	功 能	举 例	结 果
日期	Day(Now)	返回系统日期	date	2014-5-24
	WeekDay(Now)	返回星期代号(1~7),周日为1	weekday(date)	2
	Month(Now)	返回月代码(1~12)	Month(date)	5
	2014	Year(Now)	返回公元年号	Year(date)
时间	Hour(Now)	将指定的时间转换为小时	Hour(time)	5
	Minute(Now)	返回给定时间小时的分钟	Minute(time)	32
	Second(Now)	返回给定时间的秒	Second(time)	30
随机数	Rnd(x)	产生[0,1]区间的随机函数	Rnd	[0,1]随机数

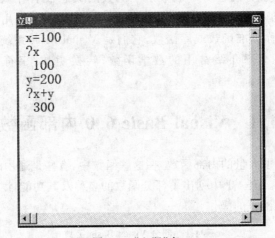

图 4-1 "立即"窗口

当在程序中使用一个函数时,只要给出函数名并给出它要求的参数,就能得到它的函数值。函数的使用方法如下:

函数名(参数列表)   '有参函数
函数名   '无参函数

说明:

(1) 使用库函数要注意参数的个数及参数的数据类型。

(2) Visual Basic 函数的调用只能出现在表达式中,目的是使用函数求值。

(3) 要注意函数的定义域(自变量或参数的范围)。

(4) 要注意函数的值域。

学习函数的方法如下。

第一:函数名称是什么;

第二:函数的功能;

第三:函数所需要参数的个数以及参数条件;

第四:函数返回值的类型。

例如:

t = inputbox("请输入一个值","输入框",1,1000,1000)

用户要从 4 个方面来掌握这个函数。

函数名：inputbox。

功能：弹出一个对话框，让用户从终端键盘上输入一个值。

要求：5 个参数，至少需要第一个参数。

返回值：一个数据类型为字符串的值。

4.2 Visual Basic 6.0 常用内部函数的分类

4.2.1 数学函数

常用的数学函数有 Abs(N)、Cos(N)、Sin(N)、Exp(N)、Log(N)、Sqr(N)、Sgn(N)。

说明：

(1) 在三角函数中，自变量以弧度为单位。

例如：

sin30°   sin(3.14159/180 * 30)

(2) Abs(x)：返回 x 的绝对值。

(3) Exp(x)：返回 e 的指定次幂，即 e^x。

(4) Log(x)：返回 x 的自然对数。

(5) Sgn(x)：根据 x 值的符号返回一个整数（-1、0 或 1）。

$$\text{Sgn}(x) = \begin{cases} 1 & x > 0 \\ 0 & x = 0 \\ -1 & x < 0 \end{cases}$$

(6) Sqr(x)：返回 x 的平方根，例如 Sqr(25)的值为 5、Sqr(2)的值为 1.4143。此函数要求 $x>0$，如果 $x<0$，则出错。

4.2.2 转换函数

(1) Int()、Fix()函数：Fix(N)为截断取整，即去掉小数后的数。Int(N)为不大于 N 的最大整数。$N>0$ 与 Int(N)相同，当 $N<0$ 时，Int(N)与 Fix(N) -1 相等。

例如：

```
Fix(9.59) = 9          Int(9.59) = 9
Fix(-9.59) = -9        Int(-9.59) = -10
```

思考：如何实现四舍五入取整？

(2) Asc 函数：例如 Asc("Abcd")，值为 65（只取首字母的 ASCII 码值）。

(3) Val 函数：例如 Val("abc123")，值为 0；Val("1.2sa10")，值为 1.2。

注意：Val()函数只将最前面的数字字符转换为数值。

4.2.3 字符串操作函数

1. 删除空格函数

删除空格函数如下。

（1）Ltrim(x)：返回删除字符串 x 前导空格符后的字符串。

（2）Rtrim(x)：返回删除字符串 x 尾部空格符后的字符串。

（3）Trim(x)：返回删除前导和尾部空格符后的字符串。

2. 取子串函数

取子串函数如下。

（1）Left(x,n)：返回字符串 x 前 n 个字符所组成的字符串。

（2）Right(x,n)：返回字符串 x 后 n 个字符所组成的字符串。

（3）Mid(x,m,n)：返回字符串 x 从第 m 个字符起的 n 个字符所组成的字符串。

（4）Len(x)：返回字符串 x 的长度，如果 x 不是字符串，则返回 x 所占存储空间的字节数。

（5）Lcase(x)和 Ucase(x)：分别返回由小写字母、大写字母组成的字符串。

（6）Space(n)：返回由 n 个空格字符组成的字符串。

（7）Instr(x,y)：字符串查找函数，返回字符串 y 在字符串 x 中首次出现的位置。如果 y 不是 x 的子串，即 y 没有出现在 x 中，则返回值为 0。

例如：

```
len("This is a book!")              15
Left $ ("ABCDEFG",3)               "ABC"
Right("ABCDEFG",3)                 "EFG"
Mid $ ("ABCDEFG",2,3)              "BCD"
Ucase("ABcd")                      "ABCD"
Lcase("ABcd")                      " abcd"
Trim(" Abcd ")                     "ABcd"
String(5, "A ")                    "AAAAA"
InStr(2, "ABCDEFGEF", "EF")        5(第一次出现的位置)
```

4.2.4　日期、时间函数

日期、时间函数如下。

（1）Date：返回系统当前日期。

（2）Time：返回系统当前时间。

（3）Minute(Now)、Minute(Time)：返回系统当前时间"hh:mm:ss"中的 mm(分)值。

（4）Second(Now)、Second(Time)：返回系统当前时间"hh:mm:ss"中的 ss(秒)值。

4.2.5　随机函数 Rnd 与 Randomize 语句

1. 随机函数 Rnd

Rnd 函数可以省略参数，其括号也可以省略。返回[0 ～ 1)(即包括 0，但不包括 1)区间的双精度随机数。若要产生 1～100 的随机整数，可通过下面的表达式来实现：

```
Int(Rnd * 100) + 1                 '包括 1 和 100
Int(Rnd * 99) + 1                  '包括 1,但不包括 100
```

产生[N,M]区间的随机数的 Visual Basic 表达式：

```
Int(Rnd * (M - N + 1)) + N
```

2. Randomize 语句

该语句的作用是初始化 VB 的随机函数发生器（为其赋初值），可以使 Rnd 产生相同序列的随机数。

Randomize 语句的使用形式如下：

```
Randomize [Seed]
```

其中，Seed 是随机数生成器的种子值，若省略，系统将计时器返回的值作为新的种子值。

例如，下段程序每次运行将产生不同序列的 20 个[10,99]区间的随机整数。

```
Randomize
For i = 1 To 20
    Print Int(Rnd * 90) + 10;
Next i
Print
```

4.3 本 章 小 结

Visual Basic 提供了上百种内部函数，也称库函数，用户需要掌握一些常用函数的功能及使用方法。Visual Basic 函数的调用只能出现在表达式中，目的是使用函数求得一个值，从而方便用户提高程序设计的效率。

4.4 课后练习与上机实验

一、操作题

1. 有一个工程文件 sjt1.vbp（其中代码如下所示），请在名称为 Form1 的窗体上画一个名称为 Text1 的文本框和一个名称为 C1、标题为"转换"的命令按钮，如图 4-2 所示。在程序运行时，单击"转换"按钮，可以把 Text1 中的大写字母转换为小写、把小写字母转换为大写。

窗体文件中已经给出了"转换"按钮的 Click 事件过程，但不完整，请去掉程序中的注释符，把程序中的"?"改为正确的内容。

图 4-2 操作题 1 图

```
Private Sub C1_Click()
    Dim A$, B$, k%, n%
    A$ = ""
'   n% = Asc("a") - Asc( ? )
    For k% = 1 To Len(Text1.Text)
        B$ = Mid(Text1.Text, k%, 1)
        If B$ >= "a" And B$ <= "z" Then
            B$ = String(1, Asc(B$) - n%)
        Else
            If B$ >= "A" And B$ <= "Z" Then
'               B$ = String(1, Asc(B$) + ? )
            End If
```

Visual Basic 6.0 常用内部函数的操作

```
        End If
        A$ = A$ + B$
    Next k%
'    Text1.Text = ?
End Sub
```

2. 有一个工程文件 sjt2.vbp（其中代码如下所示），包含了所有控件和部分程序。程序运行时，在文本框中每输入一个字符，则立即判断：若是小写字母，把它的大写形式显示在标签 Label1 中；若是大写字母，把它的小写形式显示在 Label1 中；若是其他字符，则把该字符直接显示在 Label1 中。输入的字母总数显示在标签 Label2 中，如图 4-3 所示。要求去掉程序中的注释符，把程序中的"?"改为正确的内容。

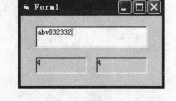

```
Dim n As Integer
Private Sub Text1_Change()
    Dim ch As String
'    ch = Right$ ( ? )
    If ch >= "A" And ch <= "Z" Then
        Label1.Caption = LCase(ch)
        n = n + 1
    ElseIf ch >= "a" And ch <= "z" Then
        Label1.Caption = UCase(ch)
        n = n + 1
    Else
'        Label1.Caption = ?
    End If
'    Label2.Caption = ?
End Sub
```

图 4-3　操作题 2 图

3. 有一个工程文件 sjt3.vbp（其中代码如下所示），程序的功能是通过键盘向文本框中输入大、小写字母及数字。单击"统计"按钮，分别统计所输入字符串中大写字母、小写字母及数字字符的个数，并将统计结果分别显示在标签控件数组 x 中，如图 4-4 所示。在给出的窗体文件中已经添加了全部控件，但程序不完整。要求去掉程序中的注释符，把程序中的？改为正确的内容。

图 4-4　操作题 3 图

```
Private Sub Command1_Click()
    Dim n As Integer: Dim b As Integer: Dim a(3) As Integer
s = RTrim(Text1.Text)
'n = ? (Text1.Text)

    For i = 1 To n
'b = ? (Mid(s, i, 1))
'Select Case ?
```

```
        Case 48 To 57
            a(0) = a(0) + 1
        Case 65 To 90
            a(1) = a(1) + 1
        Case 97 To 122
            a(2) = a(2) + 1
        End Select
    Next
    'For i = 0 To ?
'? = a(i)
    Next
End Sub
```

4. 在考生文件夹下有一个工程文件 sjt4. vbp(其中代码如下所示),其窗体如图 4-5 所示。该程序用于对在上面的文本框中输入的英文字母串(称为"明文")加密,加密结果(称为"密文")显示在下面的文本框中。加密的方法是:选中一个单选按钮,单击"加密"按钮后,根据选中的单选按钮后面的数字 n,把明文中的每个字母改为它后面的第 n 个字母("z"后面的字母认为是"a","Z"后面的字母认为是"A")。窗体中已经给出了所有控件和程序,但程序不完整,请去掉程序中的注释符,把程序中的"?"改为正确的内容。

```
Private Sub Command1_Click()
    Dim n As Integer, k As Integer, m As Integer
    Dim c As String, a As String
    For k = 0 To 2
        If Op1(k).Value Then
'           n = Val(Op1(k). ? )
        End If
    Next k
    m = Len(Text1.Text)
    a = ""
'   For k = 1 To ?
'       c = Mid$ (Text1.Text, ? , 1)
        c = String(1, Asc(c) + n)
        If c >"z" Or c >"Z" And c <"a" Then
            c = String(1, Asc(c) - 26)
        End If
'        ? = a + c
    Next k
    Text2.Text = a
End Sub
```

图 4-5 操作题 4 图

二、选择题

1. 以下不能输出"Program"的语句是(   )。

   A) Print Mid("VBProgram", 3, 7)   B) Print Right("VBProgram", 7)

   C) Print Mid("VBProgram", 3)   D) Print Left("VBProgram", 7)

2. 执行以下程序段:

```
a$ = "Visual Basic Programming"
b$ = "C++"
```

Visual Basic 6.0 常用内部函数的操作

```
c$ = UCase(Left$(a$ , 7)) & b$ & Right$(a$ , 12)
```

变量 c$ 的值为(　　)。

  A) Visual BASIC Programming   B) VISUAL C++Programming

  C) Visual C++Programming   D) VISUAL BASIC Programming

3. 可以产生 30～50(含 30 和 50)之间的随机整数的表达式是(　　)。

  A) Int(Rnd * 21 + 30)   B) Int(Rnd * 20 + 30)

  C) Int(Rnd * 50 − Rnd * 30)   D) Int(Rnd * 30 + 50)

4. 表达式 Sgn(0.25)的值是(　　)。

  A) −1   B) 0   C) 1   D) 0.5

5. 要计算 x 的平方根并放入变量 y，正确的语句是(　　)。

  A) y=Exp(x)   B) y=Sgn(x)   C) y=Int(x)   D) y=Sqr(x)

6. "Print Right("VB Programming", 2)"语句的输出结果是(　　)。

  A) VB   B) Programming   C) ng   D) 2

7. 以下表达式与 Int(3.5)的值相同的是(　　)。

  A) CInt(3.5)   B) Val(3.5)   C) Fix(3.5)   D) Abs(3.5)

8. 以下能对正实数 d 的第 3 位小数四舍五入的表达式是(　　)。

  A) 0.01 * Int(d + 0.005)   B) 0.01 * Int(100 * (d + 0.005))

  C) 0.01 * Int(100 * (d + 0.05))   D) 0.01 * Int(d + 0.05)

9. 语句"Print Asc(Chr$(Mid$("98765432", 4, 2)))"的输出是(　　)。

  A) 65   B) A   C) 8765   D) W

10. 在窗体上画两个文本框,其名称分别为 Text1 和 Text2,然后编写以下程序:

```
Private Sub Form_Load()
    Text1.Text = "" : Text2.Text = "" : Text1.SetFocus
End Sub
Private Sub Text1_Change()
    Text2.Text = Mid(Text1.Text, 6)
End Sub
```

程序运行后,如果在文本框 Text1 中输入 ChinaBeijing,则在文本框 Text2 中显示内容(　　)。

  A) ChinaBeijing   B) China   C) Beijing   D) ChinaB

11. 假定有以下函数过程:

```
Function Fun(S As String) As String
    Dim s1 As String
    For i = 1 To Len(S)
        s1 = LCase(Mid(S, i, 1)) + s1
    Next i
    Fun = s1
End Function
```

在窗体上画一个命令按钮,然后编写以下事件过程:

```
Private Sub Command1_Click( )
```

```
    Dim Str1 As String, Str2 As String
    Str1 = InputBox("请输入一个字符串") : Str2 = Fun(Str1)
    Print Str2
End Sub
```

程序运行后,单击命令按钮,如果在输入对话框中输入字符串"abcdefg",则单击"确定"按钮后,在窗体上输出的结果为(   )。

    A) ABCDEFG   B) abcdefg   C) GFEDCBA   D) gfedcba

12. 在窗体上画一个名称为 Command1 的命令按钮,然后编写以下事件过程:

```
Private Sub Command1_Click()
    c = 1234 :c1 = Trim(Str(c))
    For i = 1 To 4
        Print _____
    Next
End Sub
```

程序运行后,单击命令按钮,要求在窗体上显示内容"1 12 123 1234",则在横线处应填入的内容为(   )。

    A) Right(c1, i)   B) Left(c1, i)

    C) Mid(c1, i, 1)   D) Mid(c1, i, i)

Visual Basic 6.0 常用内部函数的操作

第5章　Visual Basic 的 3 种基本结构

Visual Basic 是面向对象的程序设计语言,采用的是面向对象的程序设计方法,在 Visual Basic 的程序设计中,具体到每个对象的事件过程或模块中的每个通用过程,还是要采用结构化的程序设计方法,所以 Visual Basic 也是结构化的程序设计语言,每个过程的程序控制结构由顺序结构、选择结构和循环结构组成。

本章主要任务:

(1) 理解程序设计的算法及算法的表示;

(2) 掌握 3 种基本结构,即顺序结构、分支结构、循环结构;

(3) 能够运用 3 种基本结构进行综合程序设计。

5.1　算　　法

1. 算法的概念

算法指用计算机解决某一问题的方法和步骤。

算法分为数值算法和非数值算法两类。

(1) 数值算法:用于解决一般数学方法难以解决的问题,例如求二次方程的根、求定积分、解微积分方程等。

(2) 非数值算法:用于对非数值信息进行查找、排序等。

2. 算法的特征

算法具有以下特征。

(1) 确定性:指算法的每个步骤都应确切无误,没有歧义。

(2) 可行性:指算法的每个步骤必须是计算机能够有效执行、可以实现的,并可得到确定的结果。

(3) 有穷性:指一个算法应该在有限的时间和步骤内可以执行完毕。

(4) 输入性:指一个算法可以有 0 或多个输入数据。

(5) 输出性:指一个算法必须有一个或多个输出结果。

3. 算法的评价

评价算法的主要指标是算法是否正确、运行的效率、占用系统资源的多少。

4. 算法的描述

一般情况下,常用流程框图来描述算法。

5. 基本算法结构

结构化程序设计方法规定算法有 3 种基本结构,即顺序结构、选择结构和循环结构。

(1) 常用流程符号如图 5-1 所示。

图 5-1　常用流程符号

(2) 3 种基本结构的表示如图 5-2 所示。

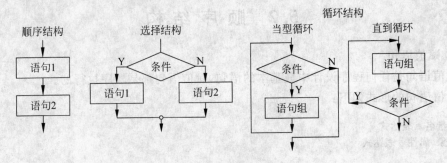

图 5-2　3 种基本结构

例题：从 10 个数中选出最大的数。

解析：

第一步：画出该算法的流程图（如图 5-3 所示）。

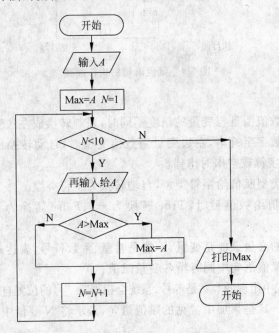

图 5-3　求 10 个数中最大数的流程图

第二步：用计算机语言表示算法。

```
A = Val(InputBox("A = ?"))
B = Val(InputBox("B = ?"))
C = Val(InputBox("C = ?"))
```

Visual Basic 的 3 种基本结构

```
If A > B Then
Max = A
Else
Max = B
End If
If C > Max Then Max = C
Print " Max = ";Max
```

5.2　顺 序 结 构

1. 赋值语句

赋值语句是任何程序设计中最基本的语句,赋值语句都是顺序执行的。

赋值语句的形式如下:

变量名 = 表达式
对象.属性 = 表达式

它的作用是计算右边表达式的值,然后赋给左边的变量。表达式的类型应该与变量名的类型一致。其执行方式如图 5-4 所示。

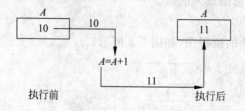

图 5-4　赋值语句的执行过程

说明:

(1) 当表达式为数值型且与变量的精度不同时,强制转换成左边变量的精度。

(2) 当表达式是数字字符串,左边变量是数值类型时,自动转换成数值类型再赋值,但当表达式中有非数字字符或空串时出错。

(3) 任何非字符类型赋值给字符类型,自动转换为字符类型。

(4) 当逻辑型赋值给数值型时,True 转换为 -1、False 转换为 0;反之,非 0 转换为 True,0 转换为 False。

(5) 赋值号左边的变量只能是变量,不能是常量、常数符号、表达式,否则报错。

(6) 不能在一个赋值语句中同时给各变量赋值。

(7) 在条件表达式中出现的“$=$”是等号,系统会根据“$=$”号的位置自动判断是否为赋值号。

(8) 注意“$N=N+1$”是累加中常见的赋值语句,表示将 N 变量中的值加 1 后赋给 N。

2. 数据的输出

窗体上的输出请参考 2.2.3 节中窗体的 print 方法。

3. 用户交互函数和过程

1) InputBox 函数

变量名 = InputBox[$](<提示信息>[,<标题>][,<默认>]
　　　　　　　　　　　　　[,<x 坐标>][,<y 坐标>])

其中,＜提示信息＞、＜标题＞在标题区中显示,＜默认＞输入区中显示默认值。

例如,要在屏幕上显示如图 5-5 所示的对话框。

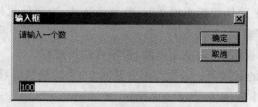

图 5-5　InputBox 函数打开的对话框

通过下列语句实现:

```
Dim  x%
x = Val(InputBox("请输入一个数", "输入框", 100))
```

语句执行后打开如图 5-6 所示的对话框。

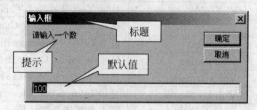

图 5-6　执行语句后的结果

2) MsgBox 函数和 MsgBox 过程

函数形式:

变量[%] = MsgBox(提示[,按钮[+ 图标] +
　　　　　　　　　　[默认按钮] + [模式]][,标题])

过程形式:

MsgBox 提示[,按钮[+ 图标] + [默认按钮] +
　　　　　　　　　[模式]][,标题]

例如:

```
n = Msgbox("注意:你输入的数据不正确",2 + vbExclamation,"错误提示")
```

或

```
Msgbox"注意:你输入的数据不正确",2 + vbExclamation,"错误提示"
```

上述两个语句执行后的结果如图 5-7 所示。

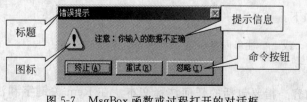

图 5-7　MsgBox 函数或过程打开的对话框

说明：

（1）"标题"和"提示"与 InputBox 函数中对应的参数相同。

（2）"按钮＋图标＋默认按钮＋模式"是整型表达式，决定信息框按钮数目、出现在信息框上的图标类型及操作模式（见表 5-1）。

（3）若程序中需要返回值，则使用函数，否则可调用过程。

（4）MsgBox 函数的返回值：函数调用后返回 0～7 的整型值，根据用户操作的不同（单击或按下的按钮）返回不同的值，如表 5-2 所示。

表 5-1　MsgBox 函数和 MsgBox 过程中的参数

分组	数值	内部常数	描述
按钮数目及样式	0	VbOkOnly	默认值，只显示 OK（确定）按钮
	1	VbOKCancel	显示 OK（确定）及 Cancel（取消）按钮
	2	VbAbortRetryIgnore	显示 Abort（终止）、Retry（重试）及 Ignore（忽略）按钮
	3	VbYesNoCancel	显示 Yes（是）、No（否）、Cancel（取消）按钮
	4	VbYesNo	显示 Yes（是）、No（否）按钮
	5	VbRetryCancel	显示 Retry（重试）及 Cancel（取消）按钮
图标类型	16	VbCritical	显示 Critical Message 图标
	32	VbQuestion	显示 Warning Query 图标
	48	VbExclamation	显示 Warning Message 图标
	64	VbInformation	显示 Information Message 图标
默认按钮	0	VbDefaultButton1	第 1 个按钮是默认值
	256	VbDefaultButton2	第 2 个按钮是默认值
	512	VbDefaultButton3	第 3 个按钮是默认值
	768	VbDefaultButton4	第 4 个按钮是默认值
模式	0	VbApplicationModal	应用程序强制返回；应用程序一直被挂起，直到用户对消息框做出响应才继续工作
	4096	VbSystemModal	系统强制返回；全部应用程序一直被挂起，直到用户对消息框做出响应才继续工作

表 5-2　MsgBox 函数的返回值

用户的操作（单击按下的按钮）	数　值	内部常量
Ok（确定）	1	VbOk
Cancel（取消）	2	VbCancel
Abort（中止）	3	VbAbort
Retry（重试）	4	VbRetry
Ignore（忽略）	5	VbIgnore
Yes（是）	6	VbYes
No（否）	7	VbNo

4. 注释语句

其语法格式如下：

Rem <注释内容>　或　'<注释内容>

说明：

（1）<注释内容>指要包括的任何注释文本。在 Rem 关键字和注释内容之间要加一个空格,可以用一个英文单引号"'"来代替 Rem 关键字。

（2）如果在其他语句行后面使用 Rem 关键字,必须用冒号(:)与语句隔开。若用英文单引号"'",则在其他语句行后面不必加冒号(:)。

例如:

```
Const PI = 3.1415925        '符号常量 PI
S = PI * r * r              : Rem 计算圆的面积
```

5. 实例讲解

输入时间(小时、分和秒),然后使用输出消息框输出总计多少秒。使用文本框输入数据,使用消息框输出计算结果,程序运行界面如图 5-8 所示。

分析:在程序代码中设置窗体及控件的属性,若用变量 hh 代表小时、mm 代表分钟、ss 代表秒、Totals 代表总的秒数值,则有以下公式。

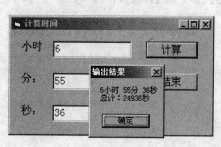

$$Totals = hh * 3600 + mm * 60 + ss$$

其整个过程如下。

第一步:打开 Visual Basic,创建一个新的工程。

第二步:在窗体上创建应用程序界面。

图 5-8　运行结果

第三步:编写相应的事件代码。

```
Private Sub Form_Load()             '初始化对象属性
    Form1.Caption = "计算时间"
    Label1.Caption = "小时"
    Label2.Caption = "分: "
    Label3.Caption = "秒: "
Text1 = "": Text2 = "": Text3 = ""
    Command1.Caption = "计算"
    Command2.Caption = "结束"
End Sub
Private Sub Command1_Click()        '计算
    Dim hh%, mm%, ss%, Totals!
    Dim outstr$
    hh = Val(Text1)
    mm = Val(Text1)
    ss = Val(Text1)
    Totals = hh * 3600 + mm * 60 + ss
    outstr = hh &"小时"& mm &"分"& ss &"秒"
    outstr = outstr & vbCrLf &"总计:"& Totals &"秒"
    MsgBox outstr, , "输出结果"
End Sub
Private Sub Command2_Click()        '结束程序运行
End
End Sub
```

思考:如果分别在文本框中输入 12、45、58 数据,会得到什么结果?

第
5
章

Visual Basic 的 3 种基本结构

5.3 选 择 结 构

If 语句有单分支、双分支、多分支等结构,根据问题的不同,要选择适当的结构。其执行流程是根据条件选择执行不同的分支语句,以完成问题的要求。在 Visual Basic 程序设计中,使用 If 语句和 Select Case 语句来处理选择结构。其特点是根据所给定的条件成立(True)或不成立(False),从各实际可能的不同分支中执行某一分支的相应操作(程序块),并且在任何情况下总有"无论条件多少,必择其一;虽然条件众多,仅选其一"的特性。

5.3.1 If 条件语句

1. 单分支 If…Then 语句

语句形式:

1)If <表达式> Then
　　语句块
　　End If

2)If <表达式> Then <语句>

说明:表达式一般为关系表达式、逻辑表达式,也可以为算术表达式,非 0 为 True,0 为 False。语句块可以是一句或多句,若用第 2 种形式表示,则只能是一个语句,若有多句,语句间需要用冒号分隔,而且必须在一行上书写,并无 End If 语句。

例 5.1 已知两个数 x 和 y,比较它们的大小,使得 x 大于 y。

方法一:

```
If  x < y  Then
  t = x
  x = y
  y = t
  End If
```

方法二:

```
If  x < y  Then  t = x : x = y : y = t
```

注意:在将两个变量中的数进行交换时,必须借助第 3 个变量才能实现。

2. 双分支 If…Then…Else…语句(双分支结构)

语句形式:

1)

```
If <表达式> Then
    <语句块 1>
Else
    <语句块 2>
    End If
```

2)

```
If <表达式> Then <语句 1> Else <语句 2>
```

例 5.2 输出 x、y 两个值中较大的一个值。

```
If X > Y Then
    Print X
Else
    Print Y
End If
```

也可以写成以下的单行形式：

```
If X > Y Then Print X Else Print Y
```

3. 条件函数 IIf( )

IIf 函数可用来执行简单的条件判断操作，它相当于 If…Then…Else 结构。IIF 函数的使用格式如下：

```
IIF(<表达式>,<表达式 1>,<表达式 2>)
```

说明：

(1) <表达式>与 If 语句中的表达式相同，通常是关系表达式、逻辑表达式，也可以是算术表达式。如果是算术表达式，其值按非 0 为 True、0 为 False 进行判断。

(2) 当<表达式>为真时，函数返回<表达式 1>的值，当<表达式>为假时，函数返回<表达式 2>的值。

(3) <表达式 1>、<表达式 2>可以是任何表达式。

例如 Max＝IIF(X>Y, X, Y)与下面的语句等价：

```
If X > Y Then Max = x Else Max = Y
```

4. If…Then…ElseIf 语句（多分支结构）

语句形式：

```
If <表达式 1 > Then
    <语句块 1>
ElseIf <表达式 2 > Then
    <语句块 2>
    ...
[ Else 语句块 n + 1 ]
End If
```

注意：

(1) 不管有几个分支，程序在执行一个分支后，其余分支不再执行。

(2) ElseIf 不能写成 Else If。

(3) 当多分支中有多个表达式同时满足时，只执行第一个与之匹配的语句块。

例 5.3 输入一个学生的成绩，评定其等级。方法是：90～100 分为"优秀"，80～89 分为"良好"，70～79 分为"中等"，60～69 分为"及格"，60 分以为"不合格"。

使用 If 语句实现的程序段如下：

```
If x > = 90 Then
    Print "优秀"
```

```
        ElseIf x >= 80 Then
            Print "良好"
            ElseIf x >= 70 Then
            Print "中等"
                ElseIf x >= 60 Then
                Print "及格"
                Else
                Print "不及格"
        End If
```

5.3.2 Select Case 语句

Select Case 语句(情况语句)是多分支语句的又一种形式,其语句形式如下:

```
Select Case 变量或表达式
        Case 表达式列表 1
            语句块 1
        Case 表达式列表 2
            语句块 2
            …
        [Case Else
            语句块 n + 1]
    End Select
```

说明:

(1) 变量或表达式可以是数值型或字符串表达式。

(2) 表达式列表 1 可以是表达式、一组用逗号分隔的枚举值、表达式 1 to 表达式 2、Is 关系运算符表达式,例如"case 1 to 10"、"case "a","w","e","t""、"case 2,4,6,8,is>10"。

(3) 并不是所有的多分支结构都可以用情况语句来代替。

将 If…Then…Else If 实例使用 Select Case 语句实现的程序段如下:

```
Select Case x
    Case 90 to 100
        Print "优秀"
    Case 80 to 89
        Print "良好"
    Case 70 to 79
        Print "中等"
    Case 60 to 69
        Print "及格"
    Case Else
        Print "不及格"
End Select
```

5.3.3 If 语句的嵌套

If 语句的嵌套是指 If 或 Else 后面的语句块中又包含 If 语句。其语句形式如下:

```
If <条件 1> Then
        …
        If <条件 2> Then
```

```
            …
            Else
              …
            End If
            …
        Else
            …
            If <条件 3> Then
              …
                Else
                  …
            End If
        …
    End If
    If <条件 1> Then
        …
        Select Case…
            Case…
                If <条件 2> Then
                  …
                Else
                  …
                End If
                …
            Case…
                …
        End Select
        …
    End If
```

注意:

(1) 对于嵌套结构,为了增强程序的可读性,应该采用缩进形式书写。

(2) If 语句若不在一行上书写,必须与 End If 配对;多个 If 嵌套,End If 与它最近的 End If 配对。

(3) 只要在一个分支内嵌套,不出现交叉,满足结构规则,其嵌套的形式将有多种,嵌套层次也可以任意多。对于多层 If 嵌套结构,要特别注意 If 与 Else 的配对关系,一个 Else 必须与 If 配对,配对的原则是:在写含有多层嵌套的程序时,建议使用缩进对齐方式,这样容易阅读和维护。

5.3.4 分支结构综合实例讲解

(1) 从键盘上输入字母或 0~9 的数字,编写程序对其进行分类。

字母可分为大写字母和小写字母,数字可分为奇数和偶数。如果输入的是字母或数字,则输出其分类结果。程序运行结果如图 5-9 所示。

图 5-9　运行结果

Visual Basic 的 3 种基本结构

（2）编写用户身份验证程序。设置3个不同密码表示不同类型的用户，通过身份验证后显示该用户类型。运行界面如图5-10所示，要求在文本框中输入的密码最长不超过7个字符。

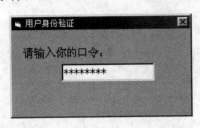

图5-10　运行结果

设密码分别为1234567（普通用户）、6666666（授权用户）、8888888（特权用户），按 Enter 键表示密码输入结束。如果输入的密码正确，则用 MsgBox 对话框显示"你的口令正确，已通过身份验证"并显示用户类型，否则显示"你输入的密码不对，你想重来吗（Y/N）？"（有 Y 和 N 两个按钮）；当用户单击 Y 按钮时将焦点定位到文本框中、清除文本框中的内容并允许再输入一遍，如果单击 N 按钮则退出程序。

解析：根据题目要求，初始属性设置放在窗体的 Load 事件中处理。在文本框 Text1 的 KeyPress 事件中完成用户的身份验证，程序流程图如图5-11所示。

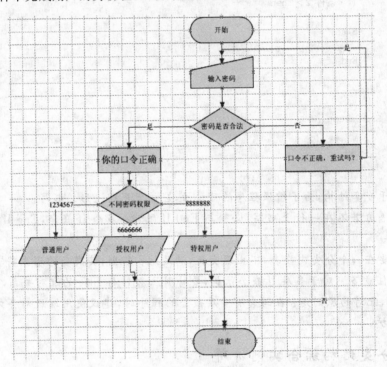

图5-11　流程图

本程序是选择结构的多层嵌套，最外层是 If…Then…End If 结构，嵌套了第二层 If…Then…Else…End If 结构，第三层是 Select Case…End Select 结构。

完整程序如下：

```
Private Sub Form_Load()
    Text1.Text = ""
    Label1.Caption = "请输入密码"
    Label1.Caption = ""
End Sub
```

```
Private Sub Text1_KeyPress(KeyAscii As Integer)
    Dim pwd As String
    Dim t As Integer
    If KeyAscii = 13 Then
        pwd = Text1.Text
        If pwd = "888" Or pwd = "666" Or pwd = "123" Then
            Select Case pwd
                    Case "888"
                        Label2.Caption = "特权"
                    Case "666"
                        Label2.Caption = "授权"
                    Case "123"
                        Label2.Caption = "普通"
            End Select
        Else
            t = MsgBox("你输入的密码不对,你想重来吗(Y/N)?", vbYesNo + vbQuestion, "密码输入框")
            If t = 6 Then
                Text1.SetFocus
                Text1.SelStart = 0
                Text1.SelLength = Len(Text1.Text)
            Else
                End
            End If
        End If
    End If
End Sub
```

5.4　循环基本结构

　　循环结构是一种重复执行的程序结构。它判断给定的条件,如果条件成立,即为"真"(True),则重复执行某一些语句(称为循环体);否则,即为"假"(False),则结束循环。通常,循环结构有"当循环"(先判断条件,后执行循环)和"直到循环"(先执行循环,再判断条件)两种。在 Visual Basic 中,实现循环结构的语句主要有下面 4 种:

　　(1) For…Next 语句;

　　(2) Do While/Until…Loop 语句;

　　(3) Do…Loop While/Until 语句;

　　(4) While…Wend 语句。

5.4.1　For…Next 循环语句

　　For 循环语句一般用于循环次数已知的情况,其执行过程如图 5-12 所示。

　　其形式如下:

For 循环变量 = 初值 to 终值[Step　步长]

Visual Basic 的 3 种基本结构

```
语句块
[Exit For]
    语句块          循环体
Next 循环变量
```

例如:

```
For  I = 2  To  13  Step  3
  Print  I ,
Next I
Print "I = ", I
```

循环执行次数:

$Int((13-2)/3+1)=4$

输出 I 的值分别为:

2   5   8   11

退出循环后输出为:

I = 14

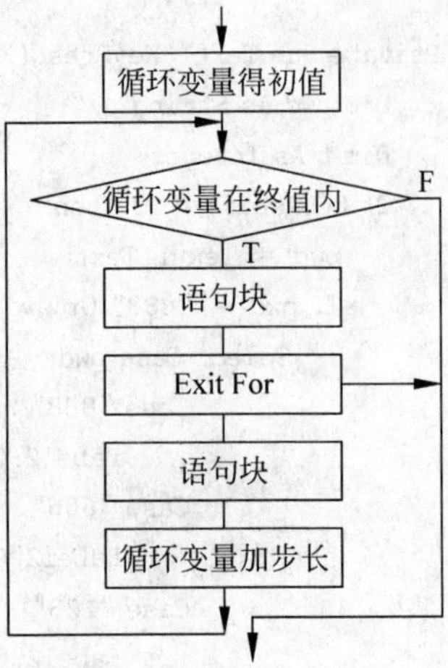

例如用 For…Next 编程计算 $S=1+2+3+\cdots+100$。

```
Dim S%, I%
S = 0                            '累加前变量 S 为 0
For I = 1 to 100
    S = S + I
Next I
Print " S = ",S
```

图 5-12 For 循环语句的执行过程

5.4.2 Do…Loop 循环语句

形式 1(当循环,执行过程如图 5-13 所示):

```
Do { While|Until }<条件>
    语句块
    [Exit Do]
    语句块
Loop
```

例如用 Do…Loop 编程计算 $S=1+2+3+\cdots+100$。

```
Dim S As integer, I As integer
S = 0:I = 1
Do While I < = 100
    S = S + I
    I = I + 1
loop
Print "S = ";S
```

形式 2(直到循环,执行过程如图 5-14 所示):

```
Do
    语句块
```

```
    [Exit Do]
    语句块
Loop { While|Until} <条件>
```

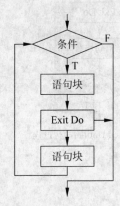

图 5-13   Do While…Loop 的执行过程　　　　图 5-14   Do…Loop While 的执行过程

例 5.4　目前世界上的人口约为 60 亿,如果以每年 1.4％的速度增长,多少年后世界人口达到或超过 70 亿?

程序如下:

```
Private Sub Form_Click()
    Dim p As Double,r As Single, n As Integer
    p = 6000000000 # :r = 0.014:n = 0
    Do Until p >= 7000000000 #
        p = p * (1 + r)
        n = n + 1
    Loop
    Print n; "年后"; "世界人口达"; p
End Sub
```

结果为:12 年后世界人口达 7089354809.76375。

上述程序使用的是 Do Until…Loop 循环,如果使用 Do…Loop Until 循环,则程序如下(该程序的执行结果与前一个程序相同):

```
Private Sub Form_Click()
    Dim p As Double:r As Single:n As Integer
    p = 6000000000 #
    r = 0.014
    n = 0
    Do
        p = p * (1 + r)
        n = n + 1
    Loop Until p >= 7000000000 #
    Print n; "年后"; "世界人口达"; p
End Sub
```

两种循环的执行过程如图 5-15 所示。

第 5 章

Visual Basic 的 3 种基本结构

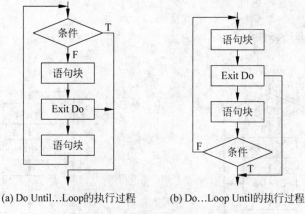

(a) Do Until…Loop的执行过程　　(b) Do…Loop Until的执行过程

图 5-15　两种循环的执行过程

5.4.3　While…Wend 语句

使用格式如下：

```
While <条件>
    <循环块>
Wend
```

说明：该语句的功能与 Do While ＜条件＞…Loop 实现的循环完全相同。

例 5.5　从键盘上输入字符，对输入的字符进行计数，当输入的字符为"?"时停止计数，并输出结果。

由于需要输入的字符的个数没有指定，无法用 For 循环来编写程序。停止计数的条件是输入的字符为"?"，可以用当循环来实现。

程序如下：

```
Private Sub Command1_Click()
    Dim char As String
    Const ch = "?"
    Counter - 0
    msg = "Enter a character:"
    char = InputBox(msg)
    While char <> ch
    Counter = Counter + 1
    char = InputBox(msg)
Wend
    Print "Number of characters entered:"; Counter
End Sub
```

对于循环次数有限且不知道具体次数的操作，当循环是十分有用的。从某种程度上来说，当循环比 For 循环更灵活。

例 5.6　求两个整数的最大公约数、最小公倍数。

分析：

(1) 首先，对于已知的两个数 m、n 进行比较并使得 $m>n$。

(2) m 除以 n 得余数 r。

(3) 若 $r=0$，则 n 为求得的最大公约数，算法结束，否则执行步骤(4)。

(4) $m \leftarrow n$、$n \leftarrow r$，再重复执行步骤(2)。

其执行过程如图 5-16 所示。

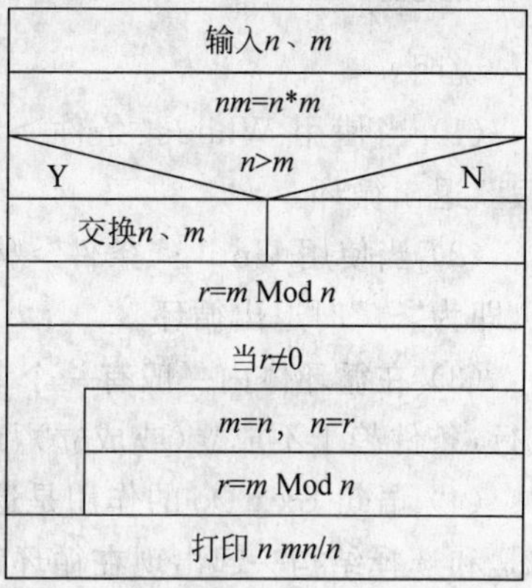

例如：10 和 5。

分析步骤：

```
m = 10 n = 5
r = m Mod n = 0
```

所以 $n(n=5)$ 为最大公约数。

又如：24 和 9。

分析步骤：

```
m = 24 n = 9
r = m Mod n = 6
r ≠ 0   m = 9 n = 6
r = m Mod n = 3
r ≠ 0   m = 6 n = 3
r = m Mod n = 0
```

所以 $n(n=3)$ 为最大公约数。

代码如下：

```
Dim n%, m%, nm%, r%
  m = Val(InputBox("m = "))
  n = Val(InputBox("n = "))
  nm = n * m
  If m < n Then t = m: m = n: n = t
  r = m Mod n
  Do While(r <> 0)
    m = n
    n = r
    r = m Mod n
  Loop
Print "最大公约数 = ", n
Print "最小公倍数 = ", nm/n
```

例 5.7 编写程序，判断一个正整数($n \geqslant 3$)是否为素数。

分析：只能被 1 和本身整除的正整数称为素数。例如 17 就是一个素数，它只能被 1 和 17 整除。为了判断一个数 n 是不是素数，可以将 n 被 2 到 n 之间的所有整数除，如果都除不尽，则 n 就是素数，否则 n 不是素数。据此，编写程序如下：

```
Private Sub Form_Click()
Dim n As Integer
  n = Val(InputBox("请输入一个大于 3 的正整数"))
  For i = 2 To n
    If n Mod i = 0 Then Exit For
  Next i
```

图 5-16 中的流程图：

```
输入 n、m
nm = n*m
    n>m
Y         N
交换 n、m
r = m Mod n
当 r≠0
  m=n,  n=r
  r=m Mod n
打印 n mn/n
```

图 5-16 例 5.6 的执行过程

```
        If i >= n Then
          MsgBox n &"是素数"
        Else
          MsgBox n &"不是素数"
        End If
    End Sub
```

说明：

（1）当使用 While＜条件＞构成循环时，若条件为"真"，反复执行循环体，若条件为"假"，退出循环。

（2）当使用 Until ＜条件＞构成循环时，若条件为"假"，反复执行循环体，直到条件成立，即为"真"时退出循环。

（3）在循环体内一般有一个专门用来改变条件表达式中变量的语句，以使随着循环的执行，条件趋于不成立（或成立），最后退出循环。

（4）语句 Exit Do 的作用是退出它所在的循环结构，只能用在 Do/Loop 结构中，并且常常是和选择结构一起出现在循环结构中，用来实现当满足某一条件时提前退出循环。

5.4.4　循环的嵌套

如果一个循环内完整地包含另一个循环结构，则称之为多重循环，或循环嵌套，嵌套的层数可以根据需要而定，嵌套一层称为二重循环，嵌套两层称为三重循环。

上面介绍的几种循环控制结构可以相互嵌套，下面是几种常见的二重循环形式：

```
（1）For I = …
          …
        For J = …
          …
        Next J
      Next I

（2）For I = …
        …
        Do While/Until …
          …
        Loop
      Next I

（3）Do While …
        …
        For J = …
          …
        Next J
      …
      Loop

（4）Do While/Until1 …
        …
        Do While/Until1 …
          …
        Loop
          …
        Loop
```

例 5.8 打印九九乘法表,如图 5-17 所示。

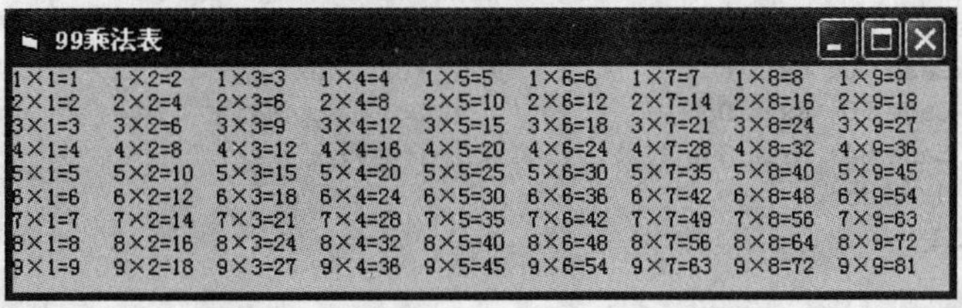

图 5-17 九九乘法表

```
For i = 1 To 9
    For j = 1 To 9
        se = i &"×"& j &"="& i * j
        Picture1.Print Tab((j - 1) * 9 + 1); se;
    Next j
    Picture1.Print
Next i
```

说明:

(1) 内循环变量与外循环变量不能同名;

(2) 外循环必须完全包含内循环,不能交叉;

(3) 不能从循环体外转向循环体内,也不能从外循环转向内循环。

5.5 其他控件语句

5.5.1 GoTo 语句

形式:

GoTo {标号|行号}

作用:无条件地转移到标号或行号指定的那行语句。其中,标号是一个字符序列,行号是一个数字序列。

例如:

```
Lp:  …
     …
GotT Lp
```

5.5.2 Exit 语句

Exit 语句用于退出 Do…Loop、For…Next、Function 或 Sub 代码块,对应的使用格式为 Exit Do、Exit For、Exit Function、Exit Sub,分别表示退出 Do 循环、For 循环、函数过程、子过程。

例 5.9 使用 Exit 语句退出 For…Next 循环、Do…Loop 循环及子过程。

```
Private Sub Form_Click()
    Dim I % , Num %
    Do While True                '建立无穷循环
```

Visual Basic 的 3 种基本结构

```
              For I = 1 To 100            ' 循环 100 次
                Num = Int(Rnd * 100)       ' 生成一个 0～99 的随机数
                Select Case Num
                  Case 10: Exit For        '退出 For…Next 循环
                  Case 50: Exit Do         '退出 Do…Loop 循环
                  Case 64: Exit Sub        '退出子过程
                End Select
              Next I
            Loop
      End Sub
```

5.5.3　End 语句

形式：

```
End
```

功能：结束一个程序的运行。

在 Visual Basic 中还有多种形式的 End 语句，用于结束一个程序块或过程。

其形式如下：

```
End If
End Select
End Type
End With
End Sub
End Function
```

它们与对应的语句配对使用。

5.5.4　Stop 语句

Stop 语句用来暂停程序的执行，相当于在事件代码中设置断点。

语法格式为：

```
Stop
```

说明：

（1）Stop 语句的主要作用是把解释程序置为中断（Break）模式，以便对程序进行检查和调试。用户可以在程序的任何地方放置 Stop 语句，当执行 Stop 语句时，系统将自动打开立即窗口。

（2）与 End 语句不同。

5.5.5　With…End With 语句

形式：

```
With 对象名
  语句块
End With
```

说明：使用 With 语句可以对某个对象执行一系列的语句，而不用重复指出对象的名称。

假如要改变一个对象的多个属性,可以在 With 控制结构中加上属性的赋值语句,这时候只是引用对象一次而不是在每个属性赋值时都要引用它。下面的例子显示了如何使用 With 语句给同一个对象的几个属性赋值。

例 5.10 对同一对象设置几个属性,方法之一是使用多条语句。

```
Private Sub Form_Load()
    Command1.Caption = "退出(E&xit)"
    Command1.Top = 500
    Command1.Left = 4500
    Command1.Enabled = True
End Sub
```

使用 With…End With 语句,上面程序的代码如下:

```
Private Sub Form_Load()
    With Command1
        .Caption = "退出(E&xit) "
        .Top = 500
        .Left = 4500
        .Enabled = True
    End With
End Sub
```

5.6　应用程序举例

5.6.1　累计求和、求乘积、计数等问题

此类问题都要使用循环,根据问题的要求,确定循环变量的初值、终值或结束条件,以及用来表示计数、和、阶乘的变量的初值。

编程分析:这是用来求计数、和的一类题目,这类题目一般要写成 $s=s+t$(t 为通项)形式。本题中相加的各项正负交替(见下面的公式),第 $i+1$ 项是第 i 项乘以 $1/((2*i)*(2*i+1))$。

$$1-\frac{1}{3!}+\frac{1}{5!}-\frac{1}{7!}+\cdots+(-1)^{n-1}\frac{1}{(2n-1)!}$$

编写程序如下:

```
Private Sub Command1_Click()
    Dim I As Integer, f As Integer, s As Single, t As Single
    I = 0                              'i 为项数
    s = 0                              's 存放累加和,初值为 0
    t = 1                              '阶乘,初值为 1
    f = 1                              '符号系数,第一项为正
    Do While Abs(1 / t) > 0.000001    '条件是最后项的绝对值大于 0.000001 时停止计算
        s = s + f / t
        I = I + 1
        t = t * (2 * I) * (2 * I + 1)  '求 2i-1 的阶乘
        f = -f                         '符号反号
```

```
        Loop
    Print s
End Sub
```

5.6.2 数据统计问题

在窗体上画一个文本框,其名称为 Text1;再画一个命令按钮,其标题为 Command1。程序运行时,在 Text1 中输入一篇英文短文,单击 Command1 时,统计 Text1 中的大写字母、小写字母、数字、空格字符的总数,并把统计出来的数据打印到窗体上,运行结果如图 5-18 所示。

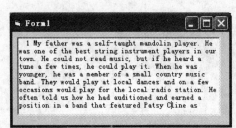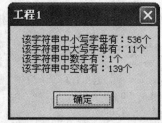

图 5-18 运行结果

```
Private Sub Command1_Click()
    Dim sumString, i, cChar
    s = Text1.Text
    For i = 1 To Len(s)
        cChar = Mid(s, i, 1)                '每次循环取一个字符赋给 cChar 变量
        Select Case cChar                   '分别匹配 cChar 变量,若匹配成功,则在该区域中累加一次
            Case "a" To "z"
                n1 = n1 + 1
            Case "A" To "Z"
                n2 = n2 + 1
            Case "0" To "9"
                n3 = n3 + 1
            Case ""
                n4 = n4 + 1
        End Select
    Next i
    MsgBox "该字符串中小写字母有: "& n1 &"个"& Chr(13) + Chr(10) &"该字符串中大写字母有: "& n2 &"个"& Chr(13) + Chr(10) &"该字符串中数字有: "& n3 &"个"& Chr(13) + Chr(10) &"该字符串中空格有: "& n4 &"个"
End Sub
```

5.6.3 字符串处理问题

(1) 字符串中字符、单词、空格、逗号、分号、感叹号、回车符、换行符等字符的统计。

编程分析:

① 用变量 Last 存放上一次取出的字符、Char 存放当前取出的字符,变量 nw 累计单词数,从左边开始的第 I 个字符的位置用变量 I 存放,其初值为 1。

② 从文本(字符串)的左边开始,取出第 I 个字符值赋给 Char,如果 Char 是英文字母,同时它的前一个字符 Last 是单词分隔符,则表示当前的字母是新单词的开始,累计单词数。

③ 将 Char 值赋给 Last、I 自增 1,重复第 2、3 步直到文本末尾。

界面设计: 在窗体上建立文本框、标签和命令按钮控件各一个。

编写程序如下:

```
Private Sub Command1_Click()
    Dim nw As Integer, i As Integer, n As Integer
    Dim st As String, char As String, last As String
    st = Text1.Text
    last = ""
    n = Len(st)
    For i = 1 To n
        char = Mid(st, i, 1)
        If UCase(char) >= "A" And UCase(char) <= "Z" Then
            Select Case last
                Case "", ",", ";", ".", Chr(13), Chr(10)
                    nw = nw + 1
            End Select
        End If
        last = char
    Next i
    Label1.Caption = "共有单词数: "& nw
End Sub
```

思考与讨论:

① 程序中的函数 Ucase 的作用是什么?

② 程序中为什么将变量 Last 的初值赋值为字符? 如果赋值为空字符,即 Last=″″,则程序运行时会出现什么问题?

③ 分析该程序,如果在文本框输入了数字和汉字,能否实现正确统计?

(2) 从键盘上输入一个正整数 N,然后在窗体上打印出 N 行的菱形,运行结果如图 5-19 所示。

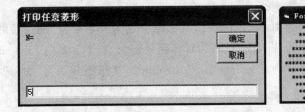

图 5-19　运行结果

分析: 对于图形的输入,可以看作一个平面,然后分成行与列,找出行与列输出元素(本题中的空格和"＊")之间的相互关系,进而用外循环控件行、内循环控件列的方式来设计程序。假如输入的是 5,则每行上的空格先依次递减(第一行上是 4,第二行上是 3,依次是 2、1、0),而每行上的"＊"递增,第一行为 1 个星号,第二行为 3 个星号,依次是 5、7、9。下半部分则与上半部分相反。综合所述,可找出相应的关联然后编写出以下程序。

Visual Basic 的 3 种基本结构

```
Private Sub Form_Click()
    n = Val(InputBox("N=", "打印任意菱形"))
    For i = 0 To n                          '控制"行"
        For j = 0 To n - I                  '控制"列"
            Print "";                       '每行上输出的空格数,随内循环依次是 4、3、2、1、0
        Next j
        For k = 0 To 2 * I                  '每行上输出的" * "数,随外循环依次是 1、3、5、7、9
            Print " * ";
        Next k
        Print
    Next i
    For i = 1 To n                          '下半部分与上半部分刚好相反
        For j = 0 To i
            Print "";
        Next j .
        For k = 0 To 2 * n - 2 * i
            Print " * ";
        Next k
        Print
    Next i
End Sub
```

（3）字符加密和解密。

加密算法：将每个字母 c 加（或减）一序数 k，即用它后面的第 k 个字母代替，变换公式为 $c = \mathrm{chr}(\mathrm{Asc}(c) + k)$。

例如：设序数 k 为 5，这时"A"→"F"，"a"→"f"，"B"→"G"…

当加序数后的字母超过"Z"或"z"时，则 $c = \mathrm{Chr}(\mathrm{Asc}(c) + k - 26)$。

例如：You are good→ Dtz fwj ltti

解密算法：解密为加密的逆过程。

将每个字母 c 减（或加）一序数 k，即 $c = \mathrm{chr}(\mathrm{Asc}(c) - k)$。

例如：序数 k 为 5，这时"Z"→"U"，"z"→"u"，"Y"→"T"…

当加序数后的字母小于"A"或"a"时，则 $c = \mathrm{Chr}(\mathrm{Asc}(c) - k + 26)$。

界面设计：

画两个标签框，名称分别为 Label1、Labe2，其标题分别为原始字符、加密后的字串。

画两个文本框，名称分别为 Text1、Text2，其标题分别为空，Text2 的 Locked 为真。

画两个命令按钮，名称分别为 Command1、Command2，其标题分别为"加密"、"取消"。

程序代码如下：

```
Private Sub Form_Click()
    Dim i As Integer                        '循环控件变量
    Dim n1 As Integer
    Dim ia As Integer
    Dim stri As String
    Dim strt As String
    Dim strp As String

    stri = InputBox("输入一个字串")
```

```
        i = 1
        strp = ""
        n1 = Len(Trim(stri))
        Do While i <= n1
            strt = Mid(stri, i, 1)
            If strt >= "A" And strt <= "Z" Then
                ia = Asc(strt) + 3
                If ia > Asc("Z") Then ia = ia - 26
                strp = strp + Chr(ia)
            ElseIf strt >= "a" And strt <= "z" Then
                    ia = Asc(strt) + 3
                    If ia > Asc("z") Then ia = ia - 26
                    strp = strp + Chr(ia)
            Else
            strp = strp + strt
            End If
            i = i + 1
        Loop
        Print stri &"经加密后为: "& strp
End Sub
```

5.7 本章小结

本章介绍了结构化程序设计方法及其算法表示,初学程序设计的同学可能认识不到它的重要性,其实算法是程序设计的灵魂,因为要编写一个好的程序,首先就要设计好的算法。即使一个简单的程序,在编写时也要考虑先做什么,再做什么,最后做什么。

面向对象的程序设计并不是要抛弃结构化程序设计方法,而是站在比结构化程序设计更高、更抽象的层次上去解决问题。当它被分解为低级代码模块时,仍需要结构化编程的方法和技巧。程序都是由顺序结构、选择结构或循环结构组成的。

5.8 课后练习与上机实验

一、选择题

1. 假如有以下循环结构:

```
Do Until 条件
    循环体
Loop
```

则正确的描述是(   )。

    A) 如果"条件"是一个为 0 的常数,则一次循环体也不执行

    B) 如果"条件"是一个为 0 的常数,则至少执行一次循环体

    C) 如果"条件"是一个不为 0 的常数,则至少执行一次循环体

    D) 不论"条件"是否为"真",至少要执行一次循环体

2. 假如有以下程序段：

```
For i = 1 To 3
    For j = 5 To 1 Step -1
        Print i * j
Next j, i
```

则语句"Print i * j"执行的次数是（　　）。

   A) 15　　　　　　　　B) 16　　　　　　　　C) 17　　　　　　　　D) 18

3. 以下程序段的输出结果为（　　）。

```
x = 1
y = 4
Do Until y > 4
    x = x * y
    y = y + 1
Loop
Print x
```

   A) 1　　　　　　　　B) 4　　　　　　　　C) 8　　　　　　　　D) 20

4. 设 $a=6$，则执行"x=IIF(a>5,-1,0)"后，x 的值为（　　）。

   A) 5　　　　　　　　B) 6　　　　　　　　C) 0　　　　　　　　D) -1

5. 执行下面的程序段后，x 的值为（　　）。

```
x = 5
For i = 1 To 20 Step 2
    x = x + i\5
Next i
```

   A) 21　　　　　　　　B) 22　　　　　　　　C) 23　　　　　　　　D) 24

6. 在窗体上画一个命令按钮，然后编写以下事件过程：

```
Private Sub Command1_Click()
For i = 1 To 4
    x = 4
    For j = 1 To 3
        x = 3
        For k = 1 To 2
            x = x + 6
        Next k
    Next j
Next i
Print x
End Sub
```

程序运行后，单击命令按钮，输出结果为（　　）。

   A) 7　　　　　　　　B) 15　　　　　　　　C) 157　　　　　　　　D) 538

7. 在窗体上画一个命令按钮，然后编写以下事件过程：

```
X = 0
```

```
Do until X = -1
    A = inputbox("请输入 A 的值")
    A = val(A)
B = inputbox("请输入 B 的值")
B = val(B)
X = inputbox("请输入 X 的值")
X = val(X)
A = A + B + X
Loop
Print A
```

程序运行后,单击命令按钮,依次在输入对话框中输入 5、4、3、2、1、-1,则输出结果为( )。

    A) 2   B) 3   C) 14   D) 15

8. 阅读下面的程序段:

```
Private Sub Command1_Click()
For i = 1 To 3
    For j = 1 To i
        For k = j To 3
            a = a + 1
        Next k
    Next j
Next i
Print a
End Sub
```

执行上面的三重循环后,a 的值为( )。

    A) 3   B) 9   C) 14   D) 21

9. 在窗体上画一个文本框(其 Name 属性为 Text1),然后编写以下事件过程:

```
Private Sub Form_Load()
Text1.Text = ""
Text1.SetFocus
For i = 1 To 10
Sum = Sum + i
Next i
Text1.Text = Sum
End Sub
```

上述程序的运行结果是( )。

    A) 在文本框 Text1 中输出 55   B) 在文本框 Text1 中输出 0

    C) 出错   D) 在文本框 Text1 中输出不定值

10. 在窗体上画两个文本框(其 Name 属性分别为 Text1 和 Text2)和一个命令按钮(其 Name 属性为 Command1),然后编写以下事件过程:

```
Private Sub Command1_Click()
x = 0
Do While x < 50
```

```
    x = (x + 2) * (x + 3)
    n = n + 1
Loop
Text1.Text = Str(n)
Text2.Text = Str(x)
End Sub
```

程序运行后,单击命令按钮,在两个文本框中显示的值分别为( )。

    A) 1 和 0   B) 2 和 72   C) 3 和 50   D) 4 和 168

二、上机实验

1. 编写程序,计算 7!(阶乘)。

2. 税务部门征收所得税,规定如下:

(1) 收入在 200 元以内的,免征;

(2) 收入在 200～400 元的,超过 200 元的部分纳税 3%;

(3) 收入超过 400 元的部分,纳税 4%;

(4) 当收入达 5000 元或超过时,将 4%的税金改为 5%。

编程实现上述操作。

3. 勾股定理中 3 个数的关系是: $a^2 + b^2 = c^2$。编写程序,输出 30 以内满足上述关系的整数组合,例如 3、4、5 就是一个组合。

4. 如果一个数的因子之和等于这个数本身,则称这样的数为"完全数"。例如,整数 28 的因子为 1、2、4、7、14,其中 1+2+4+7+14=28,因此 28 是一个完全数。编写一个程序,从键盘上输出正整数 N 和 M,求 M 和 N 之间的所有完全数。

第6章 Visual Basic 6.0 常用控件对象

在 Visual Basic 语言中,控件是用户界面的基本要素,是进行可视化程序设计的重要基础,它不仅关系到界面是否友好,还直接关系到程序的运行速度以及整个程序的好坏。每个控件都具有它的属性、方法和事件,设计窗体就必须很好地掌握控件的属性和应用方法。控件具有很多相同的属性,例如标识控件名称的 Name 属性、标识控件标题的 Caption 属性、有效属性 Enable、可见属性 Visible,以及标识控件位置和大小的 Top、Left、Width、Height 属性,定义背景色的 BackColor 属性,定义前景色的 ForeColor 属性和定义字体类型的 Font 属性,各个控件也有其特有的一些属性。

Visual Basic 中的控件分为两种,即标准控件(或内部控件)和 ActiveX 控件。内部控件是工具箱中的"常驻"控件,始终出现在工具箱中,而 ActiveX 控件是扩展名为.ocx 的文件(在 Windows\System 文件夹中),它是用户根据需要添加到工具箱中的。

在一般情况下,工具箱中只有标准控件,若要把 ActiveX 控件添加到工具箱中,可以按以下步骤执行:

(1) 选择"工程"→"部件"命令,弹出"部件"对话框;

(2) 在对话框中选择"控件"选项卡,显示 ActiveX 控件列表;

(3) 在列表框中找到需要添加的控件名称,选中控件名称左侧的复选框;

(4) 使用同样的方法选择需要添加的其他控件;

(5) 单击"确定"按钮,即可将所选 ActiveX 控件添加到工具箱中。

本章主要任务:

(1) 掌握单选按钮、复选框、框架、列表框、组合框、滚动条、时钟等标准控件的常用属性、方法和事件的使用;

(2) 了解 ActiveX 控件的使用方法。

6.1 单选按钮、复选框、框架

单选按钮和复选框提供了两种选择方式:多个单选按钮同处在一个容器中,只能选择其中的一个;而多个复选框可以同时选中多个。框架是一个容器控件,使用框架控件除了可以实现单选按钮的分组功能外,在界面设计时,常常将一些功能相近的控件置于同一个框架控件中,使得界面更加清晰。单选按钮、复选框和框架在 Windows 对话框中使用较多,图 6-1 所示为 Visual Basic 的"选项"对话框中的"通用"选项卡,其中使用了单选按钮、复选框和框架 3 种控件。

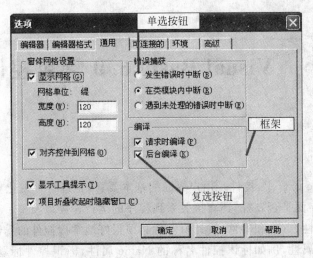

图 6-1　单选按钮、复选框、框架

6.1.1　单选按钮

1. 功能

单选按钮(OptionButton)也称为选择按钮。一组单选按钮控件可以提供一组彼此相互排斥的选项,在任何时刻用户只能从中选择一个选项,实现"单项选择"的功能,被选中项目左侧的圆圈中会出现一个黑点,单选按钮在工具箱中的图标为 🔘 。

2. 属性

以前介绍的大多数属性都可用于单选按钮,包括 Name、Height、Width、Top、Left、Caption、Font、Enabled、Visible、Backcolor、Forecolor。

1) Value 属性

Value 属性用来表示单选按钮的状态,可以被设置为 True 或 False。当设置为 True 时,该单选按钮是"打开"的,按钮的中心有一个圆点;如果设置为 False,则该单选按钮是"关闭"的,按钮是一个圆圈。

- Truc：表示选中该单选按钮。
- False：表示未选中该单选按钮。

2) Alignment 属性

该属性用来设置单选按钮控件标题的对齐方式,可以在设计时设置,也可以在运行期间设置。例如:

```
OptionButton1.Alignment = 0
```

- 0：默认,控件居左,标题在控件右侧显示。
- 1：控件居右,标题在控件左侧显示。

3) Style 属性

该属性用来指定单选按钮的显示方式,以改善视觉效果,其值有 0 和 1 两种选择。

- 0：默认,标准方式。
- 1：图形方式,控件用图形的样式显示。

3. 方法

SetFocus 方法是单选按钮最常用的方法,可以在代码中通过该方法将焦点定位于某单选按钮控件,从而使其 Value 属性设置为 True。与命令按钮控件相同,在使用该方法之前,必须保证单选按钮控件当前处于可见和可用状态(即 Visible 与 Enabled 属性值均为 True)。

4. 事件

单选按钮控件最基本的事件是 Click 事件。

例 6.1 设计一个字体设置程序,界面如图 6-2 所示。要求:程序运行后,选择"宋体"或"黑体"单选按钮,可将所选字体应用于标签,单击"结束"按钮,可将程序结束。

图 6-2 字体设置

在属性窗口中按表 6-1 所示设置各对象的属性。

表 6-1 各对象的主要属性设置

对　　象	属性(属性值)	属性(属性值)	属性(属性值)	属性(属性值)
窗体	Name(Form1)	Caption(字体设置)		
标签	Name(Label1)	Caption(字体设置)	Aligement(2)	BorderStyle(1)
单选按钮 1	Name(Option1)	Caption(宋体)		
单选按钮 2	Name(Option2)	Caption(黑体)		
命令按钮	Name(Command1)	Caption(结束)		

```
Private Sub Command1_Click()
    Unload Me
End Sub
Private Sub Option1_Click()
    Label1.FontName = "宋体"
End Sub
Private Sub Option2_Click()
    Label1.FontName = "黑体"
End Sub
```

6.1.2 复选框

1. 功能

复选框(CheckBox)也称为选择框。一组复选框控件可以提供多个选项,它们彼此独立工作,所以用户可以同时选择任意多个选项,实现"不定项选择"的功能。在选择某一选项后,该控件将显示"√",而清除此选项后,"√"消失。复选框控件在工具箱中的图标为☑。

2. 属性

以前介绍的大多数属性都可用于复选框,包括 Name、Height、Width、Top、Left、Caption、Font、Enabled、Visible、Backcolor、Forecolor。

1)Value 属性

Value 属性用来表示复选框的状态,可以被设置为 0、1 或 2。

• 0:默认,未选中。

- 1：选中。
- 2：变灰。

2）Alignment 属性

该属性用来设置复选框控件标题的对齐方式，可以在设计时设置，也可以在运行期间设置。例如：

Check1.Alignment = 0

- 0：默认，控件居左，标题在控件右侧显示。
- 1：控件居右，标题在控件左侧显示。

3）Style 属性

该属性用来指定复选框的显示方式，以改善视觉效果，其值有 0 和 1 两种选择。

- 0：默认，标准方式。
- 1：图形方式，控件用图形的样式显示。

3. 事件

复选框控件最基本的事件是 Click 事件。同样，用户无须为复选框编写 Click 过程，但其对 Value 属性值的改变遵循以下规则：

（1）单击未选中的复选框时，复选框变为选中状态，Value 属性的值为 1；

（2）单击已选中的复选框时，复选框变为选中状态，Value 属性的值为 0；

（3）单击变灰的复选框时，复选框变为未选中状态，Value 属性的值变为 0。

例 6.2 设计一个字体设置程序，界面如图 6-3 所示。要求：程序运行后，选中各复选框，可将所选字形应用于标签，单击"结束"按钮，可将程序结束。

在属性窗口中按表 6-2 所示设置各对象的属性。

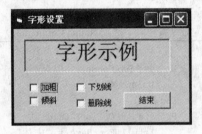

图 6-3 字形设置

表 6-2 各对象的主要属性设置

对象	属性（属性值）	属性（属性值）	属性（属性值）	属性（属性值）
窗体	Name(Form1)	Caption(字形设置)		
标签	Name(Label1)	Caption(字体示例)	Aligement(2)	BorderStyle(1)
复选框 1	Name(Check1)	Caption(加粗)		
复选框 2	Name(Check2)	Caption(倾斜)		
复选框 3	Name(Check3)	Caption(下划线)		
复选框 4	Name(Check4)	Caption(删除线)		
命令按钮	Name(Command1)	Caption(结束)		

程序代码如下：

```
Private Sub Check1_Click()                '设置加粗
If Check1.Value = 1 Then
    Label1.FontBold = True
Else
    Label1.FontBold = False
```

```
    End If
End Sub
Private Sub Check2_Click()                '设置倾斜
If Check2.Value = 1 Then
    Label1.FontItalic = True
Else
    Label1.FontItalic = False
End If
End Sub
Private Sub Check3_Click()                '设置下划线
If Check3.Value = 1 Then
    Label1.FontUnderline = True
Else
    Label1.FontUnderline = False
End If
End Sub
Private Sub Check4_Click()                '设置删除线
If Check4.Value = 1 Then
    Label1.FontStrikethru = True
Else
    Label1.FontStrikethru = False
End If
End Sub
Private Sub Command1_Click()
    Unload Me
End Sub
```

6.1.3 框架

框架(Frame)是一个容器控件,用于将屏幕上的对象分组。不同的对象可以放在一个框架中,框架提供了视觉上的区分和总体的激活/屏蔽特性。在工具箱中,框架的图标为 ▦ ,其默认名称和标题为 FameX(X 为 1、2、3…)。

框架的属性包括 Name、Height、Width、Top、Left、Caption、Font、Enabled、Visible。

有时候,可能需要对窗体上(不是框架内)已有的控件进行分组,并把它们放到一个框架中,可以按以下步骤操作:

(1) 选择需要分组的控件。

(2) 选择"编辑"菜单中的"剪切"命令(或按 Ctrl+C 组合键),把选择的控件放入剪贴板中。

(3) 在窗体上画一个框架控件,并保持它为活动状态。

(4) 选择"编辑"菜单中的"粘贴"命令(或按 Ctrl+V 组合键)。

经过以上操作,即可把所选择的控件放入框架作为一个整体移动或删除。

前面介绍了单选按钮。当窗体上有多个单选按钮时,如果选择其中一个,其他单选按钮会自动关闭。但是,当需要在同一个窗体上建立几组相互独立的单选按钮时,必须通过框架为单选按钮分组,使得一个框架内的单选按钮为一组,每个框架内的单选按钮的操作不影响其他组的按钮。

例 6.3 编写程序,通过单选按钮设置文字的字体类型和大小。

按以下步骤操作:

（1）在窗体上画两个框架，每个框架内画两个单选按钮，然后画两个命令按钮和一个文本框，如图 6-4 所示。

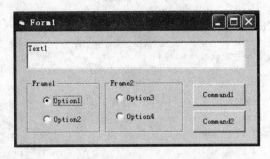

图 6-4　框架对单选按钮分组（窗体设计）

（2）编写以下事件过程，对窗体和控件进行格式化。

```
Private Sub Form_Load()
    Form1.Caption = "框架用法示例"
    Command1.Caption = "确定"
    Command2.Caption = "结束"
    Frame1.Caption = "字体类型"
    Frame2.Caption = "字体大小"
    Option1.Caption = "魏碑"
    Option2.Caption = "幼圆"
    Option3.Caption = "16"
    Option4.Caption = "24"
    Text1.Text = "Visual Basic 程序设计"
End Sub
```

该过程用来设置窗体中各个控件的标题。

（3）编写两个命令按钮的事件过程：

```
Private Sub Command1_Click()
    If Option1 Then
        Text1.FontName = "魏碑"
    Else
    Text1.FontName = "幼圆"

    End If
    If Option3.Value = True Then
        Text1.FontSize = 16
    Else
        Text1.FontSize = 24
    End If
End Sub

Private Sub Command2_Click()
    End
End Sub
```

第一个事件过程用来判断哪一个单选按钮被选中，然后根据选中的按钮设置文本框中文本的字体类型和字体大小。程序运行后，选择所需要的字体类型和大小，再单击"确定"按钮,即可改变文本框中的字体。运行情况如图 6-5 所示。

图 6-5　用框架对单选按钮分组(运行情况)

6.2　滚动条控件

使用滚动条控件可以对与其相关联的其他控件中所显示的内容的位置进行调整。VB的控件工具箱中有水平滚动条(HscrollBar) ◄|►和垂直滚动条(VscrollBar) ▲▼两种形式的滚动条控件。水平滚动条进行水平方向的调整,垂直滚动条进行垂直方向的调整,两种滚动条也可以同时使用。两种滚动条除外观不同,作用和使用方法是相同的,下面以水平滚动条为例介绍滚动条的属性、方法和事件。

程序运行时,水平滚动条在窗体上的外观如图 6-6 所示,滚动条两端带箭头的按钮称为滚动箭头,两滚动箭头之间的部分称为滚动框,滚动框中可以左右移动的滑块称为滚动滑块。小幅度的调整通常通过单击或连续单击滚动箭头来实现;如果要进行较大幅度的调整,可用鼠标单击或连续单击滚动框;如果要进行快速调整,则可拖动滚动滑块。

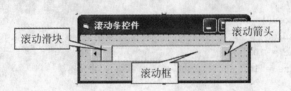

图 6-6　水平滚动条的外观与结构

6.2.1　属性

滚动条控件的基本属性可参考窗体或是其他相关控件,包括 Name、Height、Width、Top、Left、Caption、Font、Enabled、Visible,其常用属性如下。

(1) Value 属性:返回一个与滚动滑块位置对应的值。在程序代码中,将该属性值和其他容器中对象的坐标有机地联系在一起,即可实现容器中对象位置的调整。

(2) Min 属性:规定 Value 属性的最小值,即当滚动滑块在滚动框最左端时 Value 属性的值。

(3) Max 属性:规定 Value 属性的最大值,即当滚动滑块在滚动框最右端时 Value 属性的值。

(4) SmallChange 属性:用于设置程序运行时单击滚动箭头一次 Value 属性值的改变量。

（5）LargeChange 属性：用于设置程序运行时单击滚动框一次 Value 属性值的改变量。

注意：Value 属性值的变化范围不能超出由 Min 属性和 Max 属性规定的范围。

6.2.2 事件

滚动条控件的事件如下。

（1）Scroll 事件：在程序运行中，用鼠标拖动滚动滑块时引发该事件。

（2）Change 事件：在程序运行中，用鼠标单击滚动箭头或滚动框，滚动滑块移动到目标位置后，引发该事件。

用 Scroll 事件可以跟踪滚动条的 Value 属性的动态值，而用 Change 事件获取的是滚动条的 Value 属性变化后的值。在设计程序时，如果希望拖动滚动滑块，对象中的文本或图形即时跟着移动，可以使用 Scroll 事件；如果希望滚动滑块移动后，对象中的文本或图形位置再发生改变，则可以使用 Change 事件。

图 6-7 字号设置

例 6.4 设计一个字号设置程序，界面如图 6-7 所示。要求：在文本框中输入 1～100 范围内的数值后，滚动条会滚动到相应位置，同时标签的字号也会相应改变；当滚动条的滚动框的位置改变后，文本框中会显示出相应的数值，标签的字号也会相应改变。

操作过程：

（1）新建一个 VB 工程，在窗体（Form1）上画一个框架（Frame1）、一个水平滚动条（Hscroll1）、一个文本框（Text1），在框架内建立一个标签（Label）。

（2）窗体初始化：编写窗体下载事件，对窗体上的各控件赋初值。

```
Private Sub Form_Load()
    Text1.Text = 10
    Hscroll1.Value = 10
    Label1.FontSize = 10
    With Hscroll1
     .Min = 1
     .Max = 100
     .SmallChange = 1
     .LargeChange = 3
    End With
End Sub
```

（3）编写滚动条的 Change 事件过程。

```
Private Sub Hscroll1_Change()
    Label1.FontSize = Hscroll1.Value
    Text1.Text = Str(Hscroll1.Value)
End Sub
```

（4）编写文本框的 Change 事件过程，功能为判断数据的有效性。

```
Private Sub Text1_Change()
```

```
    If IsNumeric(Text1.Text) And Val(Text1.Text) > = Hscroll1.Min And Val(Text1.Text) < =
Hscroll1.Max Then
    Hscroll1.Value = Val(Text1.Text)
    Else
        Text1.Text = "无效数据"
    End If
End Sub
```

6.3　列表框控件、组合框控件

使用列表框可以选择所需要的项目,而使用组合框可以把一个文本框和列表框组合为单个控制窗口。在工具箱中,列表框和组合框的图标分别为 🔳 和 🔳。列表框和组合框的默认名称分别为 ListX 和 ComboX(X 为 1、2、3…)。

6.3.1　列表框

在使用应用程序时,经常要进行按项目统计或查询等操作,如果每次操作时都要在文本框中输入项目名称,再进行查询或统计,对用户来讲会是一件比较麻烦的事情。使用列表框对象,编程人员可预先在设计时或通过程序代码动态地对有可能使用的项目名称进行提前设置,这样程序运行时,用户只需要在列表框中选择即可。

1. 常用属性

列表框的常用属性如下。

(1) List:用于设置或返回列表框中的列表项。设计时,在属性窗口中可以通过该属性向列表框逐一添加列表项。

(2) ListCount:用于返回列表框中列表项的数目。

(3) ListIndex:用于返回在列表框中选中的某个列表项的序号(从 0 开始)。

(4) Text:用于返回在列表框中选中的列表项的文本内容。

(5) Columns:用于设置列表框的显示形式。

(6) Sorted:用于设置列表项是否排序。

(7) Selected:用于返回某一个列表项是否被选中。

(8) Style:设计时用于确定控件的外观,0 为标准形式,1 为复选框形式。

2. 常用方法

列表框的常用方法如下。

(1) AddItem:调用该方法,可在程序运行时动态地向列表框中添加列表项。其使用格式如下:

<对象名>.AddItem 列表项,插入序号

(2) RemoveItem:调用该方法,可在程序运行时动态地删除某个列表项。其使用格式如下:

<对象名>.RemoveItem 列表项序号

(3) Clear:调用该方法,可在程序运行时动态地删除列表框中的所有列表项。其调用

Visual Basic 6.0 常用控件对象

格式如下：

<对象名>.Clear

3. 常用事件

列表框可以响应 Click 事件和 DblClick 事件，常用的是 Click 事件。当用户用鼠标在列表框中的某个列表项上单击时引发该事件。如果用户单击的是列表框的空白处，并不会引发该事件。

以上介绍了列表框的属性、事件、方法，下面举一个例子。

例 6.5 交换两个列表框中的项目。其中，一个列表框中的项目按字母升序排列，另一个列表框中的项目按加入的先后顺序排列。当双击某个项目时，该项目从本列表框中消失，并出现在另一个列表框中。

首先在窗体上建立两个列表框，其名称分别为 List1 和 List2，然后把列表框 List2 的 Sorted 属性设置为 True，列表框 List1 的 Sorted 属性使用默认值 False。

编写以下代码：

```
Private Sub Form_Load()
    List1.FontSize = 10:List2.FontSize = 10: List1.AddItem "IBM"
    List1.AddItem "HP":List1.AddItem "FUJI": List1.AddItem "NEC"
    List1.AddItem "NCR": List1.AddItem "ACER"
End Sub
Private Sub List1_DblClick()
    List2.AddItem List1.Text
    List1.RemoveItem List1.ListIndex
End Sub
Private Sub List2_DblClick()
    List1.AddItem List2.Text
    List2.RemoveItem List2.ListIndex
End Sub
```

Form_Load 过程用来初始化列表框，并把每个项目加到列表框 List1 中，各个项目按加入的先后顺序排列。当双击列表框 List1 中的某一项目时，该项即被删除并放到列表框 List2 中，在 List2 中的项目按字母顺序排列。事件过程 List_DblClick 和事件过程 List2_ DblClick 的操作类似，但按相反的方向移动项目。程序的执行情况如图 6-8 所示。

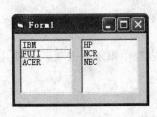

图 6-8　列表框示例的运行结果

在上面的程序中，用列表框的方法 AddItem 向列表框中添加项目。在设计阶段，也可以通过 List 属性向列表框中添加项目。其操作是：在窗体上画一个列表框，保持它为活动状态，在属性窗口中单击 List 属性，然后单击其右端的箭头，将下拉一个方框，可以在方框中输入列表框中的项目，当输入一项后按 Ctrl＋Enter 组合键换行，全部输入完后按 Enter 键，所输入的项目即出现在列表框中。

6.3.2　组合框

组合框(ComboBox)是一种将文本框和列表框的功能融合在一起的控件。因此，从外观上看，它包含列表框和文本框两个部分，程序运行时，在列表框中选中的列表项会自动填入文本框。

1. 常用属性

组合框的常用属性如下。

（1）Style：用于设置组合框的外观，有"下拉组合框"、"简单组合框"和"下拉列表框" 3 种样式，如图 6-9 所示。

（2）Text：程序运行时，用户在列表框中选中的列表项内容或在文本框中输入的文本内容（第 3 种外观的组合框不能进行输入，只能选择）。

组合框的其他属性可参考前面介绍的文本框和列表框。

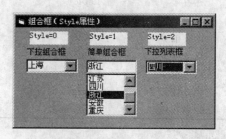

图 6-9　组合框的 3 种样式

2. 常用方法

列表框的方法都适用于组合框。

3. 常用事件

组合框的事件和组合框的形式有关。

（1）Change 事件：仅适用于"下拉组合框"和"简单组合框"。程序运行时，当在文本框中输入不同的文本内容时引发该事件（参考文本框的同名事件）。

（2）Click 事件：程序运行时，当用鼠标单击列表框中的某个列表项时引发该事件。

（3）DblClick 事件：仅适用于"简单组合框"。当用鼠标双击列表框中的某个列表项时引发该事件。对于"下拉组合框"和"下拉列表框"，因为鼠标单击后，下拉列表框要向上折叠，所以不响应双击事件。

4. 列表框与组合框的主要属性对比

列表框与组合框的主要属性对比如图 6-10 所示。列表框在设计阶段没有 Text 属性，但组合框有 Text 属性；在运行模式下，两者都有 Text 属性。

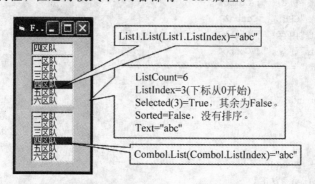

图 6-10　列表框与组合框的相关属性

例 6.6　从屏幕上选择微机的配置，并显示出来。

微机的配置有多种，这里只给出机型、CPU 主频、内存和硬盘容量。用户可以选择自己所需要的配置，然后输出这些配置。各控件的属性如表 6-3 所示。

表 6-3　程序中使用的控件

控　件	名称(Name)	标题(Caption)	Default	Style
窗体	Form1	微机配置		
标签1	Lable1	机型		
标签2	Lable2	CPU 主频		
标签3	Lable3	内存		
标签4	Lable4	硬盘		
组合框 1	Combo1	无		1
组合框 2	Combo2	无		2
组合框 3	Combo3	无		2
组合框 4	Combo4	无		0
命令按钮 1	Command1	确定	True	
命令按钮 2	Command2	取消	True	

按表 6-3 所示在窗体上建立各个控件,如图 6-11 所示。

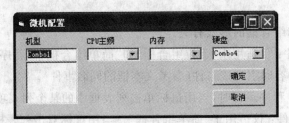

图 6-11　用组合框选择微机配置

编写以下事件:

```
Private Sub Command1_Click()
    Debug.Print "你所选择的配置为:"
    Debug.Print "机型:"; Combo1
    Debug.Print "CPU:"; Combo2
    Debug.Print "内存:"; Combo3
    Debug.Print "硬盘:"; Combo4
    Debug.Print "=============================== "
End Sub
Private Sub Command2_Click()
    End
End Sub

Private Sub Form_Load()
    Combo1.AddItem "方正"
    Combo1.AddItem "联想"
    Combo1.AddItem "戴尔"
    Combo1.AddItem "苹果"
    Combo1.AddItem "Intel"
    Combo1.AddItem "HP"
    Combo1.Text = Combo1.List(0)
```

```
Combo2.AddItem "Intel 酷睿 i5 4670K 3.4GHz"
Combo2.AddItem "Intel 酷睿 i5 4650K 3.2GHz"
Combo2.AddItem "Intel 酷睿 i3 4130(盒) 3.4GHz"
Combo2.AddItem "Intel 酷睿 i7 4770K(盒)3.5GHz"
Combo2.AddItem "Intel 酷睿 i7 3770K(盒)3.5GHz"
Combo2.AddItem "Intel 酷睿 2 双核 E8700(散)3.5GHz"
Combo2.AddItem "AMD 羿龙 II X6 1100T(盒)3.3GHz"
Combo2.Text = Combo2.List(0)

Combo3.AddItem "1G"
Combo3.AddItem "2G"
Combo3.AddItem "4G"
Combo3.AddItem "8G"
Combo3.Text = Combo3.List(0)

Combo4.AddItem "320G"
Combo4.AddItem "500G"
Combo4.AddItem "750G"
Combo4.AddItem "1TB"
Combo4.AddItem "2TB"
Combo4.Text = Combo4.List(0)
End Sub
```

程序的运行情况如图 6-12 和图 6-13 所示,输出的结果在立即窗口中显示。

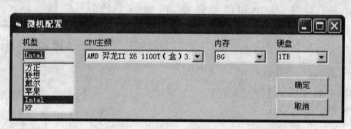

图 6-12　微机配置运行界面

图 6-13　微机配置运行的输出结果

6.4　时　钟　控　件

6.4.1　时钟控件的功能

时钟控件(Timer)又称计时器、定时器控件,用于有规律地定时执行指定的工作,适合编写不需要与用户进行交互就可以直接执行的代码,例如倒计时、动画等。时钟控件在工具

箱中的图标为 ，在程序运行阶段，时钟控件不可见。通过计时器控件，系统可按设定的时间间隔有规律地触发定时事件。在一个程序界面上，用户可根据程序需要放置多个计时器对象，计时器对象在程序界面上的大小是固定的，不能进行调整。

6.4.2 常用属性

时钟控件的属性如下。

（1）Interval 属性：用于设置时间间隔，单位为毫秒。

（2）Enabled 属性：用于设置计时器对象是否引发计时事件。当设置为 True 时，计时器对象按设定的时间间隔不断引发计时事件；当设置为 False 时，计时器对象终止引发计时事件。

6.4.3 常用事件

对于 Timer 事件，当计时器对象的 Enabled 属性设置为 True、Interval 属性设置为非 0（大于 0）时，计时器对象每经过一个设定的时间间隔引发一次该事件。

例 6.7 用计时器实现字体的自动放大，程序运行情况如图 6-14 所示。

用计时器可以按指定的时间间隔对字体进行放大，下面的程序可以实现这一操作。

在窗体上画一个标签，大小和位置任意，再画一个计时器，然后编写以下程序：

图 6-14　程序的运行结果

```
Private Sub Form_Load()
    Label1.FontName = "宋体"
    Label1.Caption = "字体"
    Label1.Width = Width
    Label1.Height = Height
    Timer1.Interval = 1000
End Sub
Private Sub Timer1_Timer()
    If Label1.FontSize < 100 Then
        Label1.FontSize = Label1.FontSize * 1.2
    Else
        Label1.FontSize = 10
    End If
End Sub
```

6.5　图形控件

在 Visual Basic 中与图形有关的控件有图片框（PictureBox）、图像框（Image）、形状控件（Shape）和直线控件（Line）。

窗体、图形框和图像框可以显示来自图形文件的图形。图形文件的存储形式有多种，常见的有以下几种。

（1）位图（Bitmap）：用像素表示图像，将它作为位的集合存储起来，每个位对应一个像素,在彩色系统中会有多个位对应一个像素。位图通常以.bmp 或.dib 为文件的扩展名。

(2) 图标(icon):对象或概念的图形表示,在 Windows 中一般用来表示最小化的应用程序。图标是位图,最大为 32 * 32 像素,以.ico 为文件的扩展名。

(3) 元文件(metafile):将图像作为线、圆或多边形等图形对象存储,而不是存储其像素。元文件的类型有两种,分别是标准型(.wmf)和增强型(.emf)。在图像的大小改变时,用元文件保存图像会比用像素更精确。

(4) JPEG 文件:JPEG 是一种支持 18 位和 24 位颜色的压缩位图格式。

(5) GIF 文件:GIF 是一种压缩位图格式,可支持多达 256 种颜色。

另外,能作为图形容器的对象有窗体(Form)和图片框(PictureBox),它们既可以作为各种图形控件的载体,也可以作为各种绘图方法的操作对象。

6.5.1　图片框控件和图像框

图片框(PictureBox)和图像框(Image)是 Visual Basic 中用来显示图形的两种基本控件,用于在窗体的指定位置显示图形信息。图片框比图像框更灵活,适用于动态环境,而图像框适用于静态情况,即不需要再修改的位图、图标、Windows 元文件及其他格式的图形文件。在 Visual Basic 的工具箱中,图片框和图像框控件的图标分别为 ▓ 和 ▓,其默认名称分别为 PictureX 和 Image(X 为 1、2、3…)。

图片框和图像框以基本相同的方式出现在窗体上,都可以装入多种格式的图形文件。其主要区别是:图像框不能作为父控件,而且不能通过 Print 方法接收文本。

窗体的属性、事件和方法,有一部分也适用于图片框和图像框,但在使用上有所不同。此外,Visual Basic 还为图片框和图像框提供了其他一些属性和函数。

1. 属性

部分窗体属性包括 Enabled、Name、Visible、Font 组等,完全适用于图片框,其用法也相同。但在使用时应注意,对象名不能省略,必须是具体的图片框。

窗体属性 AutoRedraw、Height、Left、Top、Width 等也可用于图片框和图像框,但窗体位于屏幕上,而图片框和图像框位于窗体上,其坐标的参考点是不一样的。窗体位置使用的是绝对坐标,以屏幕为参考点;而图片框和图像框的位置使用的是相对坐标,以窗体为参考点。此外,在使用上述属性时,不能省略图片框和图像框的名称。

图片框和图像框的其他常用属性如下:

1) CurrentX 和 CurrentY 属性

用来设置下一个输出的水平(CurrentX)或垂直(CurrentY)坐标。这两个属性只能在运行期间使用,格式如下:

[对象.]CurrentX [= x]
[对象.]CurrentY [= y]

其中,"对象"可以是窗体、图片框、打印机,x 和 y 表示横坐标值和纵坐标值,默认时以 twip 为单位。如果省略"$=x$"或"$=y$",则显示当前的坐标值;如果省略"对象",则指的是当前窗体。

例 6.8 在窗体上建立一个图片框,然后分别在窗体和图片框中显示一些信息。

```
Private Sub Form_Click()
    Picture1.Print Tab(10); "Picture1 Tab 10 test"
    Print Tab(20); "Form Tab 20 test"
    Picture1.CurrentX = 1000
    Picture1.CurrentY = 800
    CurrentX = 1000
    CurrentY = 800
    Print "Form CurrentX,CurrentY test"
    Picture1.Print "Picture1 CurrentX,CurrentY test"
    Print Tab(15); CurrentX, CurrentY
    Picture1.Print Tab(15); CurrentX, CurrentY
End Sub
```

上述程序的执行结果如图 6-15 所示。

本例同时对两个对象(Form 和 Picture1)进行显示操作。

2) Picture 属性

Picture 属性用于窗体、图片框和图像框,它可以通过属性窗口进行设置,用来把图形放入这些对象中。在窗体、图片框和图像框中显示的图形以文件形式存放在磁盘上,Visual Basic 6.0 支持扩展名为.bmp、.dib、.ico、.cur、.wmf、.emf、.jpg、.gif 的图形文件。

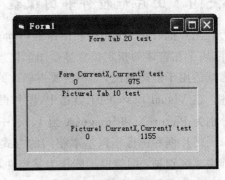

图 6-15　图片框举例

3) Stretch 属性

该属性用于图像框,用来自动调整图像框中图形内容的大小。它既可以通过属性窗口设置,也可以通过程序代码设置。该属性的取值为 True 或 False,当其属性为 False 时,将自动放大或缩小图像框中的图形以与图像框的大小相适应。

4) AutoSize 属性

如果想让图片框自动扩展到可容纳新图片的大小,可将该图片框的 AutoSize 属性设置为 True。这样,在运行时当向图片框加载或复制图片时,Visual Basic 会自动扩展该控件到恰好能够显示整个图片。由于窗体不会改变大小,如果加载的图像大于窗体的边距,图像从右边和底部被裁剪后才被显示出来。

用户也可以使用 AutoSize 属性使图片框自动收缩,以便对新图片的尺寸做出反应。

窗体没有 AutoSize 属性,并且不能自动扩大以显示整个图片。

2. 事件

和窗体一样,图片框和图像框都可以接收 Click(单击)、DbClick(双击)事件。

3. 方法

用户可以在图片框中使用 Cls(清屏)和 Print 方法,其操作过程同窗体。

4. 图形文件的装入

所谓图形文件的装入,就是把 Visual Basic 6.0 能接受的图形文件装入窗体、图片框或图像框中。图形文件可以在设计阶段装入,也可以在运行期间装入。

1) 图片框与图像框的区别

前面讲过,图片框与图像框的用法基本相同,但是也有一定的区别,比如图像框占用的内存少;图片框内可以包括其他控件,图像框则不能;装入图片框的图形文件不随图片框的大小调整尺寸,当 Aotuosize＝True 时,图片框可以自己调整大小以适应图片文件;图像框有一个 Strech 属性,当其为 True 时,图形能自动变化大小以适应图像框的尺寸。

此外,为了节省内存,一般尽量使用图像框,除非其不满足要求。

2) 在设计阶段装入图形文件

方法一：用属性窗口中的 Picture 属性装入。

用户可以通过 Picture 属性把图形文件装入窗体、图片框或图像框中,这里以图片框为例,操作步骤如下：

(1) 在窗体上建立一个图片框。

(2) 保持图片框为活动的控件,在属性窗口中找到 Picture 属性,单击该属性条,其右端会出现 3 个点"…"的按钮。

(3) 单击右端的"…"按钮,屏幕上显示"加载图片"对话框。

单击"文件类型"栏右端的箭头,将下拉显示可以装入的图形文件类型,用户可从中选择需要的文件类型。

在中间的"搜寻"目录列表框中选择含有图形文件的目录,可以根据需要选择某个目录,单击"打开"按钮,然后在该目录中选择要装入的文件。

(4) 单击"打开"按钮。

以上操作步骤也适合图像框。如果窗体上没有活动的图片框或图像框,当窗体为活动状态时,装入的图形文件将被装到窗体上。

方法二：利用剪贴板装入。

(1) 用 Windows 下的绘图软件,例如 Photoshop 画出或处理所需的图形,并将该图形复制到剪贴板中。

(2) 启动 VB,在窗体上建立一个图片框,并保持它为活动状态。

(3) 选择"编辑"菜单中的"粘贴"命令,剪贴板中的图形将出现在图片框中。

在建立图片框时,应适当调整其大小,以便能装入完整的图形。

3) 在运行期间装入图形文件

使用 Picture 属性可以设置被显示的图片文件名(包括可选路径名)。在程序运行时,可以使用 LoadPicture()函数在图片框中装入图形。

格式：

[对象.]Picture = LoadPicture("图形文件名")

功能：在图形框中装入一个图形。

说明：

(1) 对象可以是图片框或图像框,也可以是窗体。如果是窗体,对象名可以省略。

(2) 如果删除一个图形,可以使用 LoadPicture()函数将一个空白图形装入图形框的 Picture 属性。

格式：

[对象.]Picture = LoadPicture("")

（3）如果图片框中已有图形，则被新装入的图形覆盖。

（4）装入图片框中的图形，可以复制到另一个图片框中。假设在窗体中已建立了两个图片框 Picture1 与 Picture2，则用：

```
Picture1.Picture = LoadPicture("C:\Graphics\Icons\Arrows\ar06up.ico")
Picture2.Picture = Picture1.Picture
```

可以把图片框 Picture1 中的图形复制到图片框 Picture2 中。

例 6.9　编写程序，交换两个图片框中的图形。

在传统的程序设计中，交换两个变量的值是十分普通的操作，通常要引入第 3 个变量进行交换。交换两个图片框中的图形的操作与此类似。

首先在窗体上建立 3 个图片框 Picture1、Picture2、Picture3，然后编写以下事件过程：

```
Private Sub Form_Click()
    '交换位图
    Picture3.Picture = Picture1.Picture
    Picture1.Picture = Picture2.Picture
    Picture2.Picture = Picture3.Picture
    '把第 3 个图片框设置为空
    Picture3.Picture = LoadPicture()
End Sub

Private Sub Form_Load()
    '装入位图
    Picture1.Picture = LoadPicture("C:\1.jpg")
    Picture2.Picture = LoadPicture("C:\2.jpg")
    Picture3.Visible = False
End Sub
```

注意：运行此代码，必须保证在 C 盘根目录下有两个图片文件，并且名称分别为 P1.jpg 和 P2.jpg。程序运行前后如图 6-16 所示。

图 6-16　图片交换示例

6.5.2　形状控件

形状控件（Shape）在工具箱中显示为 ，使用它可以在窗体、框架或图片框中创建矩形、正方形、椭圆形、圆形、圆角形或圆角正方形等图形。Shape 控件的预定义形状是由 Shape 属性的取值决定的。在表 6-4 中列出了所有预定义的形状、形状值和相应的 Visual Basic 常数。

表 6-4　Shape 控件的 Shape 属性设置

常　　数	Shape 属性值	显 示 效 果
VbShapeRectangle	0	矩形（默认值）
VbShapeSquare	1	正方形
VbShapeOval	2	椭圆形
VbShapeCircle	3	圆形
VbShapeRoundedRectangle	4	圆角矩形
VbShapeRoundedSquare	5	圆角正方形

例如，将 Shape 控件的 Shape 属性值设置为 0～5 时，对应的图形如图 6-17 所示。
BackStyle 属性决定形状的背景是否透明，默认值为 1。

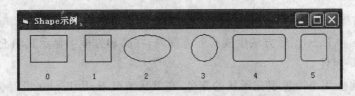

图 6-17　Shape 属性取不同值时对应的形状

6.5.3　直线控件

直线控件（Line）可用于在窗体上显示各种类型和宽度的线条，在工具箱中显示为 ▨ 。

对于直线控件来说，程序运行时最重要的属性是"X1"、"Y1"、"X2"、"Y2"，这些属性决定了直线显示时的位置坐标。

- X1：设置（或返回）直线的最左端水平位置坐标。
- Y1：设置（或返回）直线的最左端垂直坐标。
- X2：设置（或返回）直线的最右端水平位置坐标。
- Y2：设置（或返回）直线的最右端垂直坐标。

6.5.4　图形的填充

封闭图形的填充方式由 FillStyle 属性决定，填充颜色和线条颜色由 FillColor 属性决定。

1. FillStyle 属性

FillStyle 属性用来设置填充 Shape 控件以及由 Circle 和 Line 图形方法生成的圆和方框的方式，为数值型数据，具体取值及含义如表 6-5 所示。

表 6-5　FillStyle 属性设置及含义

FillStyle 属性值	效　　果	FillStyle 属性值	效　　果
0	绘制实心图形	4	左上到右下斜线
1	透明（默认方式）	5	右上到左下斜线
2	水平线	6	网状格线
3	垂直线	7	网状斜线

例如,图 6-18 所示为形状控件的 FillStyle 属性被设置为 0~7 时的填充效果。

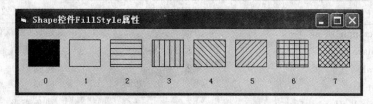

图 6-18   FillStyle 属性取不同值时的填充效果

说明:

(1) FillStyle 属性为 0 是实填充,1 为透明方式,填充图案的颜色由 FillColor 属性来决定。

(2) 对于窗体和图片框对象,在 FillStyle 属性设置后,并不能看到其填充效果,而只能在其使用 Circle 和 Line 图形方法生成圆和方框时,在圆和方框中显示其填充效果。

2. FillColor 属性

FillColor 属性用于设置填充形状的颜色,在默认情况下,FillColor 设置为 0(黑色)。

6.6   控 件 数 组

在 Visual Basic 中,可以使用控件数组,它为处理一组功能相近的控件提供了方便。

6.6.1   基本概念

控件数组由一组相同类型的控件组成,这些控件共用一个相同的名字,具有同样的属性设置。数组中的每个控件都有唯一的索引号(Index Number),即下标,其所有元素的 Name 属性必须相同。在控件数组中可用的最大索引值为 32767。

当希望若干控件共享代码时,可使用控件数组简化编程。

例如,如果创建一个包含 3 个命令按钮的控件数组 cmdButton,则无论单击哪一个按钮都将执行相同的事件过程。在事件过程中,通过返回的索引值来区分用户单击的是哪一个按钮,以处理不同的操作。

```
Private Sub cmdButton_Click(Index as integer)
    …                               '3 个命令按钮共享代码
    Select Case Index
    Case 0
        …                           '处理第一个命令按钮的操作
    Case 1
        …                           '处理第二个命令按钮的操作
    Case 2
        …                           '处理第三个命令按钮的操作
    End Select
End Sub
```

6.6.2 控件数组的建立

1. 在设计阶段建立控件数组

在设计阶段建立控件数组的方法如下：

(1) 在窗体上放置控件数组的第一个控件，并进行相关属性设置(此时设置的 Name 属性即控件数组名)。

(2) 选中该控件，进行复制操作，然后进行若干次粘贴操作，即可建立所需个数的控件数组元素。

2. 在运行阶段添加控件数组元素

在运行阶段添加控件数组元素的方法如下：

(1) 在窗体上放置控件数组的第一个控件，并将该控件的 Index 属性设为 0，表示该控件为控件数组的第一个元素。除设置 Name 属性外，还可以对一些取值相同的属性进行设置，例如所有文本框的字体都取一样大小等。

(2) 在代码中通过 Load 方法添加其余若干元素，也可以通过 Unload 方法删除某个添加的元素。

Load 方法和 Unload 方法的使用格式为：

Load 控件数组名(<表达式>)
Unload 控件数组名(<表达式>)

其中，<表达式>为整型数据，表示控件数组的某个元素。

(3) 通过 Left 和 Top 属性确定每个添加的控件数组元素在窗体上的位置，并将 Visible 属性设置为 True。

例 6.10 设计一个霓虹灯程序，界面及运行结果如图 6-19 所示。要求：利用时钟控件模拟霓虹灯的效果。

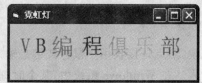

图 6-19 程序界面及运行效果

本例中用 7 个标签构成一个控件数组，在属性窗口中按表 6-6 所示设置各对象的属性。

表 6-6 各对象的主要属性设置

对象	属性(属性值)	属性(属性值)	属性(属性值)
窗体	Name(Form1)	Caption("霓虹灯")	
标签数组	Name(Label1(0)～Label(7))	Caption("V"、"B"、"编"、"程"、"俱"、"乐"、"部")	Index(0～6)
时钟	Name(Time1)		

程序代码如下：

```
    Private Sub Timer1_Timer()
    Static index As Integer                    '定义静态变量 index 表示当前显示的标签编号
    Dim i As Integer
    If index <> 7 Then
        Label1(index).Visible = True
        index = index + 1
    Else
        For i = 0 To 6
            Label1(i).Visible = False
        Next i
        index = 0
    End If
End Sub
Private Sub Form_Load()
    Dim i As Integer
    For i = 0 To 6
        Label1(i).Visible = False              '开始时隐藏标签控件数组
        Label1(i).ForeColor = RGB(Int(Rnd * 255), Int(Rnd * 255), Int(Rnd * 255))
    Next i
    Timer1.Enabled = True
    Timer1.Interval = 500
End Sub
```

6.7　焦点与 Tab 顺序

在可视程序设计中，焦点(Focus)是一个十分重要的概念。在本节中介绍如何设置焦点，并且介绍窗体上控件的 Tab 顺序。

6.7.1　设置焦点

简单地说，焦点是接收用户鼠标或键盘输入的能力。当一个对象具有焦点时，它可以接收用户的输入。在 Windows 系统中，某个时刻可以运行多个应用程序，但只有具有焦点的应用程序才有活动标题栏，才能接收用户的输入。类似地，在含有多个文本框的窗体中，只有具有焦点的文本框才能接收用户的输入。

当对象得到焦点时，会产生 GotFocus 事件；当对象失去焦点时，将产生 LostFocus 事件，前面已经举过这方面的例子。LostFocus 事件过程通常用来对更新进行确认和有效性检查，也可用于修正或改变在 GotFocus 事件过程中设立的条件，窗体和多数控件支持这些事件。

用下面的方法可以设置一个对象的焦点：

(1) 在运行时单击该对象；

(2) 运行时用快捷键选择该对象；

(3) 在程序代码中使用 SetFocus 方法。

焦点只能移到可视的窗体或控件上，因此，只有当一个对象的 Enabled 和 Visible 属性均为 True 时,它才能接收焦点。Enabled 属性允许对象响应由用户产生的事件,如键盘和鼠标事件,而 Visible 属性决定了对象是否可见。

注意,并不是所有对象都可以接收焦点,例如框架(Frame)、标签(Label)、菜单(Menu)、直线(Line)、形状(Shape)、图像框(Image)和计时器(Timer)都不能接收焦点。对于窗体来说,只有当窗体上的任何控件都不能接收焦点时,该窗体才能接收焦点。

对于大多数可以接收焦点的控件来说,从外观上可以看出它是否具有焦点。例如,当命令按钮、复选框、单选按钮等控件具有焦点时,在其内侧有一个虚线框,如图 6-20 所示;而当文本框具有焦点时,在文本框中有闪烁的插入光标。

图 6-20　焦点在 Command 上

如前所述,可以通过 SetFocus 方法设置焦点。但是应注意,由于在窗体的 Load 事件完成前窗体或窗体上的控件是不可视的,因此,不能直接在 Form_Load 事件过程中用 SetFocus 方法把焦点移到正在装入的窗体或窗体上的控件。必须先用 Show 方法显示窗体,然后才能对该窗体或窗体上的控件设置焦点。例如,假定在窗体上画一个文本框,然后编写以下事件过程:

```
Private Sub Form_Load()
    Text1.SetFocus
End Sub
```

程序设计者的原意是在程序开始运行后,直接把焦点移到文本框中,但是不能达到目的。程序运行后,显示出错信息,如图 6-21 所示。

图 6-21　在窗体可视前不能设置焦点

为了解决这个问题,必须在设置焦点前使窗体可视,可以通过 Show 方法实现。上面的程序应改为:

```
Private Sub Form_Load()
    Form1.Show
    Text1.SetFocus
End Sub
```

6.7.2　Tab 顺序

Tab 顺序是在按 Tab 键时焦点在控件间移动的顺序。当窗体上有多个控件时,用鼠标单击某个控件,就可以把焦点移到该控件中(如果该控件有焦点)或者使该控件成为活动控件。除鼠标外,用 Tab 键也可以把焦点移到某个控件中。每按一次 Tab 键,可以使焦点从一个控件移到另一个控件。所谓 Tab 顺序,就是指焦点在各个控件之间移动的顺序。

一般情况下,Tab 顺序由控件建立时的先后顺序确定,可以通过设置对象的 TabIndex 属性来改变 Tab 的顺序。

6.8 本 章 小 结

作为一种可视化的编程工具,VB 提供了许多控件以方便用户进行面向对象程序设计,这些控件不仅包括工具箱中的标准控件,还包括高级的 ActiveX 控件。本章系统介绍了单选按钮、复选框、框架、滚动条、列表框、组合框、时钟 7 种标准控件。读者在学习这些控件时,应当从功能、属性、事件、方法 4 个方面入手,注意总结在什么情况下考虑使用什么控件的属性、方法或事件来解决相关问题。

6.9 课后练习与上机实验

一、选择题

1. 决定窗体标题条显示内容的属性是(   )。

   A) Text   B) Name   C) Caption   D) BackStyle

2. 当窗体最小化时缩小为一个图标,设置这个图标的属性是(   )。

   A) MouseIcon   B) Icon   C) Picture   D) MousePointer

3. 决定窗体有无控制菜单的属性是(   )。

   A) ControlBox   B) MinButton   C) Enabled   D) MaxButton

4. 为了使标签覆盖背景,应把 BackStyle 属性设置为(   )。

   A) 0   B) 1   C) True   D) False

5. 使文本框获得焦点的方法是(   )。

   A) Change   B) GotFocus   C) SetFocus   D) LostFocus

6. 为了使文本框同时具有水平和垂直滚动条,应先把 MultiLine 属性设置为 True,然后再把 ScrollBars 属性设置为(   )。

   A) 0   B) 1   C) 2   D) 3

7. 下列可以把当前目录下的图形文件 Pic1.jpg 装入图片框 Picture1 中的语句是(   )。

   A) Picture＝"Pic1.jpg"

   B) Pictures.Handle＝"pic1.jpg"

   C) Picture1.Picture＝LoadPicture("pic1.jpg")

   D) Picture＝LoadPicture("pic1.jpg")

8. 当拖动滚动条中的滚动块时,将触发滚动条的事件是(   )。

   A) Move   B) Change   C) Scroll   D) SetFocus

9. 为了在按下 Esc 键时执行某个命令按钮的事件过程,需要把该命令按钮的一个属性设置为 True,这个属性是(   )。

   A) Value   B) Default   C) Cancel   D) Enabled

10. 删除列表框中指定的项目所使用的方法为( )。

  A) Move   B) Remove   C) Clear   D) RemoveItem

二、上机实验

1. 在名称为 Form1 的窗体上画一个名称为 List1 的列表框,通过属性窗口输入 4 个列表项,即"数学"、"物理"、"化学"、"语文"。请编写适当的事件过程,使得在装入窗体时把最后一个列表项自动改为"英语";单击窗体时,删除最后一个列表项。

2. 在名称为 Form1 的窗体上画一个名称为 Frame1、标题为"目的地"的框架,在框架中添加 3 个复选框,名称分别为 Check1、Check2、Check3,其标题分别是"上海"、"广州"、"巴黎",其中,"上海"为选中状态,"广州"为未选状态,"巴黎"为灰色状态。请画控件并设置相应属性。

3. 在名称为 Form1 的窗体上画一个命令按钮和一个垂直滚动条,其名称分别为 Command1 和 VScroll1,编写适当的事件过程。程序运行后,如果单击命令按钮,则按以下要求设置垂直滚动条的属性:Max=窗体高度,Min=0,LargeChange=50,SmallChange=10。

如果移动垂直滚动条的滚动框,则在窗体上显示滚动框的位置值。程序的运行情况如图 6-22 所示。

要求:不得使用任何变量。

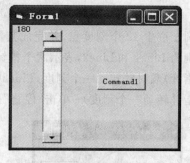

图 6-22 实验 3 的运行情况

4. 窗体上有一个矩形和一个圆,还有垂直和水平滚动条各一个。程序运行时,移动某个滚动条的滚动块,可以使圆做相应方向的移动。滚动条刻度值的范围是圆可以在矩形中移动的范围。以水平滚动条为例,滚动块在最左边时,圆靠在矩形的左边线上,如图 6-23(a)所示;滚动块在最右边时,圆靠在矩形的右边线上,如图 6-23(b)所示。垂直滚动条的情况与此类似。

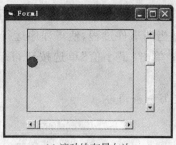
(a) 滚动块在最左边

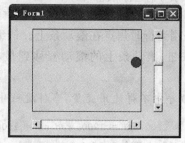
(b) 滚动块在最右边

图 6-23 实验 4 的运行情况

文件中已经给出了全部控件和程序,但程序不完整,请去掉程序中的注释符,把程序中的? 改为正确的内容。

注意:不能修改程序的其他部分和控件属性。

```
Private Sub Form_load()
    HScroll1.Min = Shape2.Left
'   HScroll1.Max = Shape2.Width + Shape2.Left - Shape1. ?
```

Visual Basic 6.0 常用控件对象

```
        VScroll1.Min = Shape2.Top
'       VScroll1.Max = Shape2.Height + ? - Shape1.Height
        HScroll1.Value = 1000
        VScroll1.Value = 1000
End Sub


Private Sub HScroll1_Change()
'       ? = HScroll1.Value
End Sub


Private Sub VScroll1_Change()
'       Shape1.Top = ?
End Sub
```

5. 窗体上有一个圆，相当于一个时钟，当程序运行时通过窗体的 Activate 事件过程在圆上产生 12 个刻度点，并完成其他初始化工作；另有长、短两条（红色、蓝色）直线，名称分别为 Line1 和 Line2，表示两个指针。程序运行时，单击"开始"按钮，则每隔 0.5 秒 Line1（长指针）顺时针转动一个刻度，Line2（短指针）顺时针转动 1/12 个刻度（即长指针转动一圈，短指针转动一个刻度）；单击"停止"按钮，两个指针停止转动，如图 6-24 所示。

图 6-24 实验 5 的运行情况

在窗体文件中已经给出了全部控件，但程序不完整，要求去掉程序中的注释符，把程序中的？改为正确的内容。

提示：程序中的符号常量 x0、y0 是圆心到窗体左上角的距离，radius 是圆的半径。

注意：不能修改程序中的其他部分和控件的属性。

6. 在名称为 Form1 的窗体上画一个名称为 Hscroll1 的水平滚动条，其最大刻度为 100，最小刻度为 0；再画两个单选按钮，名称分别为 Option1、Option2，标题分别为"最大值"、"最小值"，且都未选中。再通过属性窗口设置适当属性，使得程序刚运行时焦点在滚动条上。请编写适当的事件过程，使得程序运行时，单击"最大值"单选按钮，滚动条上的滚动框移到最右端；单击"最小值"单选按钮，滚动框移到最左端。

注意：程序中不得使用变量，事件过程中只能写一条语句。

```
Const x0 = 1200, y0 = 1200, radius = 1000
Dim a, b, len1, len2
Private Sub Command1_Click()
    Timer1.Enabled = True
End Sub


Private Sub Command2_Click()
'       ?
End Sub


Private Sub Form_Activate()
'       For k = 0 To 359 Step ?
'           x = radius * Cos(k * 3.14159 / 180) + ?
```

```
        y = y0 - radius * Sin(k * 3.14159 / 180)
        Form1.Circle (x, y), 20
    Next k
    a = 90
    b = 90
    len1 = Line1.Y1 - Line1.Y2
    len2 = Line2.Y1 - Line2.Y2
End Sub

Private Sub Timer1_Timer()
    a = a - 30
    Line1.X2 = len1 * Cos(a * 3.14159 / 180) + x0
'    Line1.? = y0 - len1 * Sin(a * 3.14159 / 180)
'    b = ? - 30 / 12
    Line2.X2 = len2 * Cos(b * 3.14159 / 180) + x0
    Line2.Y2 = y0 - len2 * Sin(b * 3.14159 / 180)
End Sub
```

第7章　数　　组

前面使用的字符串、整型、实型等数据都是基本数据类型的数据,通过简单变量来存取一个数据。然而在实际应用中经常需要处理一批数据,因此,Visual Basic 为用户提供了数组类型,可以方便、灵活地组织和使用数据。

数组是有序数据的集合。在其他语言中,数组中的所有元素都属于同一个数据类型;而在 Visual Basic 中,一个数组中的元素可以是相同类型的数据,也可以是不同类型的数据。

7.1　数组的相关概念

7.1.1　引例

例 7.1　求一个班 100 名学生某门课的平均成绩。

分析:很显然,我们不能定义 100 个简单变量解决这个问题,但是可以结合循环结构用一个简单变量来设计程序。程序段如下:

```
Private Sub Command1_Click()
Sum = 0
For i = 1 To 100
        score = InputBox("请输入"& i &"位学生的成绩")
    Sum = Sum + score
Next i
Average = Sum / 100
End Sub
```

但是,因为存放学生成绩的变量 score 是一个简单变量,它只能存放一个学生的成绩,而无法把 100 名学生的成绩全部保存起来。因此,如果接下来要对这 100 名学生的成绩再做其他处理,如统计不及格学生的人数或统计高于平均分的人数,就要重复输入 100 名学生的成绩,工作量大,而且效率低。

由此,我们引入数组。用一批具有相同名字、不同下标的下标变量来存放一组数据。在 Visual Basic 中,把一组具有相同名字、不同下标的下标变量称为数组。

用数组求 100 名学生的平均成绩的程序段如下:

```
Private Sub Command1_Click()
Dim score(100) As Integer
Sum = 0
For i = 1 To 100
        score(i) = InputBox("请输入"& i &"位学生的成绩")
    Sum = Sum + score(i)
```

```
Next i
Average = Sum / 100
End Sub
```

若要再求低于平均分的学生人数,可接着写以下语句:

```
Num = 0
For i = 1 To 100
    If score(i)< Average Then num = num + 1
Next i
```

7.1.2 数组的定义

1. 数组的表示方法

数组并不是一种数据类型,而是一组相同类型数据的集合。在数组中,用一个统一的名字(数组名)代表逻辑上相关的一批数据,每个元素用下标变量来区分;下标变量代表元素在数组中的位置。即数组是变量的集合,该集合中的所有变量名称相同、类型相同,下标不同,如图 7-1 所示。

2. 数组的分类

数组通常有以下几种分类:

(1) 按数组的大小(元素个数)是否可以改变分为静态(定长)数组、动态(可变长)数组。

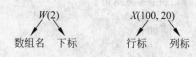

图 7-1 数组的表示方法

(2) 按元素的数据类型可分为数值型数组、字符串数组、逻辑数组、日期型数组、变体数组等、对象数组。

(3) 按数组的维数可分为一维数组、二维数组、多维数组。

3. 数组的维数

(1) 一维数组:数组元素具有一个下标。

(2) 二维数组:数组元素具有两个下标。

(3) n 维数组:数组元素具有 n 个下标。

例如:a(3)　　　　　一维数组

b(12, 5)　　　　二维数组

c(2, 4, 8)　　　三维数组

m(2, 3, ···, 6)　　n 维数组

4. 数组的声明

数组必须先声明、后使用,要声明其名称、维数、大小和类型 4 个属性。

7.2　一维数组

7.2.1　一维数组的声明

Dim 数组名([<下界> to]<上界>)[As <数据类型>]

或

Dim 数组名[<数据类型符>]([<下界> to]<上界>)

例如:

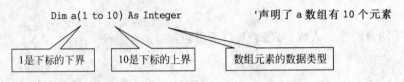

与上面声明等价的形式:

```
Dim a%(1 To 10)
```

说明:

(1) 数组名的命名规则与变量的命名规则相同。

(2) 数组的元素个数: 上界-下界+1。

(3) 默认<下界>为 0,若希望下标从 1 开始,可在模块的通用部分使用 Option Base 语句将其设为 1。其使用的格式如下:

```
Option Base 0|1                          '后面的参数只能取 0 或 1
```

例如:

```
Option Base 1                            '将数组声明中的默认<下界>下标设为 1
```

(4) <下界>和<上界>不能使用变量,必须是常量,常量可以是直接常量、符号常量,一般是整型常量。

```
Dim N As Integer
N = Val(InputBox("Enter N = ?"))
Dim A(N) As Integer
```

(5) 如果省略 As 子句,则数组的类型为变体类型。

(6) 数组中的各元素在内存中占一片连续的存储空间,如图 7-2 所示。

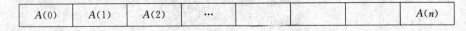

图 7-2 数组中各元素所占的内存空间

7.2.2 一维数组元素的引用

使用形式: 数组名(下标)

其中: 下标可以是整型变量、常量或表达式。

例如: 设有下面的数组定义。

```
Dim  A(10) As Integer, B(10) As Integer
```

则下面的语句都是正确的。

```
A(1) = A(2) + B(1) + 5                    ' 取数组元素运算
A(i) = B(i)                              '下标使用变量
B(i + 1) = A(i + 2)                      '下标使用表达式
```

7.2.3 一维数组的操作

1. 通过循环给数组元素赋初值

```
For i = 1 To 10                              'A 数组的每个元素值为 1
    A(i) = 1
Next i
```

2. 数组的输入

输入 10 个数，并存入到数组 A 中。

```
For i = 1 To 10
    A(i) = Val( InputBox("输入 A(" & i & ") 的值") )
Next i
```

3. 求数组中的最大元素及其所在下标

```
Dim Max As Integer, iMax As Integer
    Max = A(1): iMax = 1
    For i = 2 To 10
        If A(i) > Max Then
            Max = A(i)
            iMax = i
        End If
    Next i
Print "A("& iMax &") = "; A(iMax)
```

7.2.4 一维数组的应用实例

(1) 逆序打印 n 个整数，其输出结果如图 7-3 所示。

图 7-3 逆序打印 n 个整数的结果

分析：首先声明一个数组，数组长度必须大于等于输入进来的值 n，然后从键盘上输出任意值 n，通过循环赋值后输出正序数组中的值，最后在循环中把初值和终值互换输出逆序的数序。

```
Private Sub Command1_Click()
    Dim n As Integer, a(100) As Integer, i As Integer
    n = InputBox(vbCrLf + vbCrLf + "n = ")
    Print: Print "正序打印"
    For i = 1 To n
    a(i) = i
    Print a(i),
    Next i
    Print: Print: Print "逆序打印"
    For i = n To 1 Step − 1
```

```
        Print a(i),
        Next i
End sub
```

（2）统计各分数段（0～59、60～69、70～79、80～89、90～100）的学生人数，学生成绩从键盘输入，以−1为终止标志，其统计结果如图 7-4 所示。

```
Private Sub Command1_Click()
    Dim a(10) As Integer, x As Integer, i As Integer
    For i = 0 To 10
        a(i) = 0
    Next i
    x = InputBox(vbCrLf + "请输入学生成绩")
    Do While x <> −1
        a(Int( x/10)) = a( Int(x/10) ) + 1
        x = InputBox(vbCrLf + "请输入学生成绩")
    Loop
    Print "0 ～ 59 = "; a(0) + a(1) + a(2) + a(3) + a(4) + a(5)
    Print "60 ～ 69 = "; a(6)
    Print "70 ～ 79 = "; a(7)
    Print "80 ～ 89 = "; a(8)
    Print "90 ～ 100 = "; a(9) + a(10)
End Sub
```

图 7-4　统计结果

（3）利用随机函数产生 20 个两位的随机整数，按从大到小的顺序进行排序。

算法：将相邻两个数比较，大数交换到后面。

① 第 1 趟：将每相邻的两个数比较，大数交换到后面，经 $n-1$ 次两两相邻比较后，最大的数已交换到最后一个位置。

② 第 2 趟：将前 $n-1$ 个数（最大的数已在最后）按上面的方法比较，经 $n-2$ 次两两相邻比较后得次大的数；

③ 依此类推，n 个数共进行 $n-1$ 趟比较，在第 j 趟中要进行 $n-j$ 次两两比较。其排序结果如图 7-5 所示。

```
Private Sub form_Click()
    Dim a(20) As Integer
    Dim i As Integer
    Dim j As Integer
    Dim temp As Integer
    Print
    Print " ==================== 原始数序 ==================== "
    For i = 1 To 20
        a(i) = Int(Rnd * 100)
        Print a(i);
    Next i
```

```
            Print
            For i = 1 To 20
                For j = 1 To 20 - i
                    If a(j) > a(j + 1) Then          '若降序则把大于号改为小于号
                        temp = a(j)
                        a(j) = a(j + 1)
                        a(j + 1) = temp
                    End If
                Next j
            Next i
            Print
            Print " ==================== 处理后的数序 ==================== "

            For i = 1 To 20
                Print a(i);
            Next i
    End Sub
```

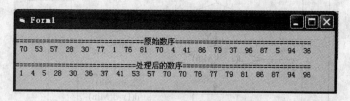

图 7-5　冒泡排序后的结果

（4）选择排序法：对比数组中前一个元素跟后一个元素的大小，如果后面的元素比前面的元素小，则用一个变量 k 记住它的位置，接着进行第二次比较，前面"后一个元素"现变成了"前一个元素"，继续跟它的"后一个元素"进行比较，如果后面的元素比它小，则用变量 k 记住它在数组中的位置（下标），等到循环结束的时候，我们应该找到了最小的那个数的下标了，然后进行判断，如果这个元素的下标不是第一个元素的下标，就让第一个元素跟它交换一下值，这样就找到整个数组中最小的数了。然后找到数组中第二小的数，让它跟数组中的第二个元素交换一下值，依此类推。选择排序法的流程图如图 7-6 所示。

```
Private Sub Command2_Click()
    Dim a(10) As Integer, n As Integer, i As Integer
    Dim p As Integer, j As Integer

    For n = 1 To 10
        a(n) = Int(Rnd * 200)
        Print a(n);
    Next n
    Print
    For i = 1 To 9
        p = i
        For j = i + 1 To 10
            If a(p) > a(j) Then p = j
        Next j
        t = a(i): a(i) = a(p): a(p) = t
    Next i
```

```
        Print

        For n = 1 To 10
            Print a(n);
        Next n
        Print
    End Sub
```

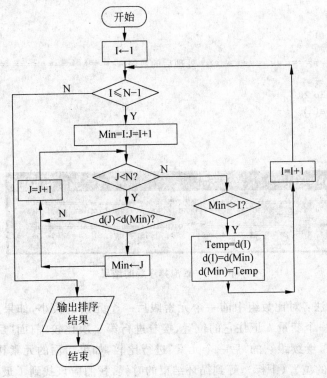

图 7-6　选择排序法流程图

（5）在数组中插入数据，输入 10，产生一个长度为 10 的数组，然后输入 60，把数值 60 插入到数组中后排序输出。代码如下，其运行结果如图 7-7 所示。

```
Private Sub Form_Click()
    Dim a(100) As Integer, n As Integer, x As Integer
    Dim i As Integer, j As Integer, t As Integer
    n = InputBox("N = ")
    Print "排序前"
    For i = 1 To n
        a(i) = Int(90 * Rnd + 10)
        Print a(i);
    Next i:

    Print: Print "排序后"
    For i = 1 To n - 1
        For j = i + 1 To n
            If a(i) > a(j) Then
                t = a(i): a(i) = a(j): a(j) = t
```

```
            End If
          Next j
          Print a(i);
    Next i: Print a(n)

    x = InputBox("X = ")
    Print: Print "X = "; x
    t = 1
    While x > a(t) And t <= n
          t = t + 1
    Wend
    If t > n Then
          n = n + 1
          a(n) = x
    Else
          For i = n To t Step −1
            a(i + 1) = a(i)
          Next i
          a(t) = x: n = n + 1
    End If
    Print: Print "插入数组元素 X 后"
    For i = 1 To n
          Print a(i);
    Next i
End Sub
```

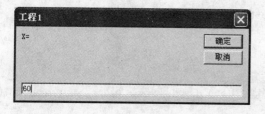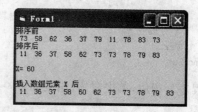

图 7-7　在数组中插入数值的输出结果

7.3　二　维　数　组

7.3.1　二维数组的声明

1. 声明二维数组和声明

Dim 数组名([<下界>] to <上界>,[<下界> to]<上界>) [As <数据类型>]

其中的参数与一维数组完全相同。

例如：

```
Dim a(2,3)  As  Single
```

二维数组在内存中的存放顺序是"先行后列"。例如，数组 a 的各元素在内存中的存放顺序如下：

$a(0,0) \rightarrow a(0,1) \rightarrow a(0,2) \rightarrow a(0,3) \rightarrow a(1,0) \rightarrow a(1,1) \rightarrow a(1,2) \rightarrow a(1,3) \rightarrow a(2,0) \rightarrow$
$a(2,1) \rightarrow a(2,2) \rightarrow a(2,3)$

2. 二维数组的引用

引用形式：

数组名(下标 1, 下标 2)

例如：

```
a(1,2) = 10
a(i + 2, j) = a(2,3) * 2
```

在程序中，经常通过二重循环来操作二维数组元素。

7.3.2 二维数组的应用实例

1. 二维数组元素的输入

二维数组元素的输入通过二重循环来实现，由于 Visual Basic 中的数组是按行存储的，因此把控件第一维的循环变量放在最外层循环中。例如：

```
Option Base 1 (在窗体层)
Sub Form_Click()
    Dim a(3,5)
    For i = 1 To 3
        For j = 1 To 5
            a(i,j) = i * j
            Print "a(";i;",";j;") = ";a(i,j)
        Next j
    Next i
End Sub
```

程序运行后，单击窗体，结果如下：

```
a(1,1) = 1
a(1,2) = 2
a(1,3) = 3
…
a(3,5) = 15
```

2. 二维数组元素的输出

数组元素的输出可以用 Print 方法来实现。假如有以下一组数据：

```
11  23  34  56  32
34  44  55  66  73
90  32  34  56  98
12  21  39  89  56
```

可以用下面的程序把这些数据输入到一个二维数组中：

```
Option Base 1                          (该语句放在窗体层中)
Dim a(4,4) As Integer
For i = 1 To 4
    For j = 1 To 4
        a(i,j) = Val(InputBox("Enter Data:"))
    next j
next i
```

原来的数据被分为 4 行 4 列,存放在数组 *a* 中。为了使数组中的数据仍按原来的 4 行 4 列输出,可以这样编写程序:

```
For i = 1 To 4
    For j = 1 To 4
        Print a(i,j);" ";
    Next j
Next i
```

3. 数组元素的复制

两矩阵相加得到的结果存放入一个新的数组之中,运行结果如图 7-8 所示。

单个数组元素可以像简单变量一样从一个数组复制到另一个数组。二维数组中的元素可以复制给另一个二维数组中的某个元素,也可以复制给一个一维数组中的某个元素,反之亦然。例如:

图 7-8 两矩阵相加的结果

```
Dim B(4,8),A(6,6),C(8)
…
B(2,3) = A(3,2)
C(4) = A(2,3)
A(3,3) = C(5)
Private Sub form_click()
    Dim a(4, 4) As Integer, b(4, 4) As Integer
    Dim c(4, 4) As Integer, i As Integer, j As Integer
Print "A 矩阵"
    For i = 1 To 4
            For j = 1 To 4
                a(i, j) = (i - 1) * 4 + j
                Print a(i, j),
            Next j: Print
        Next i
Print "B 矩阵"
    For i = 1 To 4
            For j = 1 To 4
                b(i, j) = i * 10 + j
                Print b(i, j),
            Next j: Print
        Next i
Print "C 矩阵"
    For i = 1 To 4
            For j = 1 To 4
                c(i, j) = a(i, j) + b(i, j)
                Print c(i, j),
            Next j: Print
        Next i
End Sub
```

4. 对角线上为 1 的二维数组的输出

结果如图 7-9 所示。

```
Private Sub Command13_Click()
    Dim a(10, 10) As Integer, i As Integer, j As Integer
    For i = 1 To 10
        For j = 1 To 10
            If i = j Or i = 11 - j Then
                a(i, j) = 1
            Else
                a(i, j) = 0
            End If
                Print a(i, j);
        Next j: Print
    Next i
End Sub
```

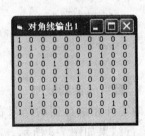

图 7-9　矩阵对角线上为 1 的输出

5. 输出"杨辉三角形"

结果如图 7-10 所示。

```
Private Sub form_Click()
    Dim a(10, 10) As Integer
    Dim i As Integer, j As Integer
    a(1, 1) = 1:
    Print Tab(30); a(1, 1)
    a(2, 1) = 1: a(2, 2) = 1
    Print Tab(27); a(2, 1); Tab(33); a(2, 2)
For i = 3 To 10
    a(i, 1) = 1
    For j = 2 To i - 1
        a(i, j) = a(i - 1, j - 1) + a(i - 1, j)
    Next j
    a(i, i) = 1
    For j = 1 To i
            Print Tab(27 - 3 * i + j * 6); a(i, j);
    Next j: Print
    Next i
End Sub
```

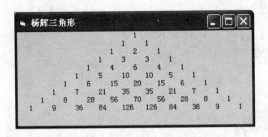

图 7-10　杨辉三角形

7.4　动 态 数 组

　　在定义数组后,为了使用数组,必须为数组开辟所需要的内存区。根据内存区开辟时机的不同,可以把数组分为静态(Static)数组和动态(Dynamic)数组。通常把需要在编译时开辟内存区的数组称为静态数组,而把需要在运行时开辟内存区的数组称为动态数组。当程序没有运行时,动态数组不占据内存,因此可以把这部分内存用于其他操作。

静态数组和动态数组由其定义方式决定,即用数值常数或符号常量作为下标定维的数组是静态数组,用变量作为下标定维的数组是动态数组。

7.4.1 动态数组的定义

1. 动态数组的声明

动态数组的声明时,不确定数组的大小;运行时,再确定数组的大小。

2. 动态数组的定义步骤

第一步:声明一个没有下标参数的数组,格式如下。

Dim | Private|Public 数组名() [As 类型]

第二步:引用数组前用 ReDim 语句重新定义,格式如下。

ReDim [Preserve]数组名(下标[,下标 …])[As 类型]

例如:

```
Private Sub Command1_Click()
    Dim a() As Integer
    Dim n As Integer
    …
    n = Val(InputBox(" input n "))
    ReDim a(n)
    …
End Sub
```

3. 说明

(1) Dim 语句是说明性语句,可出现在过程内或通用声明段中。

(2) ReDim 语句是执行语句,只能出现在过程内。

(3) 可多次改变动态数组的大小和维数,但不能改变动态数组的数据类型,除非动态数组被声明为 Variant 类型。

(4) 使用 ReDim 语句会使原来数组中的值丢失,可以通过在 ReDim 语句后加 Preserve 参数来保留数组中的数据。使用 Preserve 参数时只能改变最后一维的大小,前面几维的大小不能改变。

(5) 在 ReDim 语句中,动态数组的下标可以是常量、变量(必须有确定的值)。

(6) 静态数组在编译时分配数组存储空间,动态数组在运行时分配数组存储空间。

7.4.2 默认数组及与数组相关的函数

1. 默认数组

在 Visual Basic 中,允许定义默认数组。所谓默认数组,就是数据类型为 Variant(默认)的数组。在一般情况下,定义数组应指明其类型,例如:

```
Static Elec(1 To 100) As Integer
```

定义了一个数组 Elec。该数组的类型为整型，它有 100 个元素，每个元素都是一个整数。如果把上面的定义改为：

```
Static Elec(1 To 100) As Variant
```

从表面上看，定义默认数组似乎没有什么意义，实际上不然。在几乎所有的程序设计语言中，一个数组的各个元素的数据类型都要求相同，即一个数组只能存放同一种类型的数据。而对于默认数组来说，同一个数组中可以存放各种不同的数据。因此，默认数组可以说是一种"混合数组"。例如图 7-11 所示。

```
Sub Form_Click()
    Static A(5)
    A(1) = 100
    A(2) = 23.123
    A(3) = "wuhan"
    A(4) = #2014 - 9 - 1#
    A(5) = &HAAF
    For i = 1 To 5
        Print " A(";i;") = ";A(i)
    Next i
End Sub
```

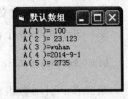

图 7-11　默认数组

2. 相关函数

1) Lbound(数组[,维])和 Ubound(数组[,维])

这两个函数是配合动态数组使用的。

(1) Lbound(数组[,维])：

语法：Lbound(数组名,维数)

功能：求数组某一维的下标下界。

(2) Ubound(数组[,维])：

语法：Ubound(数组名,维数)

功能：求数组某一维的下标上界。

例如：Lbound(x, 1)，求 x 数组第一维的下界值。

　　　　Ubound(x, 2)，求 x 数组第二维的上界值。

2) Array 函数

Array 函数可以方便地对数组整体赋值，但它只能给声明为 Variant 的变量或仅由括号括起来的动态数组赋值，赋值后的数组大小由赋值的个数决定。

数组的下界为 0，上界由 Array 函数的括号内参数的个数决定，也可通过 Ubound 函数获得。

可以使用 Array 函数给数组元素赋初值：

```
Private sub Form_Click()
    Dim ib As Variant
ib = Array("abc", "def", "67")
For i = 0 To UBound(ib)
    Picture1.Print ib(i); "";
Next I
End sub
```

3）Split 函数

使用格式：

Split(<字符串表达式> [,<分隔符>])

说明：使用 Split 函数可以在一个字符串中以某个指定符号为分隔符分离若干个子字符串，建立一个下标从 0 开始的一维数组，如图 7-12 所示。

```
Private Sub Form_Click()
    Dim a() As String, i As Integer
    a = Split("北京,乌鲁木齐,上海,广州,香港,澳门", ",")
    For i = 0 To UBound(a)
        Print a(i)
    Next i
End Sub
```

图 7-12　Split 函数运行后的结果

该程序使用 Split 函数把字符串"北京,乌鲁木齐,上海,广州,香港,澳门"以分隔符","分隔，把分隔出来的子字符串分别存放在以 a 为数组名、下标从 0 开始的一维数组中。即得到 $a(0)$="北京"　$a(1)$="乌鲁木齐"　$a(2)$="上海"　$a(3)$="广州"　$a(4)$="香港"　$a(5)$="澳门"。

3. 数组的清除和重定义

数组一经定义，便在内存中分配了相应的存储空间，其大小是不能改变的。也就是说，在一个程序中，同一个数组只能定义一次。有时候，可能需要清除数组的内容或对数组重新定义，可以使用 Erase 语句来实现。其格式如下：

Erase 数组名[,数组名]…

Erase 语句用来重新初始化静态数组量，或者释放动态数组存储空间。注意，在 Erase 语句中，只给出刷新的数组名，不带括号和下标。例如：

Erase Test

说明：

（1）当把 Erase 语句用于静态数组时，如果这个数组是数值数组，则把数组中的所有元素置为 0；如果是字符串数组，则把所有元素置为空字符串；如果是记录数组，则根据每个元素（包括定长字符串）的类型重新进行设置，如表 7-1 所示。

表 7-1　Erase 语句对静态数组的影响

数 组 类 型	Erase 对数组元素的影响
数值数组	将每个元素设为 0
字符串数组（变长）	将每个元素设为零长度字符串("")
字符串数组（定长）	将每个元素设为 0
Variant 数组	将每个元素设为 Empty
用户定义类型的数组	将每个元素作为单独的变量来设置
对象数组	将每个元素设为 Nothing

121

（2）当把 Erase 语句用于动态数组时，将删除整个数组结构并释放该数组占用的内存。也就是说，动态数组经 Erase 后不复存在；而静态数组经 Erase 后仍然存在，只是其内容被清空。

（3）当把 Erase 语句用于变体数组时，每个元素将被重置为"空"（Empty）。

（4）Erase 释放动态数组所使用的内存。在下次引用该动态数组之前，必须用 ReDim 语句重新定义该数组变量的维数。

例如：编写程序，验证 Erase 语句的功能。

```
Private Sub Form_Click()
    Dim t(10) As Integer
    For i = 0 To 10
    t(i) = i
    Print "t("& i &") = "; t(i);
    Next i
Erase t
    Print:Print
    Print " =================== Erase T 后的数组 =================== "
    Print
    For i = 0 To 10
    Print "t("& i &") = "; t(i);
    Next i
End Sub
```

上面的事件过程使用了关键字 Static，因为在该过程中定义的变量为静态变量（包括数组）。过程中定义了一个静态数组 Test，用 For 循环语句为每个元素赋值，并输出每个元素的值，然后执行 Erase 语句，将各元素的值清除，使每个元素的值都为 0。程序运行后的结果如图 7-13 所示。

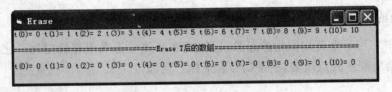

图 7-13　验证 Erase 语句的功能

4．For Each …Next 语句

For Each …Next 语句类似于 For…Next 语句，两者都是用来执行指定重复次数的一组操作，但 For Each …Next 语句专门用于数组或对象"集合"，其一般格式如下：

For Each 成员 In 数组
　　循环体
　　[Exit For]
　　…
Next [成员]

这里的"成员"是一个变体变量，它是为循环提供的，并在 For Each …Next 结构中重复使用，它实际上代表的是数组中的每个元素。"数组"是一个数组名，没有括号和上、下界。

用 For Each …Next 语句可以对数组元素进行处理，包括查询、显示或读取。它重复执行的次数由数组中元素的个数确定，也就是说，数组中有多少元素就自动重复执行多少次。例如：

```
Dim MyArray(1 To 5)
For Each X In MyArray
    Print x;
Next x
```

将重复执行 5 次(因为数组 MyArray 中有 5 个元素),每次输出数组的一个元素值。

7.4.3　动态数组的应用实例

(1) 求二维数组($m\times n$)的每行元素之和、每列元素之和、所有元素之和。m、n 由键盘输入,数组元素的值为两位随机整数。假设 M、N 的值分别为 4、4,则运行结果如图 7-14 所示。

```
Private Sub Form_Click()
    Dim a() As Integer, i As Integer, j As Integer
    m = InputBox("M = ")
    n = InputBox("N = ")
    ReDim a(m, n)
    For i = 0 To m
        a(i, 0) = 0
    Next i
    For j = 0 To n
        a(0, j) = 0
    Next j
    For i = 1 To m
    For j = 1 To n
    a(i, j) = Int(Rnd * 90 + 10)
    Print a(i, j);
        a(i, 0) = a(i, 0) + a(i, j)
    a(0, j) = a(0, j) + a(i, j)
    a(0, 0) = a(0, 0) + a(i, j)
    Next j: Print
    Next i: Print

    For i = 0 To m
      For j = 0 To n
        Print Tab(8 * j); a(i, j);
      Next j: Print
    Next i
End Sub
```

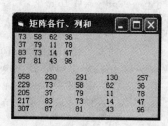

图 7-14　矩阵各行、列的和

(2) 求二维数组($m\times n$)每行元素的最大值、每列元素的最小值。m、n 由键盘输入,数组元素的值为两位随机整数。假设 M、N 的值都为 5,则运行的结果如图 7-15 所示。

```
Private Sub Form_Click()
    Dim a() As Integer, i As Integer, j As Integer, t As Integer
    m = InputBox("M = ")
    n = InputBox("N = ")
    ReDim a(m, n)
    For i = 1 To m
        For j = 1 To n
```

```
            a(i, j) = Int(90 * Rnd + 10)
            Print a(i, j);
        Next j: Print
    Next i: Print
    For i = 1 To m
        a(i, 0) = a(i, 1)
        For j = 2 To n
            If a(i, j) > a(i, 0) Then
                a(i, 0) = a(i, j)
            End If
        Next j
    Next i
    For j = 1 To n
        a(0, j) = a(1, j)
        For i = 2 To m
            If a(i, j) < a(0, j) Then
                a(0, j) = a(i, j)
            End If
        Next i
    Next j
    For i = 0 To m
        For j = 0 To n
            If i = 0 And j = 0 Then
                Print "";
            Else
                Print a(i, j);
            End If
        Next j: Print
    Next i
End Sub
```

图 7-15 行、列的最大值

7.5 本 章 小 结

数组可以被看作一组带下标的变量集合,系统分配一块连续的内存空间来存放数组中的元素。当所需处理的数据个数确定时,通常使用定长数组,否则应该考虑使用动态数组。通常,数组用来存放具有相同性质的一组数据,即数组中的数据必须是同一种类型。数组元素是数组中的某一个数据项,引用数组通常是引用数组元素,数组元素的使用和简单变量的使用类似。

声明一个已确定数组元素个数的数组:

Dim 数组名([下界 To]上界[,[下界 To]上界[, …]]) As   类型关键字

它声明了数组名、数组维数、数组大小、数组类型。下界、上界必须为常数,不能为表达式或变量,若省略下界,则默认为 0,也可用 Option Base 语句将默认下界设置为 1。

声明一个长度可变的动态数组:

Dim 数组名()As   类型关键字
ReDim [Preserve]数组名([下界 To]上界[,[下界 To]上界[, …]])

对数组的操作通常需要使用循环控制结构来实现。数组的基本操作有数组的初始化、数组的输入、数组的输出、求数组中的最大（最小）元素及下标、求和、数据的倒置等。应用数组解决的常用问题有复杂统计、平均值、排序和查找等。

7.6　课后练习与上机实验

一、选择题

1. 用下面的语句定义的数组元素的个数是（　　）。

```
Dim A(3 To 5, -2 To 2)
```

　　A) 20　　　　　　　　B) 12　　　　　　　　C) 15　　　　　　　　D) 24

2. 用下面的语句定义的数组元素的个数是（　　）。

```
Dim A(-3 To 5)As Integer
```

　　A) 9　　　　　　　　B) 8　　　　　　　　C) 6　　　　　　　　D) 7

3. 在窗体上画一个命令按钮（其 Name 属性为 Command1），然后编写以下代码：

```
Private Sub Command1_Click()
    Dim a(10) As Integer, b(10) As Integer
    n = 3
    For i = 1 To 5
        a(i) = i
        b(n) = 2 * n + i
    Next i
    Print a(n); b(n)
End Sub
```

程序运行后，单击命令按钮，输出的结果是（　　）。

　　A) 11　3　　　　　B) 3　11　　　　　C) 13　3　　　　　D) 3　13

4. 在窗体上画一个命令按钮（其 Name 属性为 Command1），然后编写以下代码：

```
Option Base 1
Private Sub Command1_Click()
    Dim a(10) As Integer, p(3) As Integer
    k = 5
    For i = 1 To 10
        a(i) = i
    Next i
    For i = 1 To 3
        p(i) = a(i * i)
    Next i
    For i = 1 To 3
        k = k + p(i) * 2
    Next i
    Print k
End Sub
```

程序运行后,单击命令按钮,输出结果是( )。

    A) 35   B) 28   C) 33   D) 37

5. 在窗体上画一个命令按钮(其 Name 属性为 Command1),然后编写以下代码:

```
Option Base 1
Private Sub Command1_Click()
    Dim a
    a = Array(1, 2, 3, 4)
    j = 1
    For i = 4 To 1 Step - 1
        s = s + a(i) * j
        j = j * 10
    Next i
    Print s
End Sub
```

程序运行后,单击命令按钮,输出结果是( )。

    A) 4321   B) 12   C) 34   D) 1234

6. 在窗体上画一个命令按钮(其 Name 属性为 Command1),然后编写以下代码:

```
Option Base 1
Private Sub Command1_Click()
    Dim a(4, 4)
    For i = 1 To 4
        For j = 1 To 4
            a(i, j) = (i - 1) * 3 + j
        Next j
    Next i

    For i = 3 To 4
        For j = 3 To 4
            Print a(j, i);
        Next j
        Print
    Next i
End Sub
```

程序运行后,单击命令按钮,输出结果是( )。

    A) 6 9   B) 7 10   C) 8 11   D) 9 12

        7 10   8 11   9 12   10 13

7. 在窗体上画一个命令按钮(其 Name 属性为 Command1),然后编写以下代码:

```
Private Sub Command1_Click()
    Dim a(5)
    For i = 0 To 4
        a(i) = i + 1
        t = i + 1
        If t = 3 Then
            Print a(i);
            a(t - 1) = a(i - 2)
        Else
            a(t) = a(i)
```

```
        End If
        If i = 3 Then a(i + 1) = a(t - 4)
        a(4) = 1
        Print a(i);
    Next i
End Sub
```

程序运行后,单击命令按钮,输出结果是(　　)。

　　A)１２３１４１　　　　B) 123141　　　　　C)１１１２３４　　　D) 111234

8. 在窗体上画一个命令按钮(其 Name 属性为 Command1),然后编写以下代码:

```
Private Sub Command1_Click()
    Dim M(10) As Integer
    For k = 1 To 10
        M(k) = 12 - k
    Next k
    x = 6
    Print M(2 + M(x))
End Sub
```

程序运行后,单击命令按钮,输出结果是(　　)。

　　A) 6　　　　　　　　B) 5　　　　　　　　C) 4　　　　　　　　D) 3

9. 在窗体上画一个命令按钮(其 Name 属性为 Command1),然后编写以下代码:

```
Private Sub Command1_Click()
    Dim a(5, 5)
    For i = 1 To 3
        For j = 1 To 4
            a(i, j) = i * j
        Next j
    Next i
    For n = 1 To 2
        For M = 1 To 3
            Print a(M, n);
        Next M
    Next n
End Sub
```

程序运行后,单击命令按钮,输出结果是(　　)

　　A)１２３４５６　　　B) 123456　　　　　C) 123　456　　　D)１２３２４６

10. 在窗体上画一个命令按钮(其 Name 属性为 Command1),然后编写以下代码:

```
Private Sub Command1_Click()
    Dim n() As Integer
    Dim a As Integer, b As Integer
    a = InputBox("Enter the first number")
    b = InputBox("Enter the second number")
    ReDim n(a To b)
    For k = LBound(n, 1) To UBound(n, 1)
        n(k) = k
        Print "n("; k; ") = "; n(k)
```

```
      Next k
End Sub
```

程序运行后,单击命令按钮,在输入对话框中输入 2 和 3,输出结果是( )。

      A) n(2)＝2   B) n(2)＝2   n(3)＝3

           n(3)＝3

      C) 2   3   D) n(2)＝3

                                         n(3)＝2

二、上机实验

1. 在名称为 Form1 的窗体上画包含 3 个命令按钮的控件数组,名称为 cmd1,下标分别为 0、1、2,Caption 分别为"开始"、"停止"和"退出"。通过属性窗口设置各命令按钮的属性,使得程序开始运行时,"停止"按钮不可见,"退出"按钮不可用。

2. 从键盘上输入 10 个整数,并放入一个一维数组中,然后将其前 5 个元素与后 5 个元素互换,即第 1 个元素与第 10 个元素互换,第 2 个元素与第 9 个元素互换…第 5 个元素与第 6 个元素互换,如图 7-16 所示,分别输出数组原来各元素的值和互换后各元素的值。

交换前:

2	4	6	8	10	1	3	5	7	9

交换后:

9	7	5	3	1	10	8	6	4	2

图 7-16   10 个整数的互换

解析:假设 10 个整数的名称和对应的值分别为 $a(1)＝2$、$a(2)＝4$、$a(3)＝6 \cdots a(10)＝9$,则是 $a(1)$ 与 $a(10)$ 互换、$a(2)$ 与 $a(9)$ 互换、$a(3)$ 与 $a(8)$ 互换、$a(4)$ 与 $a(7)$ 互换、$a(5)$ 与 $a(6)$ 互换,共进行 5 次互换,可用 For 循环 5 次,在循环控制变量和下标变量的下标 1、2、3…10 之间找出对应关系。

3. 编写程序,把下面的数据输入到一个二维数组中:

```
56  58  96  23
85  20  19  45
74  56  95  23
55  44  86  62
```

然后执行以下操作:

(1) 输出矩阵两个对角线上的数;

(2) 分别输出各行和各列的和;

(3) 交换第一行和第三行的位置;

(4) 交换第二列和第四列的位置;

(5) 输出处理后的数组。

4. 在窗体上画两个文本框,名称都为 Text,再画一个命令按钮,名称为"计算"。数列"1,1,3,5,9,15,25,41,…"的规律是从第 3 个数开始,每个数是它前面两个数的和加 1。在其中一个 Text 框中输入整数 40,单击"计算"按钮,则在另一个文本框中显示该数列第 40 项的值(提示:因数据较大,应使用 Long 型变量)。

第8章　对话框与菜单程序设计

在 Windows 环境下，几乎所有的应用软件都通过菜单实现各种操作。对于 Visual Basic 应用程序来说，简单的应用程序只由一个窗口和几个控件组成，而复杂的程序则可以使用菜单来增强应用程序的功能。在基于 Windows 的应用程序中，对于既可以向用户显示信息，又可以提示用户输入应用程序所需数据的窗体，我们称之为对话框。Visual Basic 提供了 InputBox 函数和 MsgBox 函数，用这两个函数可以建立简单的对话框，但是在有些情况下这样的对话框无法满足实际的需要，为此，Visual Basic 允许用户根据需要在窗口上设计较为复杂的对话框。

8.1　自定义对话框

在很多情况下，系统定义的对话框在应用上都有一定的限制，为了满足需要，用户可以根据具体需要建立自己的对话框。自定义对话框也称为定制对话框，这种对话框由用户根据自己的需要对窗体进行操作才实现。

用窗体作为自定义对话框，需要在应用程序中增加新的窗体，并在窗体上增加输入和输出对象（如命令按钮、选取按钮或文本框等），它们可以为应用程序接收信息。典型的状态是，对话框有两个命令按钮，其中一个按钮开始动作，另一个按钮关闭该对话框不做任何改变，这两个按钮的 Caption 属性分别设置成"确定"与"取消"。

一般情况下，还要通过设置窗体的一些属性来定义窗体的外观，用户有很大的自由来定义对话框的外观。对话框可以是固定的或可移动的、模式的或无模式的。因为对话框是临时性的，用户通常不需要对它进行移动、改变尺寸、最大化或最小化等操作，所以对话框通常不包括菜单栏、窗口滚动条、"最小化"与"最大化"按钮、状态条或者尺寸可变的边框。

与对话框窗体外观相关的属性如表 8-1 所示。

表 8-1　与对话框窗体外观相关的属性

属　　性	值	说　　明
Borderstyle	0、1、3	边框类型为固定的单个边框，防止对话框在运行时被改变尺寸
ControlBox	False	取消控制菜单
MaxButton	False	取消"最大化"按钮
MinButton	False	取消"最小化"按钮

如果取消了"控制"菜单，则必须向用户提供退出该对话框的其他方法。实现的方法通常是在对话框中添加命令按钮，其 Caption 属性一般为"取消"或者"退出"，并在该按钮的

Click 事件中添加代码隐藏或卸载该对话框。

Unload 语句把对话框从内存中删除,而 Hide 方法只是通过设置对话框的 Visible 属性为 False 将其从视窗中删除。当卸载窗体时,该窗体本身以及它的空间都从内存中卸载(包括在运行时装入的任何控件)。当隐藏窗体时,该窗体以及它的空间仍然留在内存中。当需要节省内存空间时,最好卸载窗体,因为卸载窗体可以释放内存。如果用户经常使用对话框,可以选取隐藏窗体。隐藏窗体仍可以保留与它关联的任何数据,包括属性值、打印输出和动态创建的控件。窗体被隐藏后,可以继续从代码中引用隐藏窗体的属性与控件。

当应用程序运行时,启动窗体后会自动装入。若想在应用程序中出现第二个窗体或对话框,可以用 Show 方法实现。如果要将窗体作为模式对话框显示,把 Show 方法的 Style 参数值设置为 vbModal(一个值为 1 的常数)。例如,将 frmAbout 作为模式对话框显示,则可以使用 frmAbout. Show vbModal。如果要将窗体作为无模式对话框显示,使用不带 Style 参数的 Show 方法。

例 8.1 使用窗体设计一个"设置服务器"的自定义对话框,如图 8-1 和图 8-2 所示。

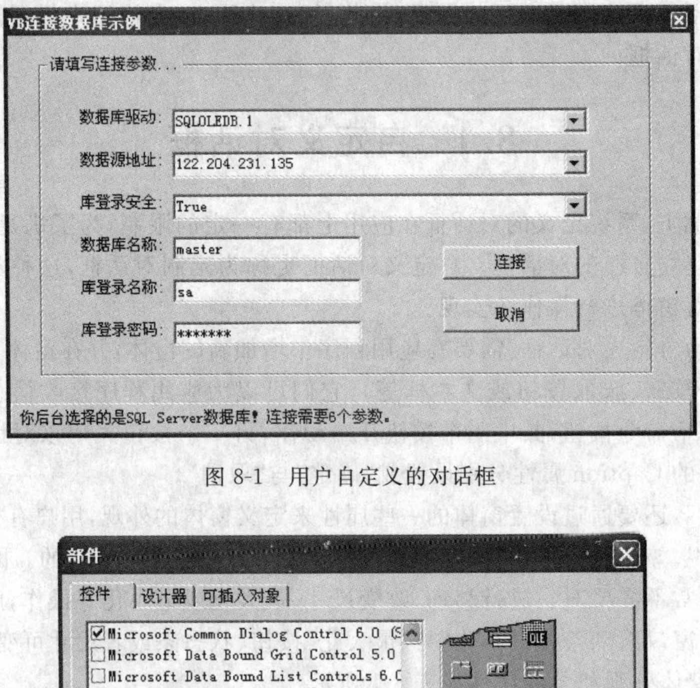

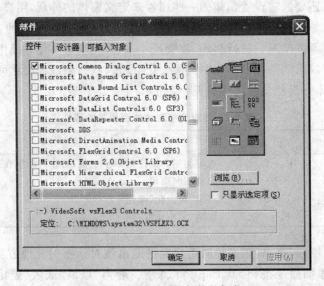

图 8-1　用户自定义的对话框

图 8-2　通用对话框部件的加载

8.2 通用对话框的操作

8.2.1 通用对话框

在 Windows 系统中,一些常用的对话框功能是非常相似的,例如打开、另存为、颜色、字体、打印和帮助对话框,这些对话框称为通用对话框。

通用对话框是一种 ActiveX 控件,这个控件文件在系统目录下名称为 Comdlg16.ocx 或 Comdle32.ocx。一般情况下,启动 Visual Basic 6.0 后,在工具箱中没有通用对话框控件(CommonDialog 控件)。为了把 CommonDialog 控件添加到工具箱中,可以按以下步骤进行操作:

(1) 在"工程"菜单中选择"部件"命令,打开"部件"对话框。

(2) 在对话框中选择"控件"选项卡,然后在控件列表框中选中 Microsoft Common Dialog Control 6.0 复选框,如图 8-2 所示。

(3) 单击"确定"按钮,CommonDialog 控件 🔲 就出现在工具箱中。

将 CommonDialog 控件添加到工具箱后,有两种方法可以把通用对话框添加到窗体上:

(1) 单击工具箱中的 CommonDialog 控件,然后在窗体的适当位置放置该控件;

(2) 双击 CommonDialog 控件,则该控件出现在窗体上的默认位置。

CommonDialog 控件被添加到窗体上后,它将自动调整本身的大小,只以一种大小显示。在程序运行时,用户看不到该对象(由于该对象不可见,因此可以把它放置在窗体上的任何位置)。将通用对话框对象放置在窗体上后,就可以在程序中使用它了。

通用对话框对象允许在程序中显示 6 种标准对话框。每种标准对话框都可以使用该对话框相应的方法来显示,而这些方法可以由一个通用对话框提供。通用对话框对象提供的标准对话框以及在程序中使用的指定对话框的方法如表 8-2 所示。

为了在程序中显示通用对话框,需要在事件过程中使用合适的对象方法来调用通用对话框对象。必要时,必须在程序代码调用通用对话框对象之前设置通用对话框的一个或多个属性。在程序运行时,用户在对话框中输入内容后,用户的输入内容在对话框的一个或多个属性中返回,然后在程序中就可以使用这些属性来完成有意义的工作了。

上面介绍了使用相应的方法显示不同类型的对话框,用户还可以通过设置通用对话框的 Action 属性控制通用对话框的类型,如表 8-2 所示,使用方法与用 Action 属性值打开对应的对话框相同。

表 8-2 CommonDialog 控件的方法

方　法	属性(Action 的值)	显示的对话框
ShowOpen	1	显示"打开"对话框
ShowSave	2	显示"另存为"对话框
ShowColor	3	显示"颜色"对话框
ShowFont	4	显示"字体"对话框
ShowPrinter	5	显示"打印"或"打印选项"对话框
ShowHelp	6	调用 Windows 帮助引擎

对话框与菜单程序设计

通用对话框除了具有 Action 属性外,还具有几个基本属性。

- DialogTiltle:该属性是通用对话框显示时的标题,是一个 String 值。在显示"颜色"、"字体"或"打印"对话框时,CommonDialog 控件忽略 DialogTiltle 属性设置。在"打开"对话框中,默认的标题是"打开"。在"另存为"对话框中,默认的标题是"另存为"。

- CancelError:该属性决定用户单击了对话框的"取消"按钮时是否产生错误信息。它是一个 Boolean 值,如果该属性被设置为 True,则当用户选择"取消"按钮时,全局对象 Err 的 Number 属性被设置为 32755,在程序中可以通过判断此变量来进行相应的操作。

通用对话框的属性既可以在属性窗口中设定,也可以在"属性页"对话框中设定。对于调出"属性页"对话框,可以在窗体上右击 CommonDialog 控件,选择"属性"命令,还可以在属性窗口中双击"自定义","属性页"对话框如图 8-3 所示。

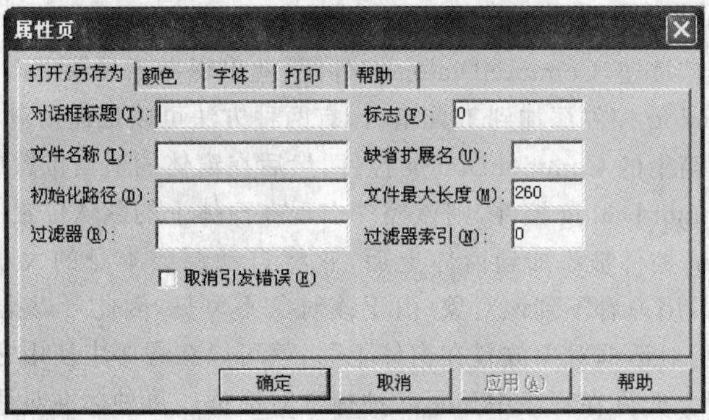

图 8-3   通用对话框的属性页

8.2.2   通用对话框的使用

1. "打开"和"另存为"对话框

使用 CommonDialog 控件显示"打开"和"另存为"对话框有两种途径:

方法一:使用 ShowOpen 和 ShowSave 方法。例如要显示"打开"对话框,可以用语句"CommonDialog1. ShowOpen"。

方法二:设置 Action 属性值,当值为 1 时显示"打开"对话框,当值为 2 时显示"另存为"对话框。例如要显示"另存为"对话框,可以使用"CommonDialog1. Action=2"。

两个对话框均可通过指定驱动器、目录、文件扩展名和文件名显示。"打开"和"另存为"对话框如图 8-4 所示。

将"打开"和"另存为"对话框放在一起,可以组成文件对话框,它们共同的属性如下。

(1) DefaultEXT 属性:设置对话框中的默认文件类型,即扩展名,是一个字符串 (String)值。该扩展名显现在"文件类型"下拉列表内,如果在打开或保存的文件名中没有给出扩展名,则系统自动将 DefaultEXT 属性值作为其扩展名。

(2) DialogTitle 和 CancelError 属性:这两个属性在上一节已经介绍过,这里就不再赘述。

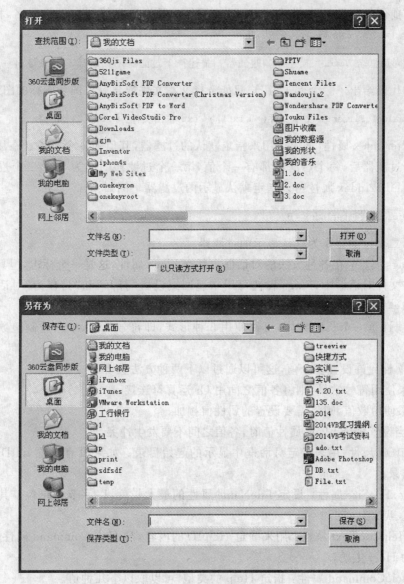

图 8-4 "打开"和"另存为"对话框

　　(3) FileName 属性：该属性用来设置或返回要打开或保存的文件路径及文件名,可以在打开对话框之前设置 FileName 属性设定初始文件名,运行时选定文件夹开关关闭对话框后,可以用此属性获得选取文件的路径及文件名。

　　(4) FileTile 属性：该属性用来指定对话框中所选择的文件名(不包括路径)。该属性与 FileName 属性的区别是 FileName 属性用来指定完整的路径,如"D:\VB 书稿\第 8 章\目录. doc",而 FileTile 属性只指定文件名,如"目录. doc"。

　　(5) Filter 属性：用来指定对话框中显示的文件类型。用该属性可以设置多个文件类型,供用户在对话框的"文件类型"下拉列表中选择。

　　该属性是一个 String 值,其值由一对或多对文本字符串组成,每对字符串用管道符"|"

隔开,在"|"前面的部分称为描述符,后面的部分一般为通配符和文件扩展名,称为"过滤器",例如 * .txt、* .exe 等。其格式如下:

[窗体.]对话框名.Filer = 描述符 1|过滤器 1|描述符 2|过滤器 2|描述符 3|过滤器 3|…

下面的代码给出了一个例子,用户只能选择文本文件或含有位图和图标的图形文件:

CommonDialog1.Filter = "文本文件(* .txt)| * .txt|位图文件(* .bmp)| * .bmp"

(6) FilterIndex 属性:该属性用来指定默认的过滤器,其值为一个整数。在用 Filter 属性设置多个过滤器后,每个过滤器都有一个值,第一个过滤器的值为 1,第二个过滤器的值为 2······用 FilterIndex 属性可以指定默认显示的过滤器。例如:

CommonDialog1.FilterIndex = 3

将把第二个过滤器作为默认显示的过滤器。

(7) Flags 属性:在各种方法的对话框中都有 Flags 属性,这是一个标志,但具体含义并不相同。在文件对话框中,Flags 属性可用来返回或设置"打开"和"另存为"对话框的标志选项。例如,当覆盖文件之类的动作发生时,可以使用 Flags 属性提示用户。

Flags 属性是一个长整数值,可以使用 3 种形式,即符号常量、十六进制整数和十进制整数。

Flags 属性允许设置多个值,这可以通过以下两种方法实现。

- 如果使用符号常量,则将各值之间用 Or 运算符连接。
- 如果使用数值,则将需要设置的属性值相加。

此外,当设置多个 Flags 属性值时,各值之间不要发生冲突。

(8) InitDir 属性:用来指定对话框中显示的起始目录。如果没有设置 InitDir 属性,则显示当前目录。

(9) MaxFileSize 属性:设定 FileName 属性的最大长度,以字节为单位。其取值范围为 1~2048,默认为 256。

(10) HelpConText 属性:用来确定 HelpID 的内容,与 HelpCommand 属性一起使用,指定显示的 Help 主题。

(11) helpCommand 属性:指定 Help 的类型,可以取以下几种值。

- 1:实现一个特定上下文的 Help 屏幕,该上下文应先在通用对话框控件的 HelpConText 属性中定义。
- 2:通知 Help 应用程序,不再需要指定的 Help 文件。
- 3:显示一个帮助文件的索引屏幕。
- 4:显示标准的"如何使用帮助"窗口。
- 5:当 Help 文件有多个索引时,该设置使用 HelpConText 属性定义的索引称为当前索引。
- 257:显示关键词窗口,关键词必须在 HelpConText 属性定义。

例 8.2 编写程序,实现图像文件的选择和显示。

在窗体上设置图形框(Picture1)、通用对话框(CommonDialog1)和两个命令按钮 Command1、Command2,两个命令按钮的标题分别为"加载图片"和"清除图片",程序运行结果如图 8-5 所示。

图 8-5　图片加载运行结果

具体代码如下：

```
Private Sub Command1_Click()
    CommonDialog1.Filter = "JPEG 文件(＊.jpg)|＊.jpg|位图(＊.bmp)|＊.bmp"
    '设置对话框的过滤器
    CommonDialog1.FilterIndex = 2                    '把位图放在过滤器显示区
    CommonDialog1.ShowOpen                           '打开"打开"对话框
    Picture1.Picture = LoadPicture(CommonDialog1.FileName)  '加载图片
End Sub
Private Sub Command3_Click()
    Picture1.Picture = LoadPicture("")               '清除图片
End Sub
```

例 8.3　编写程序，完成可打开、保存和另存为一个文本文件的功能。

在窗体上添加一个 CommonDialog1 控件，一个标题为 Text1 的文本控件，3 个标题分别为"打开文件"、"保存文件"、"退出"的命令按钮 Command1、Command2、Command3，并设置窗体的标题为"打开保存文档示例"、Text1 初始值为空、多行显示，并配置上水平、垂直滚动条，其运行界面如图 8-6 所示。

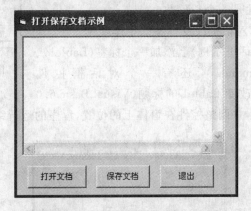

图 8-6　打开、保存文档示例

编写 Command1、Command2、Command3 事件过程,具体如下:

```
Private Sub Command1_Click()
CommonDialog1.Filter = "所有文件( * . * )| * . * |文本文件( * .txt)| * .txt"
                                                '设置对话框的过滤器
CommonDialog1.FilterIndex = 2                   '显示过滤器列表中的第二项
CommonDialog1.ShowOpen                          '打开对话框
Open CommonDialog1.FileName For Input As #1     '打开磁盘上的文本文档
Do While Not EOF(1)            '判断文件指针是否到了文档末尾,如果是,则 EOF(1)为真
    Input #1, S                                 '把文件内容读入内存变量 S 中
    Text1.Text = Text1.Text & S & Chr(13) + Chr(10)
Loop
Close #1
End Sub

Private Sub Command2_Click()
CommonDialog1.ShowSave                          '打开"另存为"对话框
Open CommonDialog1.FileName For Output As #1    '把 Text 控件中的内容写入磁盘
    Print #1, Text1.Text
Close #1
End Sub
Private Sub Command3_Click()
Unload Me
End Sub
```

8.2.3 "颜色"对话框

在"颜色"对话框中可以从调色板上选择颜色,或者是生成和选择自定义颜色。如果使用"颜色"对话框,先设置 CommonDialog 控件中与"颜色"对话框相关的属性,然后使用 ShowColor 方法或者通过设置 Action 属性值为 3 显示"颜色"对话框,如图 8-7 所示。

"颜色"对话框具有与文件对话框相同的一些属性,例如 CancelError、DialogTitle、HelpCommand、HelpContext 属性。

Color 属性用来设置初始颜色,并把对话框中选择的颜色返回给应用程序。该属性是一个长整数。

例 8.4　使用"颜色"对话框改变标签的字体颜色。

首先在窗体(颜色对话框示例)上添加一个标签(Lable1)、一个命令按钮(Command1),还有一个对话框控件(CommonDialog1),然后改变 Lable1 的标题(Visual Basic 6.0 程序设计)和字号(三号),并调整控件在窗体上的位置,程序的运行结果如图 8-8 所示。

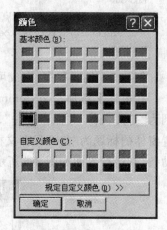

图 8-7 "颜色"对话框

图 8-8　更改字体颜色的运行结果

命令按钮的 Click 事件代码如下：

```
Private Sub Command1_Click()
    CommonDialog1.ShowColor                          '打开"颜色"对话框
    Label1.ForeColor = CommonDialog1.Color
    '返回"颜色"对话框选中的颜色赋给 Label 的前景色
End Sub
```

8.2.4 "字体"对话框

在 Visual Basic 中，文字的字体、大小、颜色、样式可以通过"字体"对话框或字体属性设置，使用 CommonDialog 控件的 ShowFont 方法或设置 Action 属性值为 4 可以显示"字体"对话框。"字体"对话框重要的属性有 Color、FontName、FontSize、FontBold、FontItalic、FontStrikethru、FontUnderline、Max 等。其字体组属性的对应关系如图 8-9 所示。

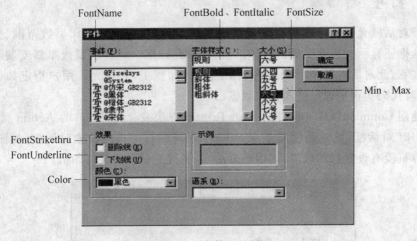

图 8-9 "字体"对话框

Flags 属性：设置所显示的字体类型，数据类型为 Long。

注意：在显示"字体"对话框前，必须先将 Flags 属性设置为 cdlCFScreenFonts、cdlCFPrinterFonts 或 cdlCFBoth，否则会发生字体不存在的错误。

Flages 属性应取下列值：

cdlCFScreenFonts	&H1	屏幕字体
cdlCFPrinterFonts	&H2	打印机字体
cdlCFBoth	&H3	打印机字体和屏幕字体
cdlCFEffects	&H100	显示删除线和下划线检查框以及颜色组合框

例 8.5 使用"字体"对话框设置文本框中显示的字体。

在标题为"字体设置对话框示例"的窗体上放置一个标签（Label）、一个命令按钮（Command1）和一个对话框控件（CommonDialog1），并把命令按钮的标题改为"改变字体"。程序运行后的结果如图 8-10 所示。

编写命令按钮（Command1）的 Click 事件过程如下：

图 8-10 字体设置

```
Private Sub Command1_Click()
CommonDialog1.Flags = 1
CommonDialog1.ShowFont
With Label1.Font
    .Name = CommonDialog1.FontName
    .Size = CommonDialog1.FontSize
    .Bold = CommonDialog1.FontBold
    .Italic = CommonDialog1.FontItalic
    .Underline = CommonDialog1.FontUnderline
End With
End Sub
```

程序运行时,单击"改变字体"按钮就可以打开"字体"对话框,利用"字体"对话框设置文本的字体。

8.2.5 "打印"对话框

"打印"对话框允许用户指定打印输出的方法,用户可以指定打印页数范围、打印份数等。此对话框还显示有当前安装的打印机信息,并允许用户进行配置或重新安装新的默认打印机。注意,此对话框并不真正地将数据送到打印机上,它仅允许用户指定如何打印数据,必须编写代码实现用选定格式打印数据。

通过使用 CommonDialog 控件的 ShowPrinter 方法或者设置控件的 Action 属性值为 5 可显示"打印"对话框,此对话框就是 Windows 系统的打印机的设置对话框,如图 8-11 所示。当计算机没有设置打印机时,调用此方法,则系统会提示安装打印机。

图 8-11 "打印"对话框

运行时,当用户在"打印"对话框中做出选择后,下列属性将包含用户选项的信息。

(1) Copies 属性:指定要打印的份数。如果把 Flags 属性设置为 262144,则 Copies 属性值为 1。

(2) FromPage 和 ToPage 属性:指定打印文档的页码范围,分别表示打印的起始页和结束页。如果使用此属性,必须把 Flags 属性设置为 2。

(3) HDC 属性:选定打印机的设备上下文,用于 API 调用。

(4) Orientation 属性:用于页面的定向(画像或风景,即横向或纵向)。

"打印"对话框的 Max 和 Min 属性用来限制 FromPage 和 ToPage 的范围,其中,Min 属性指定所允许的起始页码,Max 属性指定所允许的最后页码。

"打印"对话框还有一个 PrinterDefault 属性,该属性是一个布尔值,默认时为 True。当 PrinterDefault 属性为 True 时,可以使用 Printer 对象按选定的格式打印数据,同时 Visual Basic 将对 Win.ini 文件做相应的修改,所有在"打印"对话框的"设置"部分中做出的变更都将成为打印机的当前默认设置;如果该属性为 False,则对打印机设置的改变不会保存在 Win.ini 文件中,也不会改变打印机的当前默认设置。

8.3 菜单的设计

8.3.1 菜单的类型

Windows 环境下的应用程序一般为用户提供 3 种菜单,即窗体控制菜单、下拉菜单和快捷菜单,如图 8-12 所示。

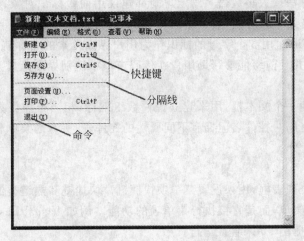

图 8-12 下拉菜单和快捷菜单

8.3.2 菜单编辑器

1. 启动菜单编辑器的 3 种方法

(1) 单击工具栏上的"菜单编辑器"按钮。

(2) 选择"工具"→"菜单编辑器"命令,或按 Ctrl+E 组合键。

(3) 窗体快捷菜单:在窗体上右击,然后选择"菜单编辑器"命令。

菜单编辑器启动后的界面如图 8-13 所示。

2. 菜单编辑器中的各项说明

1) 名称

"名称"输入框也是一个文本框,用来输入各菜单项的控制名,相当于菜单对象的 Name

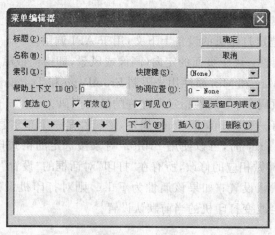

图 8-13 "菜单编辑器"窗口

属性。它用来在编辑程序代码时代表菜单项,不会在菜单中出现。菜单设置中的每一项,无论是菜单名还是菜单项,只要在标题框中已输入标题,就必须为其取一个控制名,就像命令按钮、文本框必须要设置 Name 属性一样。

为了使代码更加可读和更易于维护,在菜单编辑器中设置 Name 属性时遵循已确定的命名约定是一个好办法。大多数命名约定规则都建议用前缀标识对象,其后紧跟菜单的名称(如 File)。在命名菜单的时候,通常由前缀 mun 加上一些有意义的字符,例如"文件"菜单一般命名为 munFile。用 3 个字母的标识作为用户界面元素的名称前缀有助于在大型程序中区分事件过程,并且前缀能够帮助用户在代码窗口中识别界面元素。

2)索引

"索引"输入框为一个文本框,用来建立控件数组下标,相当于控件数组的 Index 属性。控件数组是一组享有同一控件名但拥有不同属性的控件,即所有的菜单名称都相同,只是用不同的 Index 属性区分。

3)快捷键

"快捷键"为一个列表框,用来设置菜单项快捷键。快捷键和热键类似,只是在用户按了快捷键后,不是打开菜单,而是直接执行菜单项的功能。例如 Visual Basic 6.0 的"运行"命令,可以使用它的快捷键 F5 来直接运行程序。

在快捷键列表框右侧有一个下拉箭头,单击这个箭头会出现一个列表,其中列出了可供用户选择的快捷键。快捷键将自动出现在菜单上,如果要删除快捷键应选取列表顶部的"None",注意在菜单条的第一级菜单不能设置快捷键。

用户可以为频繁使用的菜单项指定一个快捷键,它提供一种键盘单步访问的方法,而不是像使用热键那样,先按住 Alt 键,再按菜单标题访问字符,然后按菜单项访问字符的三步方法。快捷键的赋值包括功能键与控制键的组合,如 Ctrl+F1 组合键或 Ctrl+A 组合键。在设置快捷键后,快捷键将自动出现在菜单中相应菜单项的右边,因此,不需要在"菜单编辑器"的"标题"框中输入 Ctrl+key 等。

4)帮助上下文 ID

"帮助上下文 ID"是一个文本框,用户可以输入指定一个唯一的数值,这个数值用来选择帮助文件中特定的页或与该菜单上下文相关的帮助文件。

5）协调位置

"协调位置"是一个列表框，单击其右侧的下拉箭头会出现一个下拉列表，用户可以通过这一列表框确定菜单是否出现或怎样出现。该列表中有下面 4 个选项。

- 0-None：窗口的顶层菜单不在对象菜单栏中显示，默认值。
- 1-Left：窗体的菜单项在对象菜单栏的左边位置显示。
- 2-Middle：窗体的菜单项在对象菜单栏的中间位置显示。
- 3-Right：窗体的菜单项在对象菜单栏的右边位置显示。

6）复选

"复选"决定在菜单项的左边是否设置复选标记。所谓复选标记，就是在菜单项的前面加上"√"。在程序运行时选择该项，可以在相应的菜单项旁加上"√"，不选择该项时则没有"√"，通常用它指出切换选项的开关状态。它不改变菜单项的作用，也不影响事件过程对任何对象的执行效果，只是设置或重新设置菜单项旁的符号。

使用这个属性，一是可以指明某个菜单项当前是否处于活动状态，二是可以表示当前选择的是那个菜单项。

菜单项的标记通常是动态地加上或取消的，因此在应用程序代码中根据执行情况进行设置。在程序运行时要在一个菜单项上增加或删除复选标志，需要在代码中设置它的 Checked 属性。

假如一个菜单项的名称是 mnuB，则在某个时刻在它前面添加标记的代码为：

```
mnuB.Checked = True
```

如果要删除该菜单项的标记，只需要把它的 Checked 属性设置为 False，例如：

```
munB.Checked = FalseD
```

但是一般情况下，在单击一个菜单项时，希望交替地增加或删除复选标志，这时可以设置它的 Checked 属性：

```
munB.Checked = Not munB.Checked
```

7）有效

在典型的 Windows 应用程序中，并非所有的菜单项都同时可用。"有效"决定是否让菜单项对事件做出响应，相当于控件的 Enabled 属性。当有效复选框被选中时（即属性值被设置为 True），表示当前亮的菜单项可以执行；未被选中时（即属性值被设置为 False），相应菜单项在执行时变为灰色，表示不能被用户操作。

在程序运行时，菜单项中的某些菜单项应能根据执行条件的不同进行动态变化，即当条件满足时可以执行，否则不能执行。这样，既可以提示用户，又可以防止出现误操作。例如，在典型的"编辑"（Edit）菜单中，只有当剪贴板上保存有数据时"粘贴"（Paste）命令才有效；当剪贴板中没有内容时，"粘贴"命令就没有了使用意义，这时候可以把它变为灰色，表示不可用。

假如一个菜单项的名称是 munEdit，用以下代码可以使它无效：

```
munEdit.Enabled = False
```

如果在某个时刻想使它重新有效，只需要使用以下代码：

```
munEdit.Enabled = True
```

8）可见

"可见"选项决定菜单项在程序运行时是否被显示，相当于控件的 Visible 属性。默认情况下，此复选框被选中（即属性值被设置为 True），表示当前菜单项在程序运行时被显示出来；未被选中时（即属性值被设置为 False），则该菜单项在运行时和开发环境下都不会在窗体中显示。

如果一个菜单项是不可见的，则其所有子菜单是不可见的。当一个菜单项是不可见的时，菜单中的其余菜单项会上移以填补空出的位置。如果菜单项位于菜单栏上，则菜单栏上其余的控件会左移以填补该位置。

注意：使菜单控件不可见也产生使之无效的作用，因为该控件通过菜单、热键或者快捷键都再无法访问。

在运行时，要使一个菜单控件可见或不可见，可以在代码中设置其 Visible 属性。假如一个菜单项的名称为 munP，则如果在某个时刻使它不可见，可以使用以下代码：

```
munP.Visible = Flase
```

在某个时刻又需要该菜单项显示，则把它的 Visible 属性设置为 True 就可以了，例如：

```
munP.Visible = True
```

9）显示窗口列表

该复选框用于设置在使用多文档应用程序时是否使菜单控件有一个包含打开的多文档文件子窗口的列表框。

3. 用菜单编辑器建立菜单

建立一个菜单，首先要列出菜单的组成部分，然后在"菜单编辑器"的对话框中按照菜单组成进行设计。使用"菜单编辑器"在当前窗体中创建菜单界面的一般步骤如下：

（1）用前面介绍的打开"菜单编辑器"的方法打开"菜单编辑器"。

（2）"菜单编辑器"启动后会出现一个空项，在此项的"标题"栏中为第一个菜单标题输入希望在菜单栏中显示的文本。如果希望某一字符成为该菜单项的热键，也可以在该字符前面加上"&"字符。在菜单中，这一字符会自动加上一条下划线。

（3）在"名称"文本框中输入将用来在代码中引用该菜单项的名字。

（4）单击向左或向右箭头按钮可以改变该菜单项的缩进级。

（5）如果有需要，还可以设置控件的其他属性。这一操作可以在菜单编辑器中进行，也可以在属性窗口中进行。

（6）单击"下一个"按钮就可以再建一个菜单项。

（7）重复第（3）到第（6）步，可以生成其他的菜单项。

（8）检查所建立的菜单，看是否需要修改。可以单击"插入"在现有的菜单项之间增加一个菜单项；也可以单击向上或向下的箭头按钮，改变现有的菜单项顺序；选中某个菜单项，可以单击"删除"按钮删除该菜单项，还可以改变菜单项的其他属性。

（9）如果窗体中所有的菜单项都已创建并确认无误，单击"确定"按钮关闭"菜单编辑器"，则创建的菜单将显示在窗体上。

当把菜单增加到窗体上后,就可以编写事件过程来处理菜单命令了。菜单最主要的事件就是 Click 事件,对该事件编程就可以实现菜单的操作。

下面看几个例子,通过这几个例子进一步学习菜单的使用。

例 8.6 设计一个菜单,该菜单中含有一个主菜单项和若干个子菜单项。当单击子菜单项时,分别显示十进制、八进制和十六进制数,并在相应的菜单项前面加上"√"标记。

根据题意,菜单由一个主菜单和若干个子菜单组成。我们把主菜单称为"显示数制",它含有 5 个子菜单,分别为"十进制"、"八进制"、"十六进制"、"清除"和"退出"。此外,在窗体上建立一个文本框,用来输入数值;建立 3 个标签,分别显示十进制、八进制和十六进制数,并有相应的说明信息。

按以下步骤操作:

第一步:在窗体上建立一个文本框、6 个标签,其属性设置如表 8-3 所示。

表 8-3 在窗体上建立的控件的属性

控件	Name	Caption	Text	BorderStyle
文本框	Text1	无	空白	默认
标签 1	Label1	十进制	无	默认
标签 2	Label2	八进制	无	默认
标签 3	Label3	十六进制	无	默认
标签 4	Label4	空白	无	1
标签 5	Label5	空白	无	1
标签 6	Label6	空白	无	1

设计完成后的窗体如图 8-14 所示。

图 8-14 菜单程序示例第一步的运行界面

第二步:设计菜单项。

菜单中有一个主菜单项和 5 个子菜单项。在设计菜单时,子菜单项"清除"有标记"√",其他子菜单项均没有标记。各菜单项的属性设置如表 8-4 所示。

表 8-4 各菜单项的属性

标题	名称	内缩符号	复选
显示数制	Numsys	无	无
八进制	Octv	1	无
十进制	Dec	1	无
十六进制	Hexv	1	无
清除	Clean	1	有
退出	Quit	1	无

按上面所列的属性建立菜单,建立完成后的菜单设计窗口如图 8-15 所示。

第三步:编写程序代码。

```
Private Sub octv_Click()
    answer = Val(Text1.Text)
    Octv.Checked = True
    Dec.Checked = False
    Hexv.Checked = False
    Clean.Checked = False
    Quit.Checked = False
    Label5.Caption = Oct(answer)
End Sub
```

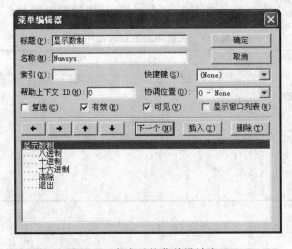

图 8-15 完成后的菜单设计窗口

该过程首先取出文本框中的值,并把它赋给变量 Answer,然后把子菜单项 Octv 的 Checked 属性设置为 True,把其余子菜单的 Checked 属性设置为 False。最后用 Otc $ 函数 把文本框中的十进制数值转换为八进制数,并在第 5 个标签中显示出来。

另外两个子菜单项的事件过程与上面的事件过程类似,请参考:

```
Private Sub Dec_Click()
    answer = Val(Text1.Text)
    Octv.Checked = False
    Dec.Checked = True
    Hexv.Checked = False
    Clean.Checked = False
    Quit.Checked = False
    Label4.Caption = Format(answer)
End Sub

Private Sub Hexv_Click()
    answer = Val(Text1.Text)
    Octv.Checked = False
    Dec.Checked = False
    Hexv.Checked = True
    Clean.Checked = False
```

```
        Quit.Checked = False
        Label6.Caption = Hex $ (answer)
    End Sub

    Private Sub Clean_Click()
        Text1.Text = ""
        Octv.Checked = False
        Dec.Checked = False
        Hexv.Checked = False
        Clean.Checked = True
        Quit.Checked = False
        Label4.Caption = ""
        Label5.Caption = ""
        Label6.Caption = ""
    End Sub

    Private Sub Quit_Click()
        End
    End Sub
```

上述程序运行后,首先在文本框中输入一个值,然后单击主菜单项"显示数制",下拉显示5个子菜单项,分别单击前3个子菜单项,可以在相应的标签内以不同的进制显示输入的数值,并在菜单前加上标记"√"。单击子菜单项"清除"将清除显示结果,单击"退出"将退出程序。运行结果如图8-16所示。

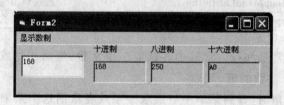

图 8-16   运行结果

8.4   弹出式菜单

前面详细介绍了下拉式菜单,在实际应用中,用户还广泛地使用弹出式菜单,任何至少有一个菜单项的菜单在运行时都可以显示为弹出式菜单。

弹出式菜单也称为快捷式菜单或上下文菜单,它是一种小型菜单,可以在窗体的某个地方显示出来,对程序事件做出响应。与下拉式菜单不同,弹出式菜单不需要在窗口顶部下拉式打开,它可以根据用户单击鼠标的位置(一般是右击)动态地调整菜单项的位置,能以灵活的方式为用户提供更加便利的操作。弹出式菜单通常包含经常使用的命令,并且随着当前对象的不同而变化。

建立弹出式菜单通常分为两步进行,首先用"菜单编辑器"建立菜单,然后用PopupMenu方法显示弹出式菜单。第一步的操作与前面介绍的基本相同,唯一的区别是需要把菜单名(即顶级菜单)的"可见"属性设置为False(子菜单不要设置为False)。

PopupMenu方法的语法如下:

对话框与菜单程序设计

[对象.]PopupMenu<菜单名>[,Flags[,X[,Y[,BoldCommand]]]]

说明：

（1）对象是可选的，它是一个对象表达式，可以是窗体对象或其他可以应用弹出式菜单的对象，如果省略该参数，将打开当前窗体的菜单。

（2）菜单名是必需的，是要显示的弹出式菜单的名称，指定弹出的菜单至少应该有一个子菜单。

（3）X 和 Y 用来指定弹出式菜单显示位置的横坐标（X）和纵坐标（Y）。如果省略，则弹出式菜单在鼠标光标的当前位置显示。X 和 Y 可以省略，也可以全部省略。

（4）BoldCommand 是可选的，用来指定弹出式菜单的菜单控件的名字，用来显示其黑体正文标题。如果省略该参数，则弹出式菜单中没有以黑体字出现的控件。

（5）Flags 是可选的，它是一个数值，用来指定弹出式菜单的位置和行为，使用 Flags 参数可以进一步定义弹出式菜单的位置与性能，其取值如表 8-5 所示。

表 8-5　指定菜单的位置和定义菜单的行为

类　　型	常　　量	值	作　　用
位置常量	vbPopupMenuLeftAlign	0	X 坐标指定菜单左边的位置
	vbPopupMenuCenterAlign	4	X 坐标指定菜单中间的位置
	vbPopupMenuRightAlign	8	X 坐标指定菜单右边的位置
行为常量	vbPopupMenuLeftButton	0	通过单击选择菜单命令
	vbPopupMenuRightButton	8	通过右击选择菜单命令

用户可以从位置常量和行为常量中各选取一个常量，然后相加或者用 Or 操作符将它们连起来，作为 Flags 参数的值。

在显示弹出式菜单时，直到菜单中被选取一项或者取消这个菜单时，调用 PopupMenu 方法后面的代码才会运行。此外，每次只能显示一个弹出式菜单，在已经显示一个弹出式菜单的情况下，对后面的调用 PopupMenu 方法将不予理睬。在一个菜单控件正活动的任何时刻（比如有弹出式菜单显示或者打开了下拉菜单），调用 PopupMenu 方法也不会被理睬，下面来看一个弹出式菜单的例子。

例 8.7　建立一个弹出式菜单，用来改变文本框中字体的属性。按以下步骤操作：

第一步：选择"文件"菜单中的"新建工程"命令，建立一个新的工程。

第二步：设置各菜单项的属性，如表 8-6 所示。

表 8-6　菜单项的属性

标　　题	Name	内缩符号	可　见　性
字体格式化	popFormat	无	False
粗体	popBold	1	True
斜体	popItalic	1	True
下划线	popUnder	1	True
20	Font20	1	True
隶书	Fontls	1	True
退出	Quit	1	True

第三步：选择"工具"菜单中的"菜单编辑器"命令，进入菜单编辑器。

第四步：按上面设置的属性建立菜单，如图 8-17 所示。注意，主菜单项 popFormat 的"可见"属性设置为 False，其余菜单项的"可见"属性设置为 True。

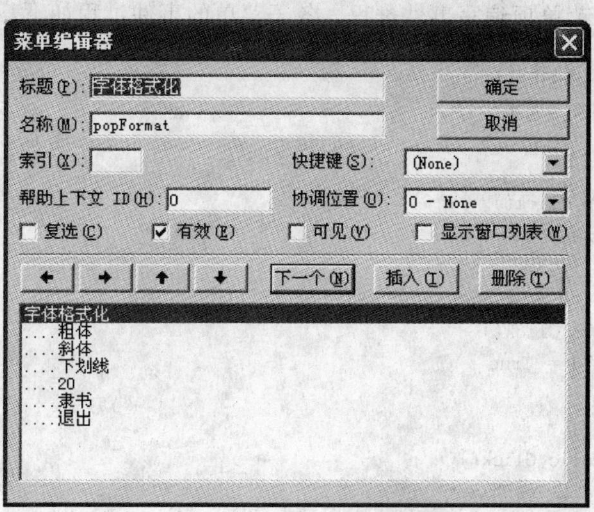

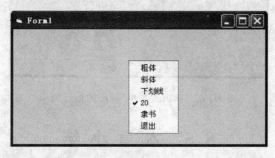

图 8-17 建立弹出式菜单

第五步：编写窗体的 MouseDown 事件过程。

```
Private Sub Form_MouseDown(Button As Integer, Shift As Integer, X As Single, Y As Single)
If Button = 2 Then
     PopupMenu popFormat
End If
End Sub
```

MouseDown 事件过程带有多个参数，对于其含义请读者参考 MSDN 帮助文档。上述过程中的条件语句用来判断所按下的是否为鼠标右键，如果是，则用 PopupMenu 方法弹出菜单。PopupMenu 方法省略了对象参数，指的是当前窗体。运行程序，然后在窗体内的任意位置右击，将弹出一个菜单，如图 8-18 所示。

图 8-18 显示弹出式菜单

至此，建立弹出式菜单的操作就完成了。根据题意，要用这个弹出式菜单改变文本框的属性，因此要继续下面的操作。

第六步：在窗体中画一个文本框，并编写以下窗体事件过程。

对话框与菜单程序设计

```
Private Sub Form_Load()
    Text1.Text = "面向对象的程序设计语言"
End Sub
```

第七步：对各子菜单项编写事件过程。各子菜单的事件过程如下：

```
Private Sub Font1s_Click()
    Text1.FontName = "隶书"
End Sub

Private Sub Font20_Click()
    Text1.FontSize = 20
End Sub

Private Sub popBold_Click()
    Text1.FontBold = True
End Sub

Private Sub popItalic_Click()
    Text1.FontItalic = True
End Sub

Private Sub popUnder_Click()
    Text1.FontUnderline = True
End Sub

Private Sub Quit_Click()
    End
End Sub
```

运行上面的程序，用弹出式菜单设置文本框的属性，显示结果如图 8-19 所示。

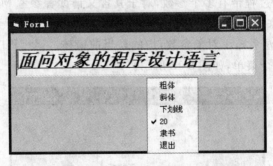

图 8-19 "弹出式菜单"程序的运行结果

8.5 本 章 小 结

　　对话框是一个应用程序中不可缺少的部分，使用对话框可以向用户提供信息，还可以接受用户输入的信息，为用户和程序的交互提供了一个简单的接口。本章在前半部分介绍了对话框的内容，对话框包括系统预定义对话框和自定义对话。在 Visual Basic 中，系统已经提供了很多标准的对话框，例如前面章节学过的 InputBox 和 MsgBox，还有本章学习的通用对话框。通用对话框控件(CommonDialog 控件)可以提供一组常用的对话框,例如打开、另存为、字体、颜色、打印等。

在本章的后半部分介绍如何在 Visual Basic 6.0 中文版中设计菜单。首先介绍菜单的基本情况,包括菜单的分类以及菜单的基本组成。然后介绍如何使用 Visual Basic 的"菜单编辑器"建立菜单,用户在对菜单的属性进行设置时既可以用"菜单编辑器",也可以使用程序代码。另外,本章介绍了弹出式菜单的设计,弹出式菜单也是用户经常使用的一种快捷菜单。通过本章菜单部分的学习,读者应该掌握"菜单编辑器"的使用,并且能够熟练使用"菜单编辑器"建立菜单。

8.6 课后练习与上机实验

一、选择题

1. 下列不能打开菜单编辑器的操作是(　　)。

A) 按 Ctrl+E 组合键

B) 单击工具栏中的"菜单编辑器"按钮

C) 选择"工具"菜单中的"菜单编辑器"命令

D) 按 Shift+Alt+M 组合键

2. 假定有一个菜单项,名为 MenuItem,为了在运行时使该菜单项失效(变灰),应使用的语句为(　　)。

A) MenuItem. Enabled=False　　　　B) MenuItem. Enabled=True

C) MenuItem. Visible=True　　　　　D) MenuItem. Visible=False

二、上机实验

1. 在窗体上画一个文本框,把它的 Multiline 属性设置为 True,通过菜单命令向文本框中输入信息,并对文本框中的文本进行格式化。按下列要求建立菜单程序:

(1) 菜单程序含有 3 个主菜单,分别为"输入信息"、"显示信息"和"格式"。

其中,"输入信息"包括两个菜单命令,即"输入"、"退出";

"显示信息"包括两个菜单命令,即"显示"、"清除";

"格式"包括 5 个菜单命令,即"正常"、"粗体"、"斜体"、"下划线"和"Font20"。

(2) "输入"命令的操作是显示一个输入对话框,在该对话框中输入一段文字。

(3) "退出"命令的操作是结束程序的运行。

(4) "显示"命令的操作是在文本框中显示输入的文本。

(5) "清除"命令的操作是清除文本框中所显示的内容。

(6) "正常"命令的操作是将文本框中的文本用正常字体(非粗体、非斜体、无下划线)显示。

(7) "粗体"命令的操作是将文本框中的文本用粗体显示。

(8) "斜体"命令的操作是将文本框中的文本用斜体显示。

(9) "下划线"命令的操作是给文本框中的文本添加下划线。

(10) "Font20"命令的操作是把文本框中文本字体的大小设置为 20。

对话框与菜单程序设计

2. 北京、南京、西安、昆明 4 个城市的名胜古迹和风景区如下。

北京：

天安门广场、故宫、北海公园、颐和园、香山、天坛

南京：

雨花台、中山陵、明孝陵、灵谷寺、栖霞山、莫愁湖

西安：

钟楼、大雁塔、小雁塔、半坡博物馆、秦始皇陵和兵马俑

昆明：

金殿、西山龙门、安宁温泉、滇池、大观公园

建立一个弹出式菜单，该菜单包括 4 个命令，分别为"北京"、"南京"、"西安"和"昆明"。程序运行后，单击弹出的菜单中的某个命令，在标签中显示相应城市的名字，并在文本框中显示相应名胜古迹和风景区的名字。

第9章   过   程

在前面的章节中，我们使用系统提供的事件过程和内部函数进行程序设计。事实上，Visual Basic 允许用户定义自己的过程和函数。用户使用自定义过程和函数不仅能够提高代码利用率，并且使得程序结构更加清晰、简洁，便于调试和维护。

本章主要任务：

（1）掌握 Sub 子程序和 Function 函数过程的定义和调用方法；

（2）掌握传址和传值两种参数传递方式的区别及用途；

（3）熟悉数组参数的使用方法；

（4）掌握过程与变量的作用域、生存周期的有关概念。

9.1   过 程 概 述

在程序设计中，为各个相对独立的功能模块编写的一段程序称为过程。

在 VB 5.0/6.0 中，除了系统提供的内部函数过程和事件过程外，用户可自定义下列几种过程：

（1）以 Sub 保留字开始的子程序过程（包括事件过程和通用过程），不返回值；

（2）以 Function 保留字开始的函数过程，返回一个值；

（3）以 Property 保留字开始的属性过程，可以返回和设置窗体、标准模块以及类模块的属性值，也可以设置对象的值。

在 Visual Basic 中，通用过程分为两类，即子程序过程和函数过程，前者称为 Sub 过程，后者称为 Function 过程。

9.2   事件过程和通用过程

在 Visual Basic 中有两类子过程（Sub），即事件过程和自定义过程（也称通用过程）。

9.2.1   事件过程

1. 窗体事件过程

语法：

```
Private Sub Form_事件名([参数列表])
    [局部变量和常数声明]
    语句块
End Sub
```

注意：

（1）窗体事件过程名由 Form_事件名组成，多文档窗体用 MDIForm_事件名。

（2）每个窗体事件过程名前都有一个 Private 前缀，表示该事件过程不能在它自己的窗体模块之外被调用。

（3）事件过程有无参数完全由 VB 提供的具体事件决定，用户不可以随意添加。

2. 控件事件过程

语法：

Private　Sub 控件名_事件名([参数列表])

　　　[局部变量和常数声明]

　　　语句块

End Sub

注意： 其中的控件名必须与窗体中的某控件相匹配，否则 VB 将认为它是一个通用过程。

3. 建立事件过程的方法

建立事件过程的方法如下：

（1）打开代码编辑器窗口（双击对象或在工程管理器中单击"查看代码"按钮）。

（2）在代码编辑器窗口中选择所需要的"对象"和"事件过程"。

（3）在 Private Sub()…End Sub 之间输入代码。

（4）保存工程和窗体。

4. 事件过程的调用

事件过程由一个发生在 VB 中的事件来自动调用或者由同一模块中的其他过程显式调用。例如，若对象选择为窗体 Form，过程选择为 Click，则在代码窗口中就生成了以下模板：

```
Private Sub Form_Click()
End Sub
```

9.2.2　通用过程

当几个不同过程要执行同样的程序段时，为了不重复编写代码，可以采用子过程来实现。子过程只有在被调用时才起作用，它一般由事件过程来调用。子过程可以保存在窗体模块（.frm）和标准模块（.bas）中。通用过程（Sub 过程）有助于将复杂的应用程序分解成多个易于管理的逻辑单元，使应用程序更简洁、更易于维护。

通用过程分为公有（Public）过程和私有（Private）过程两种，公有过程可以被应用程序中的任何一个过程调用，而私有过程只能被同一模块中的过程调用。

1. 定义方法

[Private | Public] [Static] Sub 过程名([参数列表])

　　　[局部变量和常数声明]　　　　　　　 '用 Dim 或 Static 声明

　　　语句块

　　　[Exit Sub]

　　　语句块

End Sub

注意：

（1）省略[Private | Public]时，系统默认为 Public。

（2）Static 表示过程中的局部变量为"静态"变量。

（3）过程名的命名规则与变量名的命名规则相同，在同一个模块中，同一个符号名不得既用作 Sub 过程名，又用作 Function 过程名。

（4）参数列表中的参数称为形式参数，它可以是变量名或数组名，只能是简单变量，不能是常量、数组元素、表达式；若有多个参数，各参数之间用逗号分隔，形参没有具体的值。VB 的过程可以没有参数，但一对圆括号不可以省略。不含参数的过程称为无参过程。

形参的格式如下：

[ByVal]变量名[()] [As 数据类型]

- 变量名[()]：变量名为合法的 VB 变量名或数组名，无括号表示变量，有括号表示数组。

- ByVal：表明其后的形参是按值传递参数（传值参数 Passed By Value），若省略或用 ByRef，则表明参数是按地址传递的（传址参数）或称"引用"（Passed By Reference）。

- As：若数据类型省略，表明该形参是变体型变量，若形参变量的类型声明为 String，则只能是不定长的。在调用该过程时，对应的实际参数可以是定长的字符串或字符串数组，若形参是数组则无限制。

（5）Sub 过程不能嵌套定义，但可以嵌套调用。

（6）End Sub 标志该过程的结束，系统返回并调用该过程语句的下一条语句。

（7）在过程中可以用 Exit Sub 提前结束过程，并返回到调用该过程语句的下一条语句。

例 9.1 编写程序，实现交换两个整型变量值的子过程。

```
Private Sub swap(x As Integer, y As Integer)
    Dim temp As Integer
    temp = x: x = y: y = temp
End Sub
```

当然，也可以将其过程的第一条语句等价地写为"Private Sub swap(x %, y%)"或写为"Private Sub swap(ByRef x As Integer, ByRef y As Integer)"。

2. 建立 Sub 过程的方法

方法一：

（1）打开代码编辑器窗口。

（2）选择"工具"菜单中的"添加过程"命令。

（3）在"添加过程"对话框中输入过程名，并选择类型和范围，如图 9-1 所示。

（4）在新创建的过程中输入内容。

方法二：

（1）在代码编辑器窗口中选择"通用"，在文本编辑区中输入 Private Sub 过程名。

（2）按回车键，即可创建一个 Sub 过程样板。

（3）在新创建的过程中输入内容。

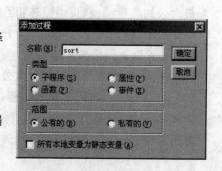

图 9-1 "添加过程"对话框

3. Sub 子过程的调用

1) 调用形式

用 Call 语句调用 Sub 过程：

Call　过程名(实际参数表)

把过程名作为一个语句来用：

过程名[实参 1[,实参 2…]]

2) 说明

参数列表称为实参或实元，它必须与形参保持个数相同,位置与类型一一对应。

调用时把实参值传递给对应的形参。其中,值传递(形参前有 ByVal 说明)时实参的值不随形参值的变化而改变,地址传递时实参的值随形参值的改变而改变。

当参数是数组时,形参与实参在参数声明时应省略其维数,但括号不能省。

调用子过程的形式有两种,在用 Call 关键字时,实参必须用圆括号括起,反之,实参之间用","分隔。

例如,调用上面定义的 Swap 子过程的形式：

```
Swapa,b
Call Swap(a,b)
```

4. 过程调用的执行过程

过程调用的执行过程如图 9-2 所示。

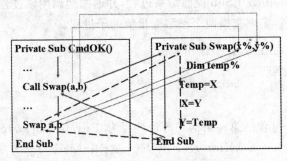

·图 9-2　过程调用的执行过程

例 9.2　　编写一个过程,求两自然数 m、n 的最大公约数。

最大公约数算法说明:用辗转相除法求两自然数 m、n 的最大公约数。

(1) 首先,对于已知的两数 m、n 比较并使得 $m > n$。

(2) m 除以 n 得余数 r。

(3) 若 $r = 0$,则 n 为求得的最大公约数,算法结束,否则执行步骤(4)。

(4) $m \leftarrow n$, $n \leftarrow r$,再重复执行步骤(2)。

例如：10 与 5

分析步骤：m=10 n=5

　　　　　　r=m Mod n=0

所以,$n(n=5)$为最大公约数。

又如：24 与 9

分析步骤：m＝24 n＝9

          r＝m Mod n＝6

          r≠0   m＝9 n＝6

          r＝m Mod n＝3

          r≠0   m＝6 n＝3

          r＝m Mod n＝0

所以 $n(n＝3)$ 为最大公约数。

过程程序代码如下：

```
Private Sub gcd(m As Integer, n As Integer)
    Dim r As Integer
    If m < n Then t = m: m = n: n = t
    r = m Mod n
    Do While r <> 0
        m = n
        n = r
        r = m Mod n
    Loop
    MsgBox m &","& n &"最大公约数是："& n
End Sub
```

其调用形式如下：

```
Private Sub Command2_Click()
    gcd 6, 24
End Sub
```

9.3　Function 过程

前面介绍了 Sub 过程，它不直接返回值，可以作为独立的基本语句调用，而 Function 过程要返回一个值，通常出现在表达式中。Function 过程也称为函数过程，Visual Basic 函数分为内部函数和外部函数，内部函数是系统预先编写好的、能完成特定功能的一段程序，如 Sqr、Sin、Len 等；外部函数是用户根据需要用 Function 关键字定义的函数过程。这一节将介绍 Function 过程的定义和调用。

1. 建立 Function 过程

[Public|Private][Static]Function 函数名([<参数列表>])[As <类型>]
<局部变量或常数定义>
<语句块>
[函数名 = 返回值]
[Exit Function]
<语句块>
[函数名 = 返回值]
End Function

说明：

（1）函数名的命名规则与变量名的命名规则相同。

（2）在函数体内，函数名可以当作变量使用，函数的返回值是通过对函数名的赋值语句来实现的,在函数过程中至少要对函数名赋值一次。

(3) As<类型>是指函数返回值的类型,若省略,则函数返回变体类型值(Variant)。

(4) Exit Function 表示退出函数过程,常常与选择结构(If 或 Select Case 语句)联用,即当满足一定条件时退出函数过程。

(5) 形参的定义与子过程完全相同。

例 9.3 编写一个函数,实现判断素数的功能。

算法说明:只能被 1 和本身整除的正整数称为素数。例如 17 就是一个素数,它只能被 1 和 17 整除。为了判断一个数 n 是不是素数,可以将 n 被 2 到 $n-1$ 之间的所有数整除,如果都除不尽,则 n 就是素数,否则 n 是非素数。

据此,编写过程如下:

```
Private Function isPrime(x As Integer) As Boolean
    For i = 2 To x - 1
    If x Mod i = 0 Then Exit For
    Next i

    If i >= x Then
     isPrime = True
    Else
isPrime = False
    End If
End Function
```

2. 调用 Function 过程

通常,调用自定义函数过程的方法和调用 Visual Basic 内部函数过程(如 Sqr)的方法一样,即在表达式中写上它的名字。其调用形式如下:

函数名(实参列表)

在调用时,实参和形参的数据类型、顺序、个数必须匹配。注意,函数调用只能出现在表达式中,其功能是求得函数的返回值。

例 9.4 调用例 9.3 编写的函数,求出 10 以内所有素数的和。

```
Private Sub Command1_Click()
    Dim s As Integer
    Dim t As Boolean
    Dim i As Integer

    For i = 1 To 10
        If isPrime(i) Then
     s = s + i
        End If
    Next i
    Print "10 以内的所有素数的和为: "; s        '结果为 18(1、2、3、5、7 之和)
End Sub
```

9.4　过程之间的参数传递

在 Visual Basic 中,不同模块(过程)之间数据的传递有两种方式,一是通过过程调用实参与形参结合实现;二是使用全局变量来实现各过程中的共享数据,本节主要介绍如何使用参数实现过程间数据的传递。

9.4.1 形式参数与实际参数

1. 形式参数

形式参数是指在定义通用过程时出现在 Sub 或 Function 语句中过程名或函数名后面圆括号内的参数,用来接收传给子过程的数据,形参表中的各变量之间用逗号分隔。

2. 实际参数

实际参数是指在调用 Sub 或 Function 过程时写入子过程名或函数名后括号内的参数,其作用是将它们的数据(数值或地址)传送给 Sub 或 Function 过程与其对应的形参变量。实参表可以由常量、表达式、有效的变量名、数组名(后加左、右括号,如 A( ))组成,实参表中的各参数用逗号分隔。

9.4.2 参数传递

参数传递指主调过程的实参(调用时已有确定值和内存地址的参数)传递给被调过程的形参,参数的传递有两种方式,即按值传递和按地址传递。形参前加 ByVal 关键字的是按值传递,省略或加 ByRef 关键字的为按地址传递。

1. 按值传递参数(定义时加 ByVal)

按值传递参数(Passed By Value),是将实参变量的值复制一个到临时存储单元中,如果在调用过程中改变了形参的值,不会影响实参变量本身,即实参变量保持调用前的值不变。

2. 按地址传递参数(定义时没有修饰词或带关键字 ByRef)

按地址传递参数,把实参变量的地址传送给被调用过程,形参和实参共用内存的同一地址。在被调用过程中,形参的值一旦改变,相应实参的值也跟着改变。如果实参是一个常数或表达式,VB 会按"传值"方式来处理。

例 9.5 分别用"传值"、"传址"编写交换两变量 x、y 的子过程 Swap1 和 Swap2。在 Form_Click( )事件中分别调用 Swap1 和 Swap2 过程,并输出交换后的值。程序代码如下:

```
'Swap1 过程的形参定义为按传值方式
Public Sub swap1(ByVal x As Integer, ByVal y As Integer)
    Dim t As Integer
    t = x: x = y: y = t
End Sub
'Swap2 过程的形参定义按传址方式
Public Sub swap2(x As Integer, y As Integer)
    Dim t As Integer
    t = x: x = y: y = t
End Sub

Private Sub Form_Click()
    Dim a As Integer, b As Integer
    a = Val(InputBox("输入 A = ?"))
    b = Val(InputBox("输入 B = ?"))
    Print "交换前: ", "a = "; a, "b = "; b
```

```
    swap1 a, b
    Print "交换后: ", "a = "; a, "b = "; b
End Sub
```

r 程序运行后,单击窗体,输入两个值,例如 10 和 20,输出的结果如图 9-3 所示。若将单击事件中的"Swap1 a,b"改为"Swap2 a,b",其输出结果如图 9-4 所示。

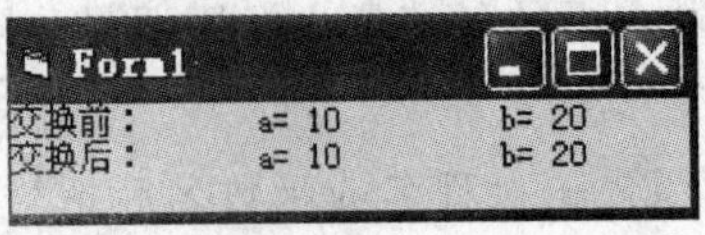

图 9-3   调用 Swap1 的输出结果 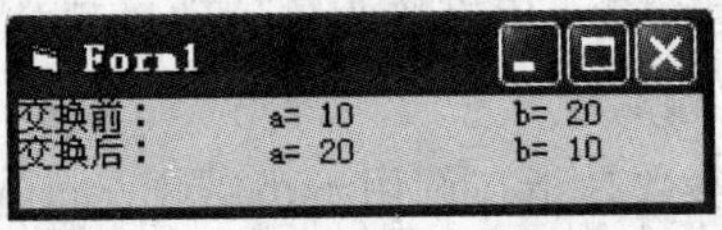   图 9-4   调用 Swap2 的输出结果

从输出结果可以看到,调用子过程 Swap1(如图 9-5 所示)没能交换变量的值,其原因是过程 Swap1 采用传值形式,过程被调用时系统给形参分配临时内存单元 x 和 y,将实参 a 和 b 的值分别传递(赋值)给 x 和 y。在过程 Swap1 中,变量 a、b 不可使用,x、y 通过临时变量 t 实现交换,调用结束返回主调过程后形参 x、y 的临时内存单元将释放,实参单元 a 和 b 仍保留原来的值。

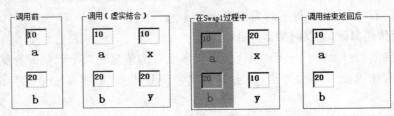

图 9-5   (ByVal)值传递的执行过程

子过程 Swap2 采用传地址形参,当调用子过程 Swap2 时,通过虚实结合,形参 x、y 获得实参 a、b 的地址,即 x 和 a 使用了同一存储单元,y 和 b 使用同一存储单元(如图 9-6 所示)。因此,在被调子过程 Swap2 中,x、y 通过临时变量 t 实现交换后,实参 a 和 b 的值也同样被交换,当调用结束返回后,x、y 被释放,实参 a、b 的值就是交换后的值。

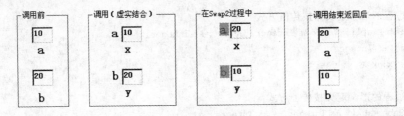

图 9-6   (ByRef)地址传递数据的执行过程

3. 数组参数

VB 允许数组作为形参出现在形参表中,其语法如下:

形参数组名( ) [As 数据类型]

形参数组只能按地址传递参数,对应的实参也必须是数组,且数据类型相同。在调用过程时,把要传递的数组名放在实参表中,数组名后面不跟圆括号。在过程中不可以用 Dim

语句对形参数组进行声明,否则会产生"重复声明"的错误。但在使用动态数组时可以用 ReDim 语句改变形参数组的维界,重新定义数组的大小。数组作为参数传递除了遵守参数传送的一般规则外,还应注意以下几点:

（1）为了把一个数组的全部元素传送给一个过程,应将数组名分别写入形参表中,并略去数组的上、下界,但括号不能省略。

```
Private Sub Sort(a( ) As Integer)
    ...
End Sub
```

其中,形参 $a(\,)$ 即为数组。

（2）被调用过程可通过 Lbound( )和 Ubound( )函数确定实参数组的上、下界。

（3）当用数组作为形参时,对应的实参必须也是数组,且类型一致。

（4）实参和形参是按地址传递,即形参数组和实参数组共用一段内存单元。

例 9.6 求 N 个数排序的通用过程。

分析:定义了一个过程,其过程名为 sort,该过程有一个形参为整型的数组 $a(\,)$,$a(\,)$ 是一个形式参数,所以并不知道该数组的上、下界（其实在这个过程中并不知道有多少个数值进行排序,到底是多少个数值排序取决于调用这个过程的实际参数）。

在 Command1_Click 事件过程中调用 Sort 过程,其语句为"Call Sort(b( ))",b 数组作为实际参数以传地址的方式传递给形式参数 a 数组,此时,a 数组与 b 数组共享了一块内存,所以,当形式参数 a 中的值发生改变时,势必会影响到实际参数 b 数组中的值。

实参 b 数组与 a 数组传递过程中的内存情况如图 9-7 所示。

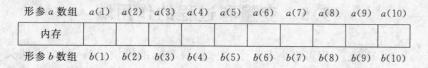

图 9-7 实参 b 数组与形参 a 数组共享内存

```
Private Sub sort(a( ) As Integer)    '定义了一个通用排序过程,该过程有一个形式参数
Dim Start As Integer
Dim Finish As Integer
Dim i As Integer
Dim j As Integer
Dim temp As Integer
Start = LBound(a)                    '通过 LBound( )函数求出形式参数的下界
Finish = UBound(a)                   '通过 UBound( )函数求出形式参数的上界

For i = Start To Finish              '用冒泡法排序
    For j = Start To Finish - Start
        If a(j) > a(j + 1) Then
            temp = a(j)
            a(j) = a(j + 1)
            a(j + 1) = temp
        End If
    Next j
Next i
```

```
End Sub
' ================ 调用 sort 过程,数组作为参数 ==============
Private Sub Command1_Click()
ReDim b(10) As Integer

Print " ============== 原始数组 ============== "
For i = 1 To 10
    b(i) = Int(Rnd * 100)
    Print b(i);
Next i
Print
Print
Call sort(b())'调用 sort 过程,并把实际数组 b 传递过去,则与形参 a 共用一段内存
Print " ================ 调用排序后的数组 ================ "
For i = 1 To 10
    Print b(i);
Next i
```

在 Command1_Click()事件中调用 Sort 过程后的结果如图 9-8 所示。

图 9-8　数组传参的运行结果

4. 对象参数

在 VB 中,可以向过程传递对象。在形参表中,把形参变量的类型声明为"Control",可以向过程传递控件;若声明为"Form",则可以向过程传递窗体。对象的传递只能是按地址传递。

9.5　变量和过程的作用域

一个 Visual Basic 工程可以由若干个窗体模块和标准模块组成,每个模块又可以包含多个过程。同一模块中的过程之间是可以相互调用的,那么不同模块中的过程之间是否可以相互调用呢? 每个过程中都包含多个变量,一个变量可以在定义它的过程中使用,那么能否在其他过程中使用呢?

9.5.1　变量的作用域

变量的作用域指的是变量的有效范围,即变量的"可见性"。在定义了一个变量后,为了能正确地使用变量的值,应当明确可以在程序的什么地方访问该变量。

1. 局部变量与全局变量

如前所述,Visual Basic 应用程序由 3 种模块组成,即窗体模块(Form)、标准模块(Module)和类模块(Class)。本书不介绍类模块,因此应用程序通常由窗体模块和标准模块组成。窗体模块包括事件过程、通用过程和声明部分,而标准模块由通用过程和声明部分组成,如图 9-9 所示。

根据变量的定义位置和所使用的变量定义语句的不同,Visual Basic 中的变量可以分为 3 种类型,即局部变量(Local)、模块变量(Module)及全局变量(Public),其中,模块变量包括窗体模块变量和标准模块变量。

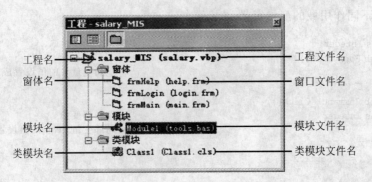

图 9-9　Visual Basic 应用程序的组成

1）局部变量

在过程内部使用 Dim 或者 Static 关键字声明的变量只能在本过程中使用，只能在声明它们的过程中被访问或改变该变量的值，其他过程不可以访问。所以，可以在不同的过程中声明相同名字的局部变量而互不影响。

```
private Sub Form_Load()
    Dim n%
    n = 10
End Sub
```

```
private Sub Form_Click()
    Dim n%
    Print"n";n
End Sub
```

变量 n 属于局部变量，遇到 End Sub，其生命周期结束，所占的内存被系统收回。

2）模块变量（窗体变量和标准模块变量）

在"通用声明"段中用 Dim 语句或用 Private 语句声明的变量可以被本窗体/模块的任何过程访问，但其他模块不能访问该变量。模块级变量在模块的声明部分用 Private 或 Dim 声明。例如：

```
Private sum As Integer 或 Dim sum As Integer
```

在声明模块级变量时，Private 和 Dim 没有什么区别，但 Private 更好一些，因为它可以和声明全局变量的 Public 区别开来，使代码更容易理解。

3）全局变量

全局变量也称公有的模块级变量，在窗体模块或标准模块的顶部的"通用声明"段用 Public 关键字声明，它的作用范围是整个应用程序，即可以被本应用程序中的任何过程或函数访问。例如：

```
Public a As Integer,b As single
```

3 种变量的作用域如表 9-1 所示。

表 9-1　变量的作用域

名　称	作　用　域	声　明　位　置	使　用　语　句
局部变量	过程	过程中	Dim 或 Static
模块变量	窗体模块或标准模块	模块的声明部分	Dim 或 Private
全局变量	整个应用程序	标准模块的声明部分	Public 或 Global

例 9.7　不同作用域的变量定义。

```
Public X As Integer                              '定义全局变量
Private Sub Form_Load()
X = 1                                            '将全局变量 X 的值设置成 1
End Sub
Private Sub Command1_Click()
    Dim X As Integer                             '定义局部变量
    X = 2                                        '将局部变量 Temp 的值设置成 2
    Print "X = "; X
    Print "X = "; Form1.X
End Sub
Private Sub Command2_Click()
    Print "X = "; X
End Sub
```

其结果如下：

单击 Command1 按钮时,返回 X = 2
　　　　　　　　　　　　X = 1
单击 Command2 按钮时,返回 X = 1

关于多个变量同名有以下几点需要注意：

(1) 不同过程内的局部变量可以同名,因其作用域不同而互不影响。

(2) 不同窗体或模块间的窗体/模块级变量可以同名,因为它们分别作用于不同的窗体或模块。

(3) 不同窗体或模块中定义的全局变量可以同名,但在使用时应在变量名前加上定义该变量的窗体或模块名。

(4) 局部变量若与在同一窗体或模块中定义的窗体/模块级变量同名,则在定义该局部变量的过程中优先访问该局部变量。局部变量与在不同窗体或模块中定义的窗体/模块级变量同名时,因其作用域不同而互不影响。

(5) 如果局部变量与全局变量同名,则在定义该局部变量的过程中优先访问该局部变量,如果要访问同名的全局变量,应该在全局变量名前加上全局变量所在窗体或模块的名字。

9.5.2　过程的作用域

[Public|Private] Sub 子过程名([形式参数列表])
　　…
End Sub

通用子过程和函数过程既可以写在窗体模块中也可以写在标准模块中,在定义时可选用关键字 Private(局部)和 Public(全局)来决定它们能被调用的范围。

按过程的作用范围来划分,过程可分为窗体/模块级过程、全局级过程。

(1) 窗体/模块级过程：加 Private 关键字的过程,只能被定义的窗体或模块中的过程调用。

(2) 全局级过程：加 Public 关键字(或省略)的过程,可供该应用程序的所有窗体和所有标准模块中的过程调用。

不同作用域过程的调用规则如表 9-2 所示。

表 9-2　不同作用域的过程的调用规则

过程	窗体/模块级		全　局　级	
定义位置	窗体	标准模块	窗体	标准模块
定义方式	过程名前加 Private 关键字		过程名前加 Public 关键字或省略	
能否被本模块中的其他过程调用	能	能	能	能
能否被本工程中的其他模块调用	不能	不能	能,但必须以窗体名.过程名的形式调用,例如 Call Form1.Swap(a,b)或 Form1.Swap a,b	能,但过程名必须唯一,否则要以模块名.过程名的形式调用,例如 Call Module1.Sort(a)或 Module1.Sort a

9.6　多重窗体与 MDI 窗体程序设计

到目前为止,我们编写的每个程序都只使用一个窗体来处理输入与输出,这种程序称为单窗体程序(也称为单文档界面)。在很多情况下,与用户进行交互一个窗体就足够了。但是,如果想为用户提供更多的信息或从用户那里获取更多的信息,单一的窗体就不能满足需要了,这时在应用程序中可以使用多重窗体或 MDI 窗体(也称为多文档界面)。本节就来介绍多重窗体和 MDI 窗体的程序设计。

9.6.1　多重窗体与 MDI 窗体

多重窗体是指一个应用程序中有多个并列的普通窗体,每个窗体都是一个对象,可以有属于自己的对象、属性和事件过程,完成不同的功能。

MDI 窗体是指一个应用程序(父窗体)中包含多个文档(子窗体),绝大多数基于 Windows 的大型应用程序都是 MDI 窗体,如 Microsoft Excel 和 Microsoft Word 等应用程序都是 MDI 窗体程序。MDI 窗体可以同时打开多个文档,它简化了文档之间的信息交换。

在多重窗体中,窗体分为模态(Modal)和非模态(Nonmodal)两种类型。在屏幕上显示后用户必须响应的窗体叫模态(Model)窗体,除非用户单击 OK(确定)或 Cancel(取消)按钮、或者关闭这个窗体,否则这种窗体将一直得到输入焦点。用户可以随意在其间切换的窗体叫非模态(Nonmodal)窗体或无模式窗体。为了方便用户使用,大多数 Windows 下的应用程序在显示信息时都使用非模态窗体。因此,在 Visual Basic 中建立新窗体时,非模态窗体是默认设置。窗体的很多属性都可以独立设置,其中包括窗体的标题、大小、边框类型、前景颜色、背景颜色、显示字库和背景画面等。

MDI 窗体允许创建在单个窗体中包含多个窗体的应用程序,允许用户同时显示多个文档,每个文档显示在它自己的窗体中。MDI 窗体是有父子关系的窗体,可以根据窗体作用的不同来确定窗体是父窗体还是子窗体。文档或子窗体被包含在父窗体中,父窗体为应用程序中的所有子窗体提供工作空间,用户在父窗体中完成几乎所有的工作。例如,Microsoft Excel 允许创建并显示不同样式的多文档窗体,每个子窗体都被限制在 Excel 父窗体的区域之内。当最小化 Excel 父窗体时,所有的文档窗体都被最小化,只有父窗体的图标显示在任务栏中。当关闭 Excel 父窗体时,所有的文档窗体都被关闭,但关闭某个文档窗口时,Excel 父窗体不会被关闭。

那么,具体什么时候选用单窗体程序,什么时候使用多重窗体或 MDI 窗体呢? 还需要根据应用程序的目的来决定使用哪种界面样式最好。例如,日历程序最好设计成单窗体程序,因为没有必要同时打开一个以上的日历;一个处理保险索赔的应用程序可能要设计成 MDI 窗体,使用多文档界面样式,因为一个职员很可能同时处理一个以上的索赔,或者需要对两个索赔进行比较;而一个管理信息系统(MIS 系统)需要完成的功能比较多,例如最基本的添加、修改、删除和查询记录等功能,这些功能的实现都需要窗体界面,而这些窗体一般都是并列使用的,所以像学生成绩管理系统这样的应用程序一般设计成多重窗体程序。

9.6.2 多重窗体程序设计

在多重窗体程序中,要建立的界面由多个窗体组成,每个窗体的界面设计与大家前面学过的完全一样。程序代码也是针对每个窗体编写的,因此与单一窗体设计中的代码编写类似,只要注意各个窗体之间的相互关系就可以了。

1. 添加窗体

如果想在现有的工程中添加一个窗体,需要使用"添加窗体"对话框,如图 9-10 所示,可以用 3 种方法打开"添加窗体"对话框。

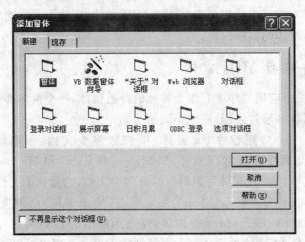

图 9-10 "添加窗体"对话框

(1) 选择"工程"(Project)菜单中的"添加窗体"(Add Form)命令。

(2) 单击工具栏上的"添加窗体"按钮。

(3) 在工程资源管理器窗口内右击,在弹出的菜单中选择"添加",然后在下一级子菜单中选择"添加窗体"命令。

在"添加窗体"对话框中,可以选择"新建"选项卡新建一个窗体,也可以选择"现存"选项卡把一个属于其他工程的窗体添加到当前工程中,这是因为每个窗体都是以独立的文件保存的(扩展名为.frm)。

当新建一个窗体时,可以选择要建立窗体的类型(不同的 Visual Basic 版本预定义窗体集不一样),默认是建立一个新的空白窗体,用户可以选择建立特定任务设计的半成品窗体。

程序中的第一个窗体被默认命名为 Form1,后续的窗体则分别被命名为 Form2、Form3 等,为了便于在代码中引用窗体,最好根据窗体的功能进行重新命名。

当添加一个已经存在的窗体到当前工程时,有两个问题需要注意:

(1)该工程内的每个窗体的 Name 属性不能相同,否则不能将现存的窗体添加到工程。

(2)在该工程内添加的现存窗体实际上在多个工程中共享,因此,对该窗体所做的改变会影响到共享该窗体的所有工程。

注意:为了独占该窗体,最好把其他工程的现存窗体复制一个,做一个复件,然后把这个复件添加到当前工程。

2. 设置启动对象

在一个窗体程序中,程序的执行没有其他选择,即只能从这个窗体开始执行。多重窗体程序由多个窗体构成,而且多个窗体是并列关系,Visual Basic 怎么知道从哪个窗体开始执行呢?

在程序运行过程中,首先执行的对象称为启动对象。Visual Basic 规定,对于多重窗体程序,必须指定其中一个对象为启动对象。默认情况下,第一个创建的窗体被指定为启动对象,即启动窗体。启动对象既可以是窗体,也可以是 Main 子过程。如果启动对象是 Main 子过程,则程序启动时不加载任何窗体,以后由该过程根据情况决定是否加载或加载哪一个窗体。需要注意的是,Main 子过程必须放在标准模块中,绝不能放在窗体模块中。

用户可以选择"工程"菜单中的"工程属性"命令来指定启动对象,此时将打开"工程属性"对话框,选择该对话框中的"通用"选项卡,将显示的对话框如图 9-11 所示。

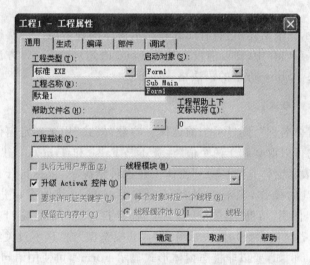

图 9-11 工程属性"通用"选项卡

在图 9-11 所示的对话框中,单击"启动对象"右端的箭头,将下拉显示当前工程中所有窗体的列表,此时条形光标位于当前启动对象上,如果需要改变,则单击作为启动对象的名字,然后单击"确定"按钮,即可把所选择的窗体设置为启动对象。

9.6.3 与多重窗体程序设计有关的语句和方法

在单窗体程序设计中,所有的操作都在一个窗体中完成,不需要在多个窗体间切换。而在多个窗体程序中,需要打开、关闭、隐藏或显示指定的窗体,这可以通过相应的语句和方法来实现。下面介绍与多重窗体程序设计有关的语句和方法。

1. Load 语句

该语句把一个在编程环境中已经建立的窗体装入内存。当 Visual Basic 执行了该语句后,窗体并没有显示出来,只是被调入内存,但用户可以在程序中的任一事件过程中访问它,而且可使用它所定义的任何属性和方法。用 Load 语句装入新窗体的语法格式如下:

`Load 窗体名称 D`

例如语句 Load Form2,则工程中名称为 Form2 的窗体就会被调入内存。如果想把该窗体的 Caption 属性设置为"系统主界面",可在任何事件过程中输入下列语句:

`Form2.Caption = "系统主界面"`

在首次使用 Load 语句将窗体调入内存时,依次触发窗体的 Initialize 和 Load 事件。

2. Unload 语句

该语句与 Load 语句的功能相反,它从内存中删除指定的窗体。该语句的语法格式如下:

`Unload   窗体名称`

Unload 的一种常见用法是 Unload Me,其意义是关闭窗体自己。在这里,关键字 Me 代表 Unload Me 语句所在的窗体。

3. Show 方法

该方法用来显示一个窗体,它兼有加载和显示窗体两种功能。也就是说,在使用 Show 方法时,如果窗体不在内存中(即以前没有执行 Load 语句),则 Show 方法自动把窗体装入内存,然后显示出来。Show 方法的语法格式如下:

`[窗体名称.]Show  [模式]`

如果省略了"窗体名称",则显示当前窗体。参数"模式"用来确定窗体是以模态加载还是以非模态加载,它可以取 0 和 1 两个值(注意不是 False 和 True)。当"模式"的值为 1(或常量 vbModal)时,表示窗体是"模态型"窗体。在这种情况下,鼠标指针只在此窗体内起作用,不能到其他窗口内操作,只有在关闭该窗口后才能对其他窗口进行操作。例如在 Microsoft Word 中,使用"帮助"菜单中的"关于"命令打开的对话框窗口就是这种窗口。当"模式"的值为 0(或省略该参数)时,表示窗体为"非模态型"窗口,不过关闭该窗体就可以对其他窗口进行操作。例如,要以非模态窗体形式显示 Form2,可使用语句 Form2.Show。

Visual Basic 提供独立的 Load 语句使程序能够预先将窗体装入内存,这样,Show 方法执行得会非常快,用户往往感觉不到任何延迟。建议预先装入窗体,特别是当窗体包含很多对象或艺术修饰时,这样做尤其必要。

4. Hide 方法

该方法用来将窗体暂时隐藏起来,但并没有从内存中删除,因此它与 Unload 语句的作用是不一样的。其语法格式如下:

`[窗体名称.]Hide`

当省略"窗体名称"时,默认隐藏当前窗体。

Hide 方法和 Unload 语句的区别:使用 Hide 方法隐藏窗体后,窗体虽然看不见了,但仍驻留在内存中,可以供程序使用。隐藏窗体和通过设置窗体的 Visible 属性使窗体不可见的效果是相同的。使用 Unload 语句卸载窗体是把窗体从内存中清除,卸载窗体释放了用来储藏窗体对象和图形的内存空间,但并不释放窗体事件过程占用的空间,这些事件过程常驻内存。窗体被卸载后,其运行时的值和属性也就丢失了。当再装入该窗体时,这些值恢复为程序代码中设定的初始值。

9.6.4 不同窗体间数据的存取

不同窗体数据的存取分为下面两种情况:

1. 存取控件中的属性

在当前窗体中要存取另一个窗体中某个控件的属性时,形式如下:

另一个窗体名称.控件名.属性

例如,设置当前窗体(Form1)中的文本框(Text1)的值,使它等于另一个窗体(Form2)中的两个文本框(Text1 和 Text2)的数值之和,实现的语句如下:

```
Text1.Text = Val(Form2.Text1.Text) + Val(Form2.Text2.Text)
```

2. 存取变量的值

根据变量的定义位置和所使用变量定义语句的不同,Visual Basic 中的变量可以分为 3 种类型,即局部变量、模块变量及全局变量,其中,模块变量包括窗体模块变量和标准块变量。各种变量位于不同的层次。

用户在多个窗体之间存取变量时,变量必须是窗体级变量,先用 Public 语句声明,其引用格式如下:

窗体名称.变量名

例如,工程中有两个窗体(Form1 和 Form2),在 Form1 的"通用"声明段中以"Public test As String"声明一个变量,则在 Form2 中就可以通过"a=Form1.test"引用 Form1 中的变量。

为了方便起见,要在多个窗体中存取的变量一般放在一个标准模块内,用 Public 语句或 Global 语句声明成全局变量。

9.7 应用程序举例

9.7.1 查找问题

例 9.8 使用顺序查找法在一组数中查找某个给定的数 x。

编程分析:设一组数据存放在数组 $a(1)\sim a(n)$ 中,待查找的数据存放在 x 中,把 x 与 a 数组中的元素从头到尾一一进行比较查找。用变量 p 表示 a 数组元素的下标,p 的初值为1,使 x 与 $a(p)$ 比较,如果 x 不等于 $a(p)$,则使 $p=p+1$,不断重复这个过程;一旦 x 等于 $a(p)$,

则退出循环；另外，如果 *p* 大于数组长度，循环也应该停止，可由以下语句来实现它。其运行界面和结果如图 9-12 所示。

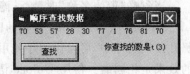

图 9-12　顺序查找数据的运行结果

```
For p = 1 To n
    If x = a(p) Then Exit For
Next p
```

将其写成一个查找函数 Find()，若找到返回下标值，若找不到返回 0：

```
Private Function Find(a() As Single, x As Single) As Integer
    Dim n%, p%, m%
    m = LBound(a)                          '求形式参数 a 数组的下界值
    n = UBound(a)                          '求形式参数 a 数组的上界值
    For p = m To n
        If a(p) = x Then Exit For
        Next p
    If p > n Then p = 0
    Find = p                               '函数返回值 p
End Function
```

调用 Find 函数：

```
Private Sub Command1_Click()
Dim t(10) As Single                        '定义一个实际数组 t,长度为 10
Dim y As Integer                           '定义一个基本整型变量,用来接收函数返回值

For i = 1 To 10                            '循环控制对数组赋初值并显示出来
    t(i) = Int(Rnd * 100)
    Print t(i);
Next i
y = Find(t, 57)                   '函数调用,参数分别为数组 t 和要查找的数据 57,其返回值用 y 接收
If y = 0 Then                              '判断函数返回值是否为 0
    Label1.Caption = "数组中查无此数!"
Else
    Label1.Caption = "你查找的数是 t("& y &")"
End If
End Sub
```

例 9.9　二分查找法：在一批有序数列中查找给定的数 *x*。

编程分析：设 *n* 个有序数（从小到大）存放在数组 $a(1) \sim a(n)$ 中，要查找的数为 *x*。用变量 bot、top、mid 分别表示查找数据范围的底部（数组下界）、顶部（数组的上界）和中间，mid＝(top＋bot)/2，二分查找的算法如下，程序运行界面与结果如图 9-13 所示。

图 9-13　二分查找法的运行结果

(1) $x=a(\text{mid})$，则已找到，退出循环，否则进行下面的判断；

(2) $x<a(\text{mid})$，x 必定落在 bot 和 mid-1 的范围之内，即 top$=$mid-1；

(3) $x>a(\text{mid})$，x 必定落在 mid$+1$ 和 top 的范围之内，即 bot$=$mid$+1$；

(4) 在确定了新的查找范围后，重复进行以上比较，直到找到 bot$<=$top。

将上面的算法写成以下函数，若找到则返回该数所在的下标值，若没有找到则返回-1。

```
Function Search(a() As Variant, x As Integer) As Integer        '在有序数序中查询具体数据函数
Dim bot As Integer
Dim top As Integer
Dim mid As Integer
Dim find As Boolean

bot = LBound(a)                                    '求形式参数 a 数组的下界
top = UBound(a)                                    '求形式参数 a 数组的上界
find = False

Do While bot <= top And Not find
    mid = (top + bot) /2                           '下标取中间值
    If x = a(mid) Then
        find = True
        Exit Do
      ElseIf x < a(mid) Then                       '若小于其中间的下标变量的值
          top = mid − 1
        Else
          bot = mid + 1
    End If
Loop

If find Then                                       '函数返回值
    Search = mid
Else
    Search = −1
End If
End Function
```

用户可以在窗体的单击事件中编写以下程序代码验证上面过程的正确性：

```
Option Base 1
Private Sub Command1_Click()
Dim i As Integer
Dim t() As Variant
Dim y As Integer
Dim k As Integer
t = Array(12, 22, 33, 45, 56, 62, 68, 78, 88, 92)     '数组初始化
For i = LBound(t) To UBound(t)                         '原始数组的输出,上、下界通过函数求出
    Print t(i);
Next i
Print
y = Val(InputBox("输入要查找的数"))                   '从键盘上输入用户要查询的数据
k = Search(t, y)                                      '查询函数过程的调用
```

```
    If k = -1 Then                          '通过返回值判断要查询的数据是否找到
        Print "没找到"; y
    Else
        Print "找到了,它是第"& k &"个数据"
    End If
End Sub
```

思考与讨论:

(1) 将 Search 函数与例 9.8 中的 Find 函数比较,分析它们的优劣和适用情况。

(2) 本例中的 form1_Click()事件中能否改为 k=Find(x,y)?

9.7.2 插入问题

例 9.10 把一个给定数插入到有序数列中,插入后数列仍然有序。

编程分析:设 n 个有序数(从小到大)存放在数组 $a(1) \sim a(n)$ 中,要插入数 x。首先确定 x 插在数组中的位置 p,假设要在一个具有 n 个升序排列元素的一维数组中插入一个新元素 k,算法描述如下。

(1) 从第 1 个元素开始逐个与 k 比较,一旦发现第 p 个元素大于 x,则确定插入的位置为 p,如果所有元素均小于 x,则确定插入的位置为 $n+1$。

(2) 重新定义数组大小,从第 n 个元素到第 p 个元素逐一向后移动一个位置。

(3) 将 x 赋值给第 p 个元素,完成插入操作。运行界面与结果如图 9-14 所示。

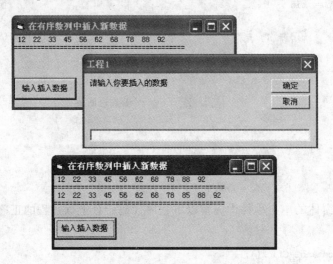

图 9-14　在有序数列中插入数据的运行结果

```
Private Sub Insert(a( ) As Variant, x As Integer)
    Dim p%, n%, i%
    n = UBound(a)
    p = LBound(a)

    ReDim Preserve a(n + 1)                  '让数组长度增加1,以便存放插入的数
    Do While x > a(p) And p <= n             '确定x应插入的位置
        p = p + 1
    Loop
```

```
        For i = n To p Step - 1
                a(i + 1) = a(i)
        Next i
        a(p) = x
End Sub
```

可以在窗体的单击事件中编写以下程序代码验证上面过程的正确性。

```
Option Base 1
Private Sub Command1_Click()
Dim i As Integer
Dim t() As Variant
Dim y As Integer
Dim k As Integer
t = Array(12, 22, 33, 45, 56, 62, 68, 78, 88, 92)        '数组初始化
For i = LBound(t) To UBound(t)                            '原始数组的输出,上、下界通过函数求出
    Print t(i);
Next i
Print
Print " =========================================== "

y = Val(InputBox("请输入你要插入的数据"))
Call Insert(t, y)                                         '过程调用
For i = LBound(t) To UBound(t)
    Print t(i);
Next i
Print
Print " =========================================== "
End Sub
```

9.8　本章小结

本章主要向大家介绍了两类用户自定义过程,即子过程和函数过程,前者没有返回值,后者可以返回一个函数值。对于一个较大的程序,最好的处理方法就是将其分解成若干个小的功能模块,然后编写过程实现每一个模块的功能,最终通过一个主程序调用这些过程来实现总体目标。

过程调用时的数据传递主要是通过形参与实参相结合实现的,因此被调用者需要从调用者处获得多少个参数,就应该定义多少个形参。

过程中参数的作用是实现过程与调用者的数据通信。

9.9　课后练习与上机实验

一、上机实验

1. 在窗体上有名称为 Combo1 的组合框,请设置该组合框的属性,使该组合框只能用于选择操作,不能输入文本。窗体上还有两个标题分别为"输入正整数"、"判断"的命令按

钮。程序运行时在组合框中选择一项,如图 9-15(a)所示,单击"输入正整数"按钮,通过输入对话框输入一个正整数,再单击"判断"按钮,则按照选定的选项内容将判断结果显示在信息框中。图 9-15(b)所示为输入 56 且选中的组合框选项为"判奇偶数"时显示的信息框。

(a) 在组合框中选中一项   (b) 输入56且选中"判奇偶数"时显示的信息框

图 9-15　上机实验 1 的图

要求:参考下图在窗体上画出所有控件,并按照题目要求设置组合框的有关属性,去掉程序中的注释符,把程序中的?改为正确的内容。

```
Private x As Integer
Private Sub Command1_Click()
    x = Val(InputBox("请输入正整数"))
End Sub
Private Sub Command2_Click()
    'Select Case Combo1.?
        Case 0
    '          MsgBox Str(x) & ?
        Case 1
    '          MsgBox Str(x) & ?
        Case Else
            Exit Sub
    End Select
End Sub


Private Function f1(ByVal x As Integer) As String
    If x / 2 = 0 Then
        f1 = "是奇数"
    Else
        f1 = "是偶数"
    End If
End Function


'Private Function f2(ByVal x As Integer) ?
'    If x Mod 7 = ?  Then
        f2 = "能被 7 整除"
    Else
        f2 = "不能被 7 整除"
    End If
End Function
```

2. 下面是工程文件 sjt2.vbp 的原始代码,相应的窗体文件为 sjt2.frm,在窗体上有一个命令按钮和一个文本框。程序运行后,单击命令按钮,即可计算出 0~100 范围内所有偶数的平方和,并在文本框中显示出来。在窗体的代码窗口中已给出了部分程序,其中计算偶数平方和的操作在通用过程 Fun 中实现,请编写该过程的代码。

要求:请勿改动程序中的任何内容,只在 Function Fun() 和 End Function 之间填入编写的若干语句,最后把修改后的文件按原文件名存盘。

```
Sub SaveData()
    Open App.Path &"\"&"outtxt.txt" For Output As #1
    Print #1, Text1.Text
    Close #1
End Sub

Function Fun()

End Function

Private Sub Command1_Click()
    d = Fun()
    Text1.Text = d
    SaveData
End Sub
```

3. 有一个工程文件 sjt3.vbp,窗体控件布局如图 9-16(a)所示。程序运行时,在文本框 Text1 中输入一个正整数,选择"奇数和"或"偶数和",则在 Label2 中显示所选的计算类别。单击"计算"按钮时,将按照选定的"计算类别"计算小于或等于输入数据的奇数和或偶数和,并将计算结果显示在 Label3 中。程序的一次运行结果如图 9-16(b)所示。请参照下图画出窗体中的所有控件,程序部分代码如下。

(a) 窗体控件布局 (b) 程序的一次运行结果

图 9-16　上机实验 3 的图

要求:请去掉程序中的注释符,把程序中的? 改为正确的内容,使其实现上述功能,但不能修改程序的其他部分,最后把修改后的文件按原文件名存盘。

```
Private Sub Command1_Click()
    Dim i As Integer

    For i = 0 To 1
        If Option1.Item(i) = True Then
'           Call ?
'           Label2.Caption = ?
        End If
    Next
```

```
        End Sub

        Private Sub calc(c As Integer)
            Dim i As Integer
            result = 0
            '      x = ?
            If c = 0 Then
                For i = 1 To x
            '              If i Mod 2 ? Then
                        result = result + i
                    End If
                Next
            Else
                For i = 1 To x
                    If i Mod 2 = 0 Then
                        result = result + i
                    End If
                Next
            End If
            '      Label3.Caption = ?
        End Sub
```

图 9-17　参考图

4. 有一个工程文件 sjt2. vbp，请参考图 9-17 画出窗体中的所有控件，并编写适当的事件过程完成以下功能：单击"读数"按钮，把考生目录下的 in2. txt 文件（如图 9-18 所示）中的一个整数放入 Text1；单击"计算"按钮，计算出大于该数的第一个素数，并显示在 Text2 中；单击"存盘"按钮，则把找到的素数保存到考生目录下的 out2. txt 文件中。

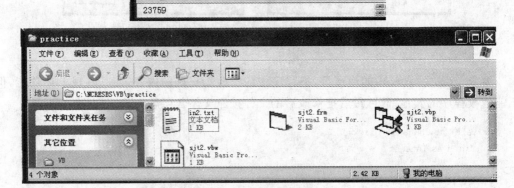

图 9-18　素材文件 in2. txt

5. 有一个工程文件 sjt3. vbp，程序运行后，分别从两个文件中读出数据，放入两个一维数组 a、b 中。请编写程序，当单击"合并数组"按钮时，将 a、b 数组中相同下标的数组元素的值求和,并将结果存入数组 *c*。单击"找最大值"按钮时,调用 find 过程分别找出 *a*、*c* 数组中元素的最大值,并将所找到的结果分别显示在 Text1、Text2 中。请参考图 9-19,在窗体上画出所有控件,按要求对不完整的程序填空,素材文件如图 9-20 所示。

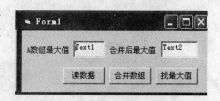

图 9-19 程序界面元素

要求:去掉程序中的注释符,把程序中的?改为正确的内容,并编写相应程序实现程序的功能。

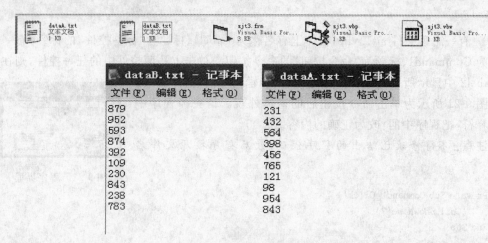

图 9-20 素材文件与其存储的名称

```
Dim a(10) As Integer
Dim b(10) As Integer
Dim c(10) As Integer

Private Sub Command1_Click()
    Open App.Path &"\dataA.txt" For Input As #1
    Open App.Path &"\dataB.txt" For Input As #2
    For i = 0 To 9
        Input #1, a(i)
        Input #2, b(i)
    Next
    Close #1, #2
End Sub

'Private Sub find(x() As Integer, t As ?)


End Sub

Private Sub Command2_Click()
    Open App.Path &"\out31.txt" For Output As #1
    For i = 0 To 9
        Print #1, c(i)
    Next
    Close #1
```

```
End Sub

Private Sub Command3_Click()
    Call find(a, Text1)
    Call find(c, Text2)

    Open App.Path &"\out32.txt" For Output As #1
    Print #1, Text1.Text, Text2.Text
    Close #1
End Sub
```

6. 有一工程文件 sjt1.vbp，窗体上有名称为 Label1、标题为"标签控件"的标签，有一个名称为 Command1、标题为"命令按钮"的命令按钮。单击上述两控件中的任一控件，则在标签 Label2 中显示所单击控件的标题内容（标题内容前有"单击"二字），图 9-21 所示为单击命令按钮后的窗体外观。请去掉程序中的注释符，把程序中的?改为正确的内容。

图 9-21　程序界面

注意：不得修改已给出的程序代码，最后程序按原文件名存盘。

```
Private Sub Command1_Click()
    'Call ShowName(?)
End Sub

Private Sub Label1_Click()
    'Call ShowName(?)
End Sub

'Private Sub ShowName(c As ?)
    If TypeOf c Is CommandButton Then
        Label2.Caption = "单击"& Command1.Caption
    End If
    If TypeOf c Is Label Then
'       ? = "单击"& Label1.Caption
    End If
End Sub
```

二、选择题

1. 以下叙述中错误的是(　　)。

　　A) 标准模块文件的扩展名是.bas

　　B) 标准模块文件是纯代码文件

　　C) 在标准模块中声明的全局变量可以在整个工程中使用

　　D) 在标准模块中不能定义过程

2. 下面不能在信息框中输出"VB"的是(　　)。

　　A) MsgBox "VB"

　　B) x＝MsgBox("VB")

　　C) MsgBox("VB")

　　D) Call MsgBox "VB"

3. 以下关于过程的叙述中,错误的是(   )。

    A) 在 Sub 过程中不能再定义 Sub 过程

    B) 事件过程也是 Sub 过程

    C) 过程调用语句的形参个数必须与实参个数相同

    D) 函数过程一定有返回值

4. 设子程序过程定义的首部为"Public Sub S(X As Integer,Y As Single)",则以下调用形式正确的是(   )。

    A) Call S 5,4.8   B) Call Sub(5,4.8)

    C) Sub 5,4.8   D) S 5,4.8

5. 在窗体上画两个标签和一个命令按钮,其名称分别为 Label1、Label2 和 Command1,然后编写以下程序:

```
Private Sub func(L As Label)
    L.Caption = "1234"
End Sub
Private Sub Form_Load()
    Label1.Caption = "ABCDE"
    Label2.Caption = 10
End Sub
Private Sub Command1_Click()
    a = Val(Label2.Caption)
Call func(Label1)
    Label2.Caption = a
End Sub
```

程序运行后,单击命令按钮,则在两个标签中显示的内容分别为(   )。

    A) ABCD 和 10   B) 1234 和 100

    C) ABCD 和 100   D) 1234 和 10

6. 设有以下 Command1 的单击事件过程及 fun 过程:

```
Private Sub Command1_Click()
    Dim x As Integer
    x = Val(InputBox("请输入一个整数"))
    fun(x)
End Sub
Private Sub fun(x As Integer)
    If x Mod 2 = 0 Then fun(x / 2)
    Print x;
 End Sub
```

执行上述程序,输入 6,结果是(   )。

    A) 3 6   B) 6 3   C) 6   D) 程序死循环

7. 编写以下程序:

```
Private Sub Command1_Click()
    Dim str1 As String, str2 As String
    str1 = InputBox("输入一个字符串") : subf str1, str2 : Print str2
```

```
End Sub
Sub subf(s1 As String, s2 As String)
    Dim temp As String : Static i As Integer i = i + 1
    temp = Mid(s1, i, 1)
    If temp <>"" Then subf s1, s2
    s2 = s2 & temp
End Sub
```

程序运行后,单击命令按钮 Command1,且输入"abcdef",输出结果为( )。

    A) afbecd   B) cdbeaf   C) fedcba   D) adbecf

8. 在窗体上画一个命令按钮(名称为 Command1),并编写以下代码:

```
Function Fun1(ByVal a As Integer, b As Integer) As Integer
    Dim t As Integer
    t = a - b : b = t + a : Fun1 = t + b
End Function
Private Sub Command1_Click()
    Dim x As Integer
    x = 10
    Print Fun1(Fun1(x, (Fun1(x, x - 1))), x - 1)
End Sub
```

程序运行后,单击命令按钮,输出结果是( )。

    A) 10   B) 0   C) 11   D) 21

9. 有下面的程序代码:

```
Private Sub Command1_Click()
    Dim a As String
    a = "COMPUTER" n = search(a, "T") : Print IIf(n = 0, "未找到", n)
End Sub
Private Function search(str As String, ch As String) As Integer
    For k = 1 To Len(str)
        c = Mid(str, k, 1)
        If c = ch Then
            search = k : Exit Function
        End If
    Next k
    search = 0
End Function
```

程序运行后,单击命令按钮 Command1,输出结果是( )。

    A) 0   B) 8   C) 6   D) 未找到

10. 假定有以下通用过程:

```
Function Fun(n As Integer) As Integer
    x = n * n : Fun = x - 11
End Function
```

在窗体上画一个命令按钮,其名称为 Command1,然后编写以下事件过程:

```
Private Sub Command1_Click()
```

```
    Dim i As Integer
    For i = 1 To 2
        y = Fun(i) Print y;
    Next i
End Sub
```

程序运行后，单击命令按钮，在窗体上显示的内容是（　　　）。

    A) 1 3   B) 10 8   C) −10 −7   D) 0 5

11. 求 1!＋2!＋…＋10! 的程序如下：

```
Private Function s(x As Integer)
    f = 1
    For i = 1 To x
        f = f * i
    Next
    s = f
End Function
Private Sub Command1_Click()
    Dim i As Integer, y As Long
    For i = 1 To 10
        (    )
    Next
    Print y
End Sub
```

为实现功能要求，在程序的括号中应该填入的内容是（　　　）。

    A) Call s(i)   B) Call s   C) y = y + s(i)   D) y = y + s

12. 下面是求最大公约数的函数的首部：

```
Function gcd(ByVal x As Integer, ByVal y As Integer) As Integer
```

若要输出 8、12、16 这 3 个数的最大公约数，下面语句正确的是（　　　）。

    A) Print gcd(8,12),gcd(12,16),gcd(16,8)

    B) Print gcd(8,12,16)

    C) Print gcd(8),gcd(12),gcd(16)

    D) Print gcd(8,gcd(12,16))

13. 以下过程定义中过程首行正确的是（　　　）。

    A) Private Sub Proc(Optional a As Integer，b As Integer)

    B) Private Sub Proc(a As Integer) As Integer

    C) Private Sub Proc(a( ) As Integer)

    D) Private Sub Proc(ByVal a( ) As Integer)

14. 某人编写了下面的程序：

```
Private Sub Command1_Click()
    Dim a As Integer, b As Integer
    a = InputBox("请输入整数") : b = InputBox("请输入整数")
    pro a : pro b
    Call pro(a + b)
```

```
End Sub
Private Sub pro(n As Integer)
    While (n > 0)
        Print n Mod 10; n = n \ 10
    Wend
    Print
End Sub
```

此程序的功能是输入两个正整数,反序输出这两个数的每一位数字,再反序输出这两个数之和的每一位数字。例如,若输入 123 和 234,则应该输出"3 2 1 4 3 2 7 5 3",但调试时发现只输出了前两行(即两个数的反序),未输出第 3 行(即两个数之和的反序),程序需要修改。下面的修改方案中正确的是(   )。

  A) 把过程 pro 的形式参数 n As Integer 改为 ByVal n As Integer

  B) 把 Call pro(a + b)改为 pro a + b

  C) 把 n = n \ 10 改为 n = n / 10

  D) 在 pro b 语句之后增加语句 c%=a+b,再把 Call pro(a + b) 改为 pro c

15. 在窗体上画一个名称为 Command1 的命令按钮,再画两个名称分别为 Label1、Label2 的标签,然后编写以下程序代码:

```
Private X As Integer
Private Sub Command1_Click( )
    X = 5: Y = 3
    Call proc(X, Y)
    Label1.Caption = X : Label2.Caption = Y
End Sub
Private Sub proc(a As Integer, ByVal b As Integer)
    X = a * a : Y = b + b
End Sub
```

程序运行后,单击命令按钮,则两个标签中显示的内容分别是(   )。

  A) 25 和 3   B) 5 和 3   C) 25 和 6   D) 5 和 6

16. 编写以下程序:

```
Private Sub Command1_Click()
    Dim x As Integer, y As Integer
    x = InputBox("输入第一个数") : y = InputBox("输入第二个数")
    Call f(x, y)
    Print x, y
End Sub
Sub f(a As Integer, ByVal b As Integer)
    a = a * 2 : x = a + b : b = b + 100
End Sub
```

程序运行后,单击命令按钮 Command1,并输入数值 10 和 15,则输出结果为(   )。

  A) 10 115   B) 20 115   C) 35 15   D) 20 15

第10章　键盘和鼠标事件

本章主要介绍键盘和鼠标的事件过程，使用键盘事件过程可以处理当按下或释放键盘上的某个键时所执行的操作，而鼠标事件过程可用来处理与鼠标光标的移动和位置有关的操作。

10.1　键盘事件

键盘是一种输入数据或信息的重要工具，有些控件（如窗体和文本框）本身已经具备了处理输入按键的功能，所以在简单编程的情况下可以不必编写键盘事件过程。但是，如果要识别组合键、功能键、光标移动键、小键盘（数字键盘）上的按键，区别按下和松开按键的动作，对输入字符进行筛选，就要使用键盘事件了。本节介绍的键盘事件有 KeyPress 事件、KeyDown 事件和 KeyUp 事件。

10.1.1　KeyPress 事件

KeyPress 事件就是当按下键盘上的一个可打印字符键（字母、数字和符号）时所激发的事件。在某个时刻，输入焦点只能位于某一个控件上（如果窗体上没有活动的或可见的控件，则输入焦点位于窗体控件上），当一个控件拥有输入焦点时，该控件才能接受从键盘上输入的信息，所以当按下某个键时所激发的是输入焦点的那个控件的 KeyPress 事件。支持 KeyPress 事件的控件有窗体、命令按钮、文本框、复选按钮、单选按钮、列表框、组合框、滚动条与图片框等。

该事件过程的语法如下：

```
Private Sub Object_KeyPress(KeyAscii As Integer)
…
End Sub
```

其中，Object 是指支持 KeyPress 事件的控件名，例如窗体的 KeyPress 事件的语法就是：

```
Private Sub Form_KeyPress(KeyAscii As Integer)
…
End Sub
```

整型参数 KeyAscii 传递的是按键字符的 ASCII 码。例如，当按下"A"键时，KeyAscii 的值为 65，当按下"＋"键时，KeyAscii 的值为 43 等。用户可以使用 Chr(KeyAscii)函数将

KeyAscii 参数转变成一个字符,例如 Chr(66)＝B。

KeyPress 事件只能够处理可打印的键盘字符和为数很少的几个功能键,如 Enter(回车键)和 BackSpace(退格键),对于其他功能键、编辑键和定位键则不做响应。如果要处理不被 KeyPress 识别的击键,应使用 KeyDown 和 KeyUp 事件。

KeyPress 事件在截取对 TextBox 或 ComboBox 控件输入的击键时非常有用,它可以立即测试击键的有效性,并在字符输入时对其进行处理。如果在 KeyPress 事件过程中改变了 KeyAscii 参数的值,就会改变实际输入的字符,将 KeyAscii 的值改变为 0 时取消击键,这样对象就接收不到字符了。

因为不同字符的 ASCII 码是不同的,所以利用 KeyPress 事件可以判断和控制用户的输入,例如可以控制用户在文本框中只能输入数字或字母,还可以判断用户输入的字母是大写还是小写。

把一个文本框控件(Text1)拖到窗体上,然后进入程序代码窗口,在"过程"框中选择 KeyPress,编写以下代码:

```
Private Sub Text1_KeyPress(KeyAscii As Integer)
If KeyAscii < 48 Or KeyAscii > 57 Then
    Beep
    KeyAscii = 0
Else
    KeyAscii = KeyAscii
End If
End Sub
```

上述过程首先控制用户的输入,它只允许用户输入 0~9 之间的数字(0 的 ASCII 码是 48,9 的 ASCII 码是 57)。如果输入有效的数字,则 Text1 控件接收输入的字符,并在其中显示该输入的数字;如果输入其他字符,则响铃(Beep)并消除该字符。

上面说过,只有在窗体上没有活动或可见控件时窗体才能接收键盘事件。如果希望有激活窗体的键盘事件,则可以把窗体的 KepPreview 属性设置为 True。这个属性不只对 KeyPress 事件有用,对 KeyDown 和 KeyUp 事件同样有用。

注意:如果窗体上有一个命令按钮,其 Default 属性被设置为 True,则 Enter 键将触发命令按钮的 Click 事件而不是键盘事件。如果命令按钮的 Cancel 属性被设置为 True,则 Ese 键将触发按钮的 Click 事件而不是键盘事件。如果已为菜单控件定义了快捷键,那么当按下该键时会自动触发菜单的 Click 事件而不是键盘事件。对于 Tab 键,除非窗体上的每个控件都无效或其 TabStop 属性都为 False,否则,Tab 键会将焦点从一个控件移到另一个控件而不触发键盘事件。

例 10.1 通过编程,在一个文本框(Text1)中限定只能输入数字、小数点,只能响应 BackSpace 键及回车键。

```
Private Sub Text1_KeyPress(KeyAscii As Integer)
    Select Case KeyAscii
        Case 48 To 57, 46, 8, 13
        Case Else
            KeyAscii = 0
    End Select
End Sub
```

思考与讨论：

在以上过程中，当输入 0～9 的数字字符（ASCII 码是 48～57）、小数点（ASCII 码是 46）或按 BackSpace 键（ASCII 码是 8）及回车键（ASCII 码是 13）时，若不做任何操作，即接受该操作，因此在该 Case 分支没有写任何语句。当按其他键，让 KeyAscii＝0 时，即不接受该操作。读者可以从参数传递的角度思考为什么能够实现上述功能。

10.1.2 KeyDown 和 KeyUp 事件

KeyDown 事件是当按下按键时触发，而 KeyUp 事件是当释放按键时触发，这两个事件提供了最低级的键盘响应，可以报告键盘的物理状态，它们返回的是"键"。这和 KeyPress 事件不同，KeyPress 事件并不反映键盘的直接状态，它返回的是"字符"的 ASCII 码。

下面进一步举例说明这一差别。按下字母键"A"时，KeyDown 所得到的 KeyCode 码（KeyDown 事件的参数）与按字母键"a"时相同，而对于 KeyPress 来说，所得到的 ASCII 码是不相同的。

这两个事件过程的语法如下：

```
Private Sub Object _KeyDown(KeyCode As Integer, Shift As Integer)
…
End Sub
…
Private Sub Object _KeyUp(KeyCode As Integer, Shift As Integer)
…
End Sub
```

其中，Object 是对象名，例如窗体的 KeyDown 事件的语法如下：

```
Private Sub Form_KeyDown(KeyCode As Integer, Shift As Integer)
…
End Sub
```

KeyDown 和 KeyUp 事件都有两个参数，即 KeyCode 和 Shift，下面解释两个参数的具体含义释。

1. KeyCode 参数

KeyCode 是一个整型参数，表示按键的代码。每一个键都有相应的键代码，该码是以"键"为准，而不是以"字符"为准，字母键的键代码与此字母的大写字符 ASCII 值相同。如上所述，大写字母与小写字母使用同一个键，它们的 KeyCode 相同，具体是大写字母还是小写字母要通过与 Shift 参数的组合来判断。而大键盘上的数字键和数字键盘上的相同数字键的 KeyCode 是不一样的，因为它们不是同一个"键"。

Visual Basic 为每个键代码声明了一个内部常量。例如 F1 键的键代码为 112，相应的内部常量为 vbKeyF1；Home 键的键代码为 36，内部常量为 vbKey。表 10-1 列出了一些常用按键的 KeyCode 值和内部常量的对应关系。

2. Shift 参数

Shift 也是一个整型参数，区别是在按下一个键时是否同时按下了 Shift、Ctrl 和 Alt 键。它以二进制形式表示，当按下 Shift 键时，Shift 参数的值为 001（十进制数 1）；当按下 Ctrl

键时，Shift 参数值为 010（十进制数 2）；当按下 Alt 键时，Shift 参数值为 100（十进制数 4）。如果 3 个键均未被按下，Shift 参数的值为 0，如果这 3 个键不止一个键被按下，则 Shift 参数的值是被按下键的相应数值之和。例如，如果 Shift 参数的值为 6，表明按下了 Ctrl 和 Alt 两个键，因此 Shift 参数的值共有 8 种可能，如表 10-2 所示。

表 10-1　部分常用键的 KeyCode 值和内部常数

功能键	KeyCode 值	常　数	功能键	KeyCode 值	常　数
F1	112	vbKeyF1	Insert	45	vbKeyInsert
F10	121	vbKeyF10	Delete	46	vbKeyDelete
BackSpace	8	vbKeyBack	←	37	vbKeyLeft
Tab	9	vbKeyTab	↑	38	vbKeyUp
Enter	13	vbKeyReturn	→	39	vbKeyRight
Esc	27	vbKeyEscape	↓	40	vbKeyDown

表 10-2　Shift 参数的值

十 进 制 数	二 进 制 数	作　用
0	000	没有按下转换键
1	001	按下 Shift 键
2	010	按下 Ctrl 键
3	011	按下 Ctrl＋Shift 组合键
4	100	按下 Alt 键
5	101	按下 Alt＋Shift 组合键
6	110	按下 Alt＋Ctrl 组合键
7	111	按下 Alt＋Ctrl＋Shift 组合键

上面已经说过，KeyDown 是当一个键被按下时所产生的事件，而 KeyUp 是当松开被按下的键时所产生的事件，可以通过一个具体的程序来说明。

例 10.2　新建一个工程，窗体上不放任何控件，把窗体的 KeyPreview 属性设为 True，然后编写以下事件：

```
Private Sub Form_KeyDown(KeyCode As Integer, Shift As Integer)
    Form1.ForeColor = &O0
    Print "你现在按下了键盘上的某个键"
End Sub

Private Sub Form_KeyUp(KeyCode As Integer, Shift As Integer)
    Form1.ForeColor = &HFF
    Print "你现在松开了你按下的键"
End Sub
```

程序运行后，如果按下某个键，则在窗体上连续显示"你现在按下了键盘上的某个键"，颜色为黑色，若松开了按键，窗体上显示"你现在松开了你按下的键"，颜色为红色。

下面再看一个例子，在这个例子中，转换与功能键配合使用。

例 10.3　编写程序，处理在文本框中使用功能键 F1 与 Alt、Shift 和 Ctrl 键组合使用的事件。

新建一个工程，在窗体上画一个文本控件（Text1），然后编写以下事件：

```
Private Sub Text1_KeyDown(KeyCode As Integer, Shift As Integer)
Dim t As String
If KeyCode = vbKeyF1 Then
    Select Case Shift
        Case 7
            t = "Shift + Ctrl + Alt + "
        Case 6
            t = "Ctrl + Alt + "
        Case 5
            t = "Shift + Alt + "
        Case 4
            t = "Alt + "
        Case 3
            t = "Shift + Ctrl + "
        Case 2
            t = "Ctrl + "
        Case 1
            t = "Shift + "
        Case Else
            t = ""
    End Select
    Text1.Text = "你按了"& t &"F1 键."
Else
    Text1.Text = "对不起,本程序只测试 F1 键和转换键组合使用!"
End If
End Sub
```

程序运行后，如果只按 F1 键，文本框中显示"你按了 F1 键"；如果只按转换键或者其他键，则会显示"对不起，本程序只测试 F1 键和转换组合使用!"，若其他键是可打印字符，则还会在文本框中显示该字符，如图 10-1 所示。

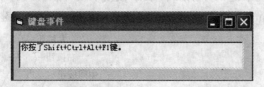

图 10-1　按 Shift＋Ctrl＋Alt＋F1 组合键时的结果

最后说明一点，键盘事件彼此之间并不互相排斥，当按下某个键时将产生 KeyPress 和 KeyDown 事件，如果是 KeyPress 事件不能检测的键，那么仅触发 KeyDown 事件。虽然 KeyUp 和 KeyDown 事件可用于大多数键，它们最经常应用的还是扩展的字符键、定位键、修饰键和按键的组合，区别数字小键盘和常规数字键。

10.2　鼠　标　事　件

前面已经多次使用过窗体和其他控件的 Click 事件和 DblClick 事件，这两个事件是很简单的鼠标事件，它们没有参数。当程序在处理这两个事件时不能确定用户在对象的什么位置上单击鼠标,也不能确定用户单击的是鼠标的哪一个键,更不能确定在单击鼠标时是否按下了键盘上的某个控制键(如 Shift、Ctrl 和 Alt 键)。如果要在程序中得知上面所述的各种状态,就要处理下面的 MouseDown、MouseUp 和 MouseMove 事件。

在使用 Windows 及其应用程序时,当鼠标光标位于不同的窗口内时,其形状是不一样的,有时候是箭头形状,有时候是十字形状,有时候是竖线等。在 Visaual Basic 中,用户可以通过设置相关的属性来改变鼠标的形状。

具有 MouseDown、MouseUp 和 MouseMove 事件的对象有窗体、命令按钮、文本框、复选框、单选按钮、框架、图像、标签、列表框和图片框等。

- MouseMove 事件:每当鼠标指针移动到屏幕上的新位置时发生。
- MouseDown 事件:按下任意鼠标键时发生。
- MouseUp 事件:释放任意鼠标键时发生。

MouseMove、MouseDown、MouseUp 几个事件过程的语法格式如下:

```
Private Sub Object_MouseMove(Button As Integer, Shift As Integer, X As Single, Y As Single)
…
End Sub
Private Sub Object _MouseDown(Button As Integer, Shift As Integer, X As Single, Y As Single)
…
End Sub
Private Sub Object _MouseUp(Button As Integer, Shift As Integer, X As Single, Y As Single)
…
End Sub
```

语法中的 Object 是指对象名,例如 Form、Command 等。

这 3 个事件过程与前面学过的其他事件过程的最大不同在于,它们都具有 4 个参数,通过这 4 个参数可以在程序中确定时间发生时详细的信息。这 4 个参数的取值与意义如下。

1. Button 参数

Button 参数值是一个整型值,参数的值反映事件发生时哪个鼠标键被按下或释放。用 0、1、2 位表示鼠标的左、右、中键,每位用 1、0 表示被按下或释放,如图 10-2 所示。3 个位的二进制转换成十进制就是 Button 的值,1 表示左键,2 表示右键,4 表示中键,如表 10-3 所示。

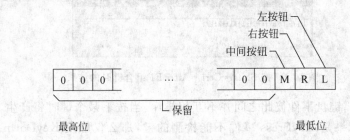

图 10-2　Button 参数与位的关系

表 10-3　参数 Button 的值

参数(Button)	值	说　　明
vbLeftButton	1	左键被按下
vbRightButton	2	右键被按下
vbMiddleButton	4	中间键被按下

对于 MouseMove 事件,事件发生时,可能同时有 2 个或 3 个鼠标键被按下,这时 Button 参数是相应的 2 个或 3 个值的和。例如,如果 MouseMove 事件发生时,Button 参数的值是 3,则表示鼠标左键和右键都被按下(1+2=3)。因为移动鼠标时,可以不按下任何一个鼠标键,所以对于 MouseMove 事件而言,这个参数的值可以为 0。

2. Shift 参数

此参数是一个整数,它表明在这 3 个鼠标事件发生时键盘上的某一个控制键被按下,如图 10-3 所示。其中,Shift 参数的值为 1,表示 Shift 键被按下;Shift 参数的值为 2,表示 Ctrl 键被按下;Shift 参数的值为 4,表示 Alt 键被按下,如表 10-4 所示。如果同时有 2 个或 3 个控制键被按下,则 Shift 参数的值是相应键的数值之和。例如,当事件发生时,如果 Shift 键和 Alt 键同时处于按下状态,则 Shift 参数的值为 5;如果事件发生时没有键盘控制键被按下,则这个参数的值为 0。

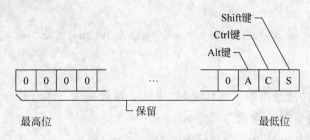

图 10-3　Shift 参数与位的关系

表 10-4　参数 Shift 的值

参数(Button)	值	说　　明
vbShiftMask	1	Shift 键被按下
vbCtrlMask	2	Ctrl 键被按下
vbAltMask	4	Alt 键被按下

3. X 参数与 Y 参数

X 参数与 Y 参数指明当事件发生时,鼠标指针热点所处位置的坐标,它们确定了鼠标位置。这里的 X、Y 不需要给出具体的数值,它随着鼠标光标在窗体上的移动而变化。默认情况下,这个坐标的原点在触发事件对象的左上角。

应该注意的是,当鼠标移动时会不断地发生 MouseMove 事件。但是,并不是每经过一点都会发生 MouseMove 事件,而是在移动过程中每隔很短的一段时间发生一个此事件。所以,在相同距离上,鼠标移动的速度越快,产生的 MouseMove 事件越少。

在对象上操作一次鼠标,会产生多个与鼠标有关的事件,例如 Click 事件、Dblclick 事件、MouseDown 事件、MouseUp 事件或 MouseMove 事件。对于不同类型的对象,这些事件的产生顺序可能不同,还有些对象不支持其中某个事件,所以,在使用前一定要仔细测试。

例如,在窗体上单击,会依次引发事件 MouseDown、Click、DblClick、MouseUp。若在命令按钮上单击,会依次引发 MouseDown、Click、MouseUp 事件。

当一个控件不可见或无效时,针对它的鼠标操作会传递到位于它下面的对象上。

例 10.4　编写程序,在窗体上画圆。要求:按住右键移动鼠标可画圆,否则不能画圆。

在 Visual Basic 中用 Circle 方法画圆,其格式如下:

```
Circle(X,Y),R
```

将以(X,Y)为圆心、以 R 为半径画一个圆。

按以下步骤操作:

第一步:首先在窗体层定义一个布尔型变量。

```
Dim p As Boolean
```

变量 p 是一个开关,当它为 True 时画圆,为 False 时停止画圆。

第二步:编写以下两个事件过程。

```
Private Sub Form_MouseDown(Button As Integer, Shift As Integer, X As Single, Y As Single)
    p = True
End Sub
Private Sub Form_MouseUp(Button As Integer, Shift As Integer, X As Single, Y As Single)
    p = False
End Sub
```

前一个过程的功能是当按下鼠标键时,变量 p 被设置为 True;后一个过程的功能则是当松开鼠标键时,将变量 p 设置为 False。

第三步:编写 MouseMove 事件过程。

```
Private Sub Form_MouseMove(Button As Integer, Shift As Integer, X As Single, Y As Single)
    R = Rnd * 200
If R < 100 Then R = 500
If p And(Button And 2) Then
    Form1.Circle (X, Y), R
End If
End Sub
```

上述过程判断鼠标键是否被按下(p=True),并判断按下的是不是右键(Button And 2)。按下右键移动鼠标,每移动一个位置,就以鼠标光标的当前位置为圆心,以 100~500twip 之间的随机数为半径画一个圆,如图 10-4 所示。

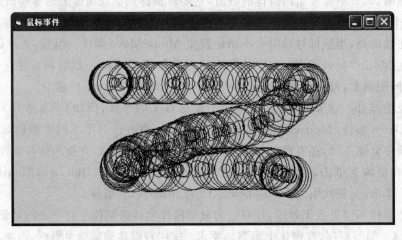

图 10-4　按下鼠标右键画圆

上述结果的颜色比较单一，如果想画出不同颜色、不等半径的圆，则可以把上面的"Form1.Circle（X，Y），R"语句改成：

```
Form1.Circle(X, Y), Int(Rnd * 500), RGB(Int(Rnd * 255), Int(Rnd * 255), Int(Rnd * 255))
```

10.3 拖放与拖曳

在设计 Visual Basic 应用程序时，可能经常要在窗体上拖动控件，改变其位置。通常情况下，在运行时拖动控件，并不能自动改变控件位置，必须使用 Visual Basic 的拖动功能，通过编程，才能实现在运行时拖动控件并改变其位置的功能。把按下鼠标键并移动控件的操作称为拖动，把释放按键的操作称为放下。

10.3.1 DragDrop 事件

按住鼠标左键拖动对象 A 到对象 B，当松开鼠标键放下对象 A 时，对象 B 产生 DragDrop 事件，称为拖放。

DragDrop 事件过程传入的参数如下。

- Source：正在被拖动的对象。
- X，Y：拖放点的坐标。

10.3.2 DragOver 事件

当拖曳对象 A 到对象 B，但不放开鼠标键时，对象 B 发生 DragOver 事件，称为拖曳。

DragDrop 事件过程传入的参数如下。

- Source：正在被拖动的对象。
- X，Y：当前鼠标指针的坐标。
- State：状态，0 表示进入，1 表示离去，2 表示跨越。

通过修改 Source 参数，所指对象的鼠标指针指示是否允许拖放操作。

例 10.5 按下面的步骤操作，以实现拖放与拖曳的功能。执行程序后的结果如图 10-5 所示。

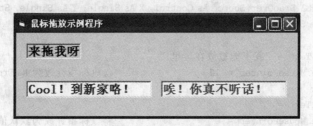

图 10-5 拖放与拖曳事件的运行结果

第一步：在窗体上画一个 Label 控件，其名称为 label1，DragMode 属性的值为 1，Caption 属性的值为"来拖我呀"；再画两个 TextBox 控件，名称分别为 Text1 和 Text2，其内容为空。

第二步：编写以下事件过程，其功能是让 Label1 标签能在窗体上移动。

```
Private Sub Form_DragDrop(Source As Control, X As Single, Y As Single)
    Source.Left = X
    Source.Top = Y
End Sub
```

第三步：编写 Text1 的拖放与拖曳事件。当拖着 Label 控件到 Text1 控件中且不释放鼠标键时，触发了 Text1_DragOver 事件；当释放鼠标键的那一刻，触发了 Text1_DragDrop。

```
Private Sub Text1_DragDrop(Source As Control, X As Single, Y As Single)
    Text1.Text = "Cool!到新家咯!"
    Source.MousePointer = 0                  '将鼠标指针改为默认值
End Sub

Private Sub Text1_DragOver(Source As Control, X As Single, Y As Single, State As Integer)
    Select Case State
    Case 0
        Text1.Text = "可以放下我了"
        Source.MousePointer = 2
    Case 1
        Text1.Text = ""
        Source.MousePointer = 0              '将鼠标指针改为默认值
    Case 2
        Text1.Text = "别跨来跨去哦!"
    End Select
End Sub
```

第四步：编写 Text2 的拖放与拖曳事件。其功能是当拖着 Label 控件到 Text1 控件中且不释放鼠标键时，触发 Text2_DragOver 事件；当释放鼠标键的那一刻，触发 Text2_DragDrop。

```
Private Sub Text2_DragDrop(Source As Control, X As Single, Y As Single)
    Text2.Text = "唉!你真不听话!"
    Source.MousePointer = 0                         '将鼠标指针改为默认值
End Sub
Private Sub Text2_DragOver(Source As Control, X As Single, Y As Single, State As Integer)
    Select Case State
    Case 0
        Text2.Text = "我不能被放在这里!"
        Source.MousePointer = 12                    '将鼠标指针改为 No Drop
    Case 1
        Text2.Text = ""
        Source.MousePointer = 0                     '将鼠标指针改为默认值
    End Select
End Sub
```

10.3.3 MousePointer 和 MouseIcon 属性

前面已经说过，在 Windows 环境中，在不同的窗口、不同的地方，鼠标指针的形状可能是不一样的，可以用不同的鼠标指针来反映其信息。在 Visual Basic 中，可以通过设置

MousePointer 和 MouseIcon 属性来改变鼠标指针的形状。

MousePointer 属性指定在运行时当鼠标指针移动到对象上时鼠标指针的形状,窗体和多数控件对象都具有该属性,该属性既可以在属性窗口中设置,也可以在程序代码中设置。

MousePointer 属性是一个整数,可以取 0～15,其含义如表 10-5 所示。

表 10-5　MousePointer 属性的取值

常　　量	值	鼠标指针的形状
vbDefault	0	默认值,形状由对象决定
vbArrow	1	箭头
vbCrosshair	2	十字形状(Crosshair 指针)
vbIbeam	3	I 形
vbIconPointer	4	箭头图标(嵌套方框)
vbSizePointer	5	尺寸线(指向上、下、左和右 4 个方向的箭头)
vbSizeNESW	6	右上-左下尺寸线(指向右上和左下方向的双箭头)
vbSizeNS	7	垂直尺寸线(指向上、下两个方向的双箭头)
vbSizeNWSE	8	左上-右下尺寸线(指向左上和右下方向的双箭头)
vbSizeWE	9	水上平尺寸线(指向左、右两个方向的双箭头)
vbUpArrow	10	向上的箭头
vbHourglass	11	沙漏(表示等待状态)
vbNoDrop	12	没有入口:一个圆形记号,表示控件移动受限
vbArrowHourglass	13	箭头和沙漏
vbArrowQuestion	14	箭头和问号
vbSizeAll	15	四向尺寸线(表示改变大小)
vbCustom	99	通过 MouseIcon 属性所指定的自定义图标

当某个对象的 MousePointer 属性被设置为表 10-5 中的某个值时,鼠标光标在该对象内就以相应的形状显示。假定一个文本框的 MousePointer 属性被设置为 3,当鼠标光标进入该文本框时,鼠标光标变为“I”形,而在文本框之外,鼠标光标保持为默认形状。

MouseIcon 属性使用一个图标文件来自定义鼠标形状,图标文件一般以 .ico 和 .cur 为扩展名。只有当 MousePointer 属性被设置为 99 时,该属性才有效。在程序中应该使用 LoadPicture 函数装入磁盘文件来设置此属性,代码如下:

```
Form1.MousePointer = 99
Form1.MouseIcon = LoadPicture(App.Path & "\a1.ico")
```

注意:不同的鼠标指针形状可以向用户反映不同的信息,设置鼠标指针的形状,一般不是为了美观,而是向用户显示当前的工作状态。

在 Windows 中,鼠标指针的形状的应用有一些约定俗成的规则。为了和 Windows 环境相适应,在应用程序中应遵循这些规则,主要有以下几点:

(1) 表示用户当前可用的功能,如“I”形。

鼠标指针形状(属性值为 3)表示插入文本;十字形状(属性值为 2)表示画圆或线,或者表示选择可视对象进行复制或存取。

(2) 表示程序状态的用户可视线索,如沙漏(属性值为 11)表示程序忙,一段时间后将控制权交给用户。

（3）当坐标(X,Y)值为 0 时,改变鼠标指针的形状。

注意：MousePointer 属性与屏幕对象(Screen)一起使用的时候,无论鼠标光标移动到窗体还是其他控件内,鼠标指针的形状都不会改变。超出程序窗口后,鼠标指针的形状便默认为箭头。如果设置 Screen.MousePointer＝0,将按所设窗体或控件的 MousePointer 属性显示鼠标指针的形状。

上面说过,MousePointer 属性既可以在属性窗口中设置,也可以在程序代码中设置。在程序代码中设置 MousePointer 属性的一般格式如下：

对象.MousePointer = 设置值

这里的"对象"可以是窗体、屏幕、框架、组合框、复选框、命令按钮、文本框、标签、图形、图片框、滚动条、列表框、目录列表框、驱动器列表框、文件列表框等,"设置值"是表 10-4 中的一个值。

例 10.6 编写程序,在窗体上改变鼠标指针的形状。

```
Private Sub Form_Click()
    Static x As Integer
    Cls
    Print "当前鼠标指针形状的值为: "& x
    Form1.MousePointer = x
    x = x + 1
    If x = 16 Then x = 0
End Sub
```

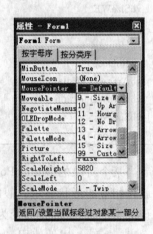

图 10-6   MousePointer 属性

上述程序运行后,把鼠标指针移到窗体内,每单击一次,变换一种鼠标指针的形状,依次显示鼠标指针的 15 个属性。

在属性窗口中设置 MousePointer 属性时,单击属性窗口中的 MousePointer 属性,然后单击设置框右边向下的箭头,将在下拉列表中显示 MousePointer 的 15 个属性值。单击某个属性值,即可把该值设置为当前活动对象的属性,如图 10-6 所示。

10.4   综合应用程序举例

按要求在窗体上画出下面的控件,并以 sjt5.vbp 保存在磁盘上。窗体左边的图片框名称为 Picture1,框中还有 6 个小图片框,它们是一个数组,名称为 Pic；在窗体右边从上到下有 3 个显示不同物品的图片框,名称分别为 Picture2、Picture3、Picture4,还有一个文本框 Text1 以及 4 个标签,如图 10-7(a)所示。

程序运行时,可以用鼠标拖曳的方法把右边的物品放到左边的图片框中(右边的物品不动),同时把该物品的价格累加到 Text1 中,如图 10-7(b)所示,最多可放 6 个物品。

实现此功能的方法是：程序刚运行时,Picture1 中的图片框数组不显示,当拖曳一次物品时,显示一个图片框数组元素,并在该图片框数组元素中加载相应的图片,产生物品被放入的效果。

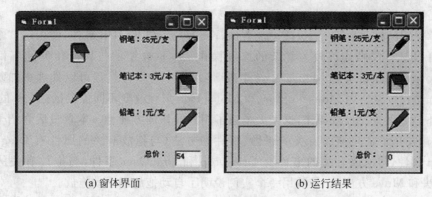

(a) 窗体界面　　　　　　(b) 运行结果

图 10-7　运行程序

文件中已经给出了所有控件和程序,但程序不完整,分析后请去掉程序中的注释符,把程序中的"?"改为正确的内容。

```
Dim str As String, a As Integer
Private Sub Picture1_DragDrop(Source As Control, X As Single, Y As Single)
    Dim k As Integer
    str = ""
'   Select Case  ? .Name
        Case "Picture2"
            str = "t2.ico"
            a = 25
        Case "Picture3"
            str = "t3.ico"
            a = 3
        Case "Picture4"
            str = "t4.ico"
            a = 1
    End Select
'   For k = 0 To ?
'       If Pic(k).Visible = ? Then
            Pic(k).Picture = LoadPicture(str)
            Pic(k).BorderStyle = 0
'            Pic(k). ? = True
'            Text1 = Text1 + ?
            Exit For
        End If
    Next k
End Sub
```

说明:t2.ico、t3.ico、t4.ico 为图标文件,可以用另一图标替换。

10.5　本章小结

本章主要介绍了与键盘和鼠标有关的事件过程,最后还介绍了鼠标的拖放操作。窗体和大多数控件都能响应键盘和鼠标事件,使用键盘事件可以处理当按下或释放键盘上的某个键时所执行的操作,解释和处理 ASCII 字符。使用鼠标事件可以跟踪鼠标的操作,判断按下的是哪一个鼠标键等,还能响应鼠标键与 Shift、Ctrl 和 Alt 键的各种组合。

本章介绍的键盘事件有 KeyPress 事件、KeyDown 和 KeyUp 事件,使用这 3 个键盘事件过程可以编写代码处理较为复杂的按键操作。本章介绍的与鼠标相关的事件过程有 MouseDown、MouseUp 和 MouseMove 事件,使用这 3 个事件过程可以处理更加复杂的鼠标事件。用户可以使用 MousePointer 和 MouseIcon 属性改变不同位置鼠标光标的形状。

另外,VB 还支持拖放操作,这大大增强了用户操作的方便性。本章最后介绍了鼠标释放操作,首先介绍了与拖放有关的属性、事件和方法(与拖放有关的属性有 DragMode 和 DragIcon 属性,与拖放有关的事件有 DragDrop 和 DragOver 事件,与拖放有关的方法有 Drag 方法和 Move 方法)。最后用一个实例说明了自动拖放和手动拖放。

10.6   课后练习与上机实验

一、选择题

1. 窗体中有以下事件过程:

```
Private Sub Form_MouseDown(Button As Integer, Shift As Integer, X As Single, Y As Single)
If Button = 2 Then
    Print "XXXXXX"
End If
End Sub
Private Sub Form_MouseUp(Button As Integer, Shift As Integer, X As Single, Y As Single)
    Print "YYYYYY"
End Sub
```

程序运行后,如果在窗体上按下并放开鼠标左键,则窗体上输出的结果是(   )。

    A) XXXXXX   B) YYYYYY

    C) 没有任何输出   D) XXXXXX,YYYYYY

2. 下列关于 KeyDown 事件的参数的说法错误的是(   )。

    A) Shift 参数是 KeyDown 事件发生时,Shift、Ctrl、Alt 3 个键的状态

    B) KeyCode 参数与 KeyPress 事件的 KeyAscii 参数是一样的

    C) KeyDown 事件的参数不能省略

    D) KeyDown 事件的参数可以省略

3. 在窗体上画一个文本框(Text1),然后编写以下事件过程:

```
Private Sub Text1_KeyPress(KeyAscii As Integer)
Print UCase(Chr(KeyAscii))
End Sub
```

运行后在文本框中输入 a 不按回车键,窗体上的输出结果是(   )。

    A) A   B) a   C) 65   D) 没有输出

4. 若看到程序中有以下事件过程,则可以肯定的是,当程序运行时(   )。

```
Private Sub Click_MouseDown(Button As Integer, _ Shift As Integer,X As Single,Y As Single)
```

```
Print "VB Program"
End Sub
```

    A）用鼠标左键单击名称为 Command1 的命令按钮时执行此过程

    B）用鼠标左键单击名称为 MouseDown 的命令按钮时执行此过程

    C）用鼠标右键单击名称为 MouseDown 的控件时执行此过程

    D）用鼠标左键或右键单击名称为 Click 的控件时执行此过程

5. 要求当鼠标指针在图片框 P1 中移动时立即在图片框中显示鼠标指针的位置坐标，下面能正确实现上述功能的事件过程是（   ）。

    A）Private Sub P1_MouseMove（Button As Integer，Shift As Integer，X As Single，Y As Single）

        Print X，Y

     End Sub

    B）Private Sub P1_MouseDown（Button As Integer，Shift As Integer，X As Single，Y As Single）

        Picture.Print X，Y

    End Sub

    C）Private Sub P1_MouseMove（Button As Integer，Shift As Integer，X As Single，Y As Single）

        P1.Print X，Y

     End Sub

    D）Private Sub Form_MouseMove（Button As Integer，Shift As Integer，X As Single，Y As Single）

        P1.Print X，Y

    End Sub

6. 有下面事件过程：

```
Private Sub Form_MouseMove(Button As Integer, Shift As Integer, X As Single, Y As Single)
If Button = 2 Then
    Form1.PSet(X, Y)          ' PSet 方法可以在 X,Y 处画一个点
  End If
End Sub
```

程序运行后，产生的效果是（   ）。

    A）在窗体上每单击鼠标左键一次，就在鼠标指针位置处画一个点

    B）按着鼠标左键移动鼠标，可以在窗体上画出鼠标指针的运动轨迹

    C）按着鼠标右键移动鼠标，可以在窗体上画出鼠标指针的运动轨迹

    D）不按任何鼠标键移动鼠标，可以在窗体上画出鼠标指针的运动轨迹

7. 编写以下程序：

```
Private Sub Form_Click()
Print "Welcome!"
End Sub
```

```
Private Sub Form_MouseDown(Button As Integer, Shift As Integer, X As Single, Y As Single)
Print "欢迎!"
End Sub
Private Sub Form_MouseUp(Button As Integer, Shift As Integer, X As Single, Y As Single)
Print "热烈欢迎!"
End Sub
```

程序运行后,单击窗体,输出结果为(　　　)。

A) 欢迎! 热烈欢迎! Welcome!

B) 欢迎! Welcome! 热烈欢迎!

C) Welcome! 欢迎! 热烈欢迎!

D) Welcome! 热烈欢迎! 欢迎!

8. 窗体上有一个名称为 Text1 的文本框,一个名称为 Label1 的标签。程序运行后,如果在文本框中输入信息,则立即在标签中显示相同的内容。以下可以实现上述操作的事件过程为(　　　)。

A) Private Sub Label1_Click()

    Label1. Caption ＝ Text1. Text

    End Sub

B) Private Sub Label1_Change()

    Label1. Caption ＝ Text1. Text

    End Sub

C) Private Sub Text1_Click()

    Label1. Caption ＝ Text1. Text

    End Sub

D) Private Sub Text1_Change()

    Label1. Caption ＝ Text1. Text

    End Sub

9. 下列操作说明中,错误的是(　　　)。

A) 在具有焦点的对象上进行一次按下字母键的操作会引发 KeyPress 事件

B) 可以通过 MousePointer 属性设置鼠标指针的形状

C) 不可以在属性窗口中设置 MousePointer 属性

D) 可以在程序代码中设置 MousePointer 属性

10. 窗体的 MouseUp 事件过程如下:

```
Private Sub Form_MouseUp(Button As Integer, Shift As Integer, X As Single, Y As Single)
…
End Sub
```

关于以上定义,以下叙述中错误的是(　　　)。

A) 根据 Shift 参数能够确定使用转换键的情况

B) 根据 X、Y 参数可以确定触发此事件时鼠标指针的位置

C) Button 参数的值是在 MouseUp 事件发生时系统自动产生的

D) MouseUp 是鼠标指针向上移动时触发的事件

11. 下面不是键盘事件的是(　　)。

    A）KeyDown   B）KeyUp   C）KeyPress   D）KeyCode

二、上机题

1. 在窗体上画一个文本框，然后编写一个程序。程序运行后，如果按下键盘上的 A、B、C、D 键，则在文本框中显示 EFDH。

2. 编写一个程序，当同时按下 Alt、Shift 和 F6 键时，在窗体上显示"再见!"，并终止程序的运行。

3. 编写一个类似于"回收站"的程序，用适当的图形作为"回收站"。程序运行后，把窗体上其他的对象拖到"回收站"上，松开鼠标键后，显示一个信息框，询问是否确实要把该对象放入"回收站"，此时单击"是"按钮即放入"回收站"，对象从窗体上消失；单击"否"按钮，则对象回到原来的位置。

第11章　文　　件

"文件"是指一组相关数据的有序集合,例如用 Word 或 Excel 编辑的文档或表格都是一个文件。前面编写的应用程序,其数据的输入都是通过使用键盘、文本框或 InputBox 对话框来实现的,程序的运行结果是打印到窗体或其他可用于显示的控件上。但如果要再次查看结果,就必须重新运行程序,并重新输入数据。另外,当计算机关闭或退出应用程序时,其相应的数据也将全部丢失,无法重复使用这些数据。因此为了长期保存数据,方便修改和供其他程序调用,必须将其以文件的形式保存在磁盘中。

Visual Basic 具有较强的文件处理能力,同时又提供了用于制作文件系统的控件和与文件管理有关的语句、函数,用户既可以直接读写文件,又可以方便地访问文件系统。

本章主要任务:

(1) 理解 Visual Basic 文件系统的基本概念;

(2) 掌握文件系统控件的使用;

(3) 掌握顺序、随机文件的打开、读写、关闭操作;

(4) 掌握与文件管理有关的常用语句、函数的使用。

11.1　文件的概念与操作

Visual Basic 的输入/输出既可以在标准输入/输出设备上进行,也可以在其他外部设备上进行,例如磁盘、磁带等存储器上。由于存储器上的数据是由文件构成的,因此非标准的输入/输出通常称为文件处理。在目前微机系统中,除终端以外,使用最广泛的输入/输出设备就是磁盘。下面介绍 Visual Basic 的文件处理功能以及与文件系统有关的控件。

11.1.1　文件的概念

文件是存储在外部介质上的数据的集合。磁盘文件是由数据记录组成的。记录是计算机处理数据的基本单位,它由一组具有相同属性相互关联的数据项组成。根据计算机访问文件的方式可以将文件分为 3 类,即顺序文件、随机文件和二进制文件。

1. 文件的结构

为了有效地存取数据,数据必须以某种特定的方式存放,这种特定的方式称为文件结构。Visual Basic 文件由记录组成,记录由字段组成,字段由字符组成。

1) 字符

字符(Character)是构成文件的基本单位。字符可以是数字、字母、特殊符号或单一字节。这里所说的"字符"一般为西文字符，一个西文字符用一个字节存放。如果为汉字字符，包括汉字和"全角"字符，则通常用两个字节存放。也就是说，一个汉字字符相当于两个西文字符。一般把用一个字节存放的西文字符称为"半角"字符，而把汉字和用两个字节存放的字符称为"全角"字符。注意，Visual Basic 6.0 支持双字节字符，当计算字符串长度时，一个西文字符和一个汉字都作为一个字符计算，但它们所占的内存空间是不一样的。例如，字符串"VB 程序设计"的长度为 6，而所占的字节数为 10。

2）字段

字段（Field）由若干个字符组成，用来表示一项数据。例如邮政编码"20140901"就是一个字段，它由 8 个字符组成。姓名"张三丰"也是一个字段，它由 3 个汉字组成。

3）记录

记录（Record）由一组相关的字段组成。例如在通讯录中，每个人的姓名、单位、地址、电话号码等构成一个记录，在 Visual Basic 中，以记录为单位处理数据。

4）文件

文件（File）由记录构成，一个文件含有一个以上的记录。例如在通讯录中有 100 个人信息，每个人的信息是一个记录，而 100 个记录构成一个文件。

2. 文件的分类

1）顺序文件

顺序文件（Sequential File）的结构比较简单，文件中的记录一个接一个存放。读写文件存取记录时，都必须按记录，顺序逐个进行。所以要在顺序文件中找一个记录，必须从第一个记录开始读取，直到找到该记录为止。

顺序文件的优点是文件结构简单，且容易使用；缺点是如果要修改数据，必须将所有数据读入到计算机内存中进行修改，然后再将修改好的数据重新写入磁盘。由于无法灵活地随意存取，它只适用于有规律的、不经常修改的数据，例如文本文件。

2）随机文件

随机文件（Random Access File）是可以按任意次序读写的文件，其中每个记录的长度必须相同。在这种结构中，每个记录都有其唯一的记录号，所以在读取数据时，只要知道记录号便可以直接读取记录。随机文件数据是作为二进制信息存储的。随机文件的优点是存取数据快，更新容易；其缺点是所占空间较大，设计程序较烦琐。

3）二进制文件

二进制文件（Binary File）是字节的集合，它直接把二进制存放在文件中。除了没有数据类型或者记录长度的含义以外，它与随机访问很相似。二进制访问模式以字节数来定位数据，在程序中可以按任何方式组织和访问数据，对文件中的各字节数据直接进行存取。因此，这类文件的灵活性最大，但程序的工作量也最大。

11.1.2 文件的操作

1. 文件读写与设备间的关系

文件读写与设备间的关系如图 11-1 所示。

说明：

(1) 图中的标识号①指数据从内存到磁盘这一过程，称之为写、写磁盘或输出，关键字

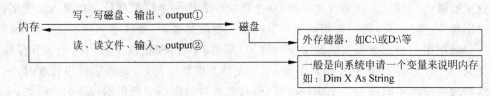

图 11-1　文件输入与输出的关系

为 Output。磁盘即为外存储器,例如 C 盘等存储介质。

(2) 图中的标识号②指数据从磁盘到内存这一过程,称之为读、读文件或输入,关键字为 Input。通常以变量的形式表示内存。

2. 对文件的操作

在 Visual Basic 中,无论是顺序文件、随机文件还是二进制文件,其操作分 3 个步骤:

1) 文件的打开(建立)

一个文件必须先打开或建立后才能使用。如果一个文件已经存在,则打开该文件;如果不存在,则建立该文件,通常用关键字 Open。

2) 文件的读写

在打开(或建立)的文件上执行所要求的输入/输出操作。不同的文件输入/输出的关键字与格式有不同的要求,读者可具体参阅其后不同文件的读写操作。

3) 文件的关闭

文件处理读写完毕后,需要关闭,其关键字为 Close。

11.2　顺　序　文　件

在程序中对文件的操作通常按 3 个步骤进行,即打开、读取或写入、关闭。

11.2.1　顺序文件的打开

在 Visual Basic 中,使用 Open 语句打开要操作的文件。

1. 格式

Open FileName For [Input | Output | Append] [Lock]As Filenumber [Len = Buffersize]

2. 说明

(1) Open:为文件的输入/输出分配缓冲区,并确定缓冲区所使用的存取方式。

(2) FileName:为文件名,该文件名一般包括盘符、路径及文件名,不能省略。

(3) For:关键字,以…方式。

(4) Input:指定顺序输入方式,可从文件中把数据读入内存。FileName 指定的文件必须是已存在的文件,否则会出错。另外,不能对此文件进行写操作。

(5) Output:指定顺序输出方式,可以将数据写入文件。如果 FileName 指定的文件不存在,则创建新文件,如果是已存在的文件,系统则覆盖原文件。注意,不能对此文件进行读操作。

(6) Append:指定顺序输出方式。与 Output 不同的是,当用 Append 方式打开文件时,文件指针被定位在文件末尾。如果对文件执行写操作,则写入的数据附加到原来文件的后面。

(7) Filenumber:为每个打开的文件指定一个文件号,在后续程序中可以用此文件号来指代相应的文件,参与文件读写和关闭命令,文件号为 1～511 之间的整数。用户可以使用 Freefile 函数获得下一个要利用的文件号。

(8) Buffersize:可选参数,用于在文件与程序之间复制数据时指定缓冲区的字符数。

(9) Lock:可选参数,设定要打开文件的共享权限,它可以是下列关键字之一。

- Shared:其他文件可以读写此文件。
- Lock Read:其他文件不能读此文件。
- Lock Write:其他文件不能写此文件。
- Lock Read Write:其他文件不能读也不能写此文件操作。

例如:

```
Open "C:\Temp\A.txt" For Input As #1
```

表示将 C 盘根目录下的 Temp 目录下的文件 A.txt 打开进行读入操作,文件号为 1,此时文件不可写。注意,"C:\Temp\A.txt"尽量用相对路径。

11.2.2 顺序文件的读写

1. 写操作:Print 语句与 Write 语句

如果要向顺序文件中写入(存储)内容,应以 Output 或 Append 方式打开文件,然后使用 Print 语句或 Write 语句。其格式分别如下:

(1) Print　#<文件号>,[<输出列表>]

(2) Write　#<文件号>,[<输出列表>]

以 Print 方式写时,数据写入文件的格式与使用 Print 方法获得屏幕输出的格式相同。Write 的各项含义与 Print 相同,但输出列表只用逗号分隔,数据写入文件中以紧凑格式存放,各数据项之间插入","分隔,字符串加上双引号,并在最后一个数据写入后插入一个回车换行符,以此作为记录结束标记。

例 11.1　Print 与 Write 语句输出数据结果比较。

```
Private Sub Command1_Click()
Dim sName As String
Dim age As Integer
sName = "成吉思汗"
age = 852
Open "D:\userInfo.txt" For Output As #1
    Print #1, sName, age
    Write #1, sName, age
Close #1
End Sub
```

上面的程序运行后,在 D 盘根目录中将建立一个名为 userInfo.txt 的文本文件,并写入两行数据。使用记事本打开该文件,可见其输出结果,如图 11-2 所示。

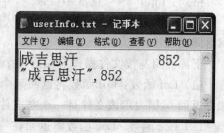

图 11-2　Print 与 Write 的输出结果比较

例 11.2 编写程序,把一个文本框中的内容以文件形式存入磁盘。

假定文本框的名称为 Text1、文件名为 MyFile. txt。

方法一:把整个文本框内容一次性地写入文件。

```
Private Sub Command1_Click()
    Open "D:\MyFile.txt" For Output As #1
        Print #1, Text1.Text
    Close #1
End Sub
```

方法二:把整个文本框的内容一个字符一个字符地写入文件。

```
Private Sub Command1_Click()
Open "D:\MyFile.txt" For Output As #1
    For i = 1 To Len(Text1.Text)
        Print #1, Mid(Text1.Text, i, 1);
    Next i
Close #1
End Sub
```

2. 读操作

在程序中,如果要使用一个现存文件中的数据,必须先把它的内容读入到程序的变量中,然后操作这些变量。

如果要从现存文件中读入数据,应以顺序 Input 方式打开该文件,然后使用 Line Input #、Input()函数或者 Input #语句将文件读入到程序变量中。

1) Input #语句

格式:Input #<文件号>,<变量列表>

说明:从文件中依次读出数据,并放在变量列表中对应的变量中,变量的类型与文件中数据的类型要求一致。为了能够用 Input #语句将文件的数据正确地读入到变量中,要求文件中的各项数据项用分隔符分开。

2) Line Input 语句

格式:Line Input #<文件号>,<字符串变量>

说明:从已打开的顺序文件中读出一行,并将它分配给字符串变量。Line Input #语句一次只从文件中读出一个字符,直到遇到回车符(Chr(13))或回车换行符(Chr(13)+Chr(10))为止。回车换行符将被跳过,且不会被附加到字符变量中。

3) Input 函数

格式:Input $(<读取字符数>,#<文件号>)

说明:该函数根据所给定的参数从指定文件中读取指定的字符数,并以字符串形式返回给调用程序。

下面介绍与读文件操作有关的几个函数。

(1) Lof 函数:Lof 函数将返回某个文件的字节数。例如,Lof(1)返回 #1 文件的长度,如果返回 0,则表示该文件是一个空文件。

(2) Loc 函数:Loc 函数将返回在一个打开文件中读写的记录号。对于二进制文件,它将返回最近读写的一个字节的位置。

（3）Eof 函数：Eof 函数将返回一个表示文件指针是否到达文件末尾的标志。如果到了文件末尾,Eof 函数返回 True(-1),否则返回 False(0)。

例 11.3 编写程序,将一个文本文件的内容读到文本框中。

假定文本框的名称为 Text1、文件名为 MyFile.txt,可以使用以上 3 种方法来实现。

方法一：一个字符一个字符地读。

```
Private Sub Command1_Click()
Dim s As String * 1
Text1.Text = ""
Open "D:\MyFile.txt" For Input As #1
Do While Not EOF(1)
    s = Input(1, #1)
    Text1.Text = Text1.Text + s
Loop
Close #1
End Sub
```

方法二：一行一行地读文件。

```
Private Sub Command1_Click()
Text1.Text = ""
Open App.Path &"\MyFile.txt" For Input As #1
Do While Not EOF(1)
Line Input #1, s
    Text1.Text = Text1.Text + s + vbCrLf        'vbCrLf 为表示回车换行符的系统常量
Loop
Close #1
End Sub
```

方法三：一次性读入文件。

```
Private Sub Command1_Click()
Text1.Text = ""
Open App.Path &"\MyFile.txt" For Input As #1
Text1.Text = Input(LOF(1), 1)
Close #1
End Sub
```

注意：当使用 App.Path 时,请把当前工程和 MyFile.txt 文件存放在同一目录下。

11.2.3 顺序文件的关闭

打开一个文件 Input、Output 或 Append 以后,在被其他类型的操作重新打开之前必须先使用 Close 语句关闭它。Close 语句的使用格式如下：

```
Close [FileNumberList]
```

FileNumberList 为可选项,表示文件号列表,例如 #1,#2,#3,如果省略,则将关闭 Open 语句打开的所有活动文件。

例如：

```
Close #1, #2, #3
Close
```

11.3 随机文件

在随机文件中,每个记录都有自己的记录号,用户可以直接通过记录号访问某条记录,并且每条记录的长度必须相同。

11.3.1 随机文件的打开

1. 格式

Open FileName For Random [Access <Mode>][Lock] As Filenumber [Len = Reclength]

2. 说明

用 Open 命令以 Random 模式打开随机文件,同时指出记录的长度。文件打开后,可同时进行读写操作。

其中,FileName、Filenumber、Lock 选项的含义与顺序文件相同。Reclength 为记录的长度字节数,默认值是 128Byte。

Access <Mode>为可选参数,Access 是关键字,<Mode>是操作模式,说明打开的文件可以进行的操作,有 Read、Write、Read Write 操作,默认为 Read Write。

3. 应用

```
Open "D:\MyFile.txt" For Random Access Read As #1 Len = 20
```

11.3.2 随机文件的读写

1. 写操作

格式:

Put [#]<文件号>,[<记录号>],<表达式>

功能:将一个记录变量的内容写到指定的记录位置处。若忽略记录号,则表示在当前记录后的位置插入一条记录。

说明:

(1) Put:该命令指写随机文件。

(2) <文件号>:已打开的随机文件的文件号。

(3) <记录号>:可选参数,用于指定把数据写到文件中的第几个记录上。如果省略这个参数,则写上一次读写记录的下一个记录。如果打开文件,尚未进行读写,则为第一个记录。记录号应是大于等于1的整数。

(4) <表达式>:要写入文件中的数据,可以是变量。

Put 命令将"表达式"的值写入由记录号指定的记录位置处,同时覆盖原记录内容。如果省略记录号,则表示在当前记录后插入一条记录。随机文件的操作不受当前文件中的记录数的限制。假设当前文件中有5条记录,则可使用 Put 语句把数据写在第2条记录上,原来第 2 条记录上的将数据被覆盖；也可以使用 Put 语句把数据写在第 8 条记录上，系统将自动在第 6、7 条记录上填写随机数据。

2. 读操作

使用 Get 命令读取随机文件中的记录，其格式如下：

  Get [♯]文件号,[记录号],变量名

其功能是将指定的记录内容存放到变量中。记录号为大于等于 1 的整数，如果省略记录号，则表示读取当前记录。

11.3.3 随机文件的关闭

随机文件的关闭同 11.2.3 节顺序文件的关闭，即用 Close [FileNumberList]，详细内容请读者参考 11.2.3 节。

  例 11.4 有随机文件如表 11-1，则其读写步骤如下。

表 11-1 随机文件中的两条记录

姓名	性别	年龄	电话
张三	女	20	13522020132
成吉思汗	男	853	15655656552

  第一步：先创建一个模块（扩展名为 .bas），选定窗体右击，在出现的下拉列表中选择新建模块。

  第二步：在模块中建立自定义数据类型（其实就是做上面表格中的字段（姓名、性别、年龄、电话）的数据类型）。

```
Type  Employee
        UserName  As  String * 16
        Sex  As  String * 4
        Age  As  Integer
        Tel  As  String * 11
End  Type
```

第三步：切换到窗体，找一个事件。假设是 Command1_Click()，然后开始文件的读写操作。

```
Private Sub Command1_Click()
Dim S(2) As Employee
S(1).UserName = "张三"
S(1).Sex = "女"
S(1).Age = 20
S(1).Tel = "13522020132"

S(2).UserName = "成吉思汗"
S(2).Sex = "男"
S(2).Age = 853
S(2).Tel = "15655656552"

Open App.Path &"\in.txt" For Random As #1 Len = Len(S(2))
    For i = 1 To 2
        Put #1, i, S(i)
```

```
    Next i
Close #1
End Sub
```

如果是把磁盘中的随机文件读到内存中(存入到一个控件属性中显示出来),将上面第三步中的代码改为下面的代码:

```
Private Sub Command2_Click()
Dim S As Employee
Open App.Path &"\in.txt" For Random As #1 Len = Len(S)
For i = 1 To 2
    Get #1, i, S
    Print S.UserName, S.Sex, S.Age, S.Tel
Next i
Close #1
End Sub
```

11.4　二进制文件

二进制文件中的内容是以字节为基本单位进行存取操作的。与随机文件相同的是,二进制文件打开后,读写操作可同时进行。因此,二进制访问能提供对文件的完全控制。此外,因为二进制文件存储的信息和内存数据具有完全一致的格式,因而不需要再对数据进行编码转换。因此,当需要保证文件大小尽量小时,应使用二进制文件。

对二进制文件操作时所使用的语句和对随机文件进行操作的语句与方法基本相似,都是使用 Seek 语句、Seek 函数、Put 方法和 Get 方法,但又稍有区别,下面介绍具体的操作方法。

11.4.1　二进制文件的打开

1. 格式

Open FileName For Random [Access <Mode>][Lock] As Filenumber

2. 说明

可以看到,以二进制方式打开文件和以随机存取方式打开文件不同的是,前者使用 For Binary,后者使用 For Random;前者不指定 Len＝Reclength。如果在二进制访问的 Open 语句中包括了记录长度,则将被忽略。

11.4.2　二进制文件的读写

1. 写文件

访问二进制文件与访问随机文件类似,也是用 Get 和 Put 语句读写,区别在于二进制文件的读写单位是字节,而随机文件的读写单位是记录。二进制文件的语句形式如下:

Put　[#]<文件号>,[<位置>],<变量名>

Put 命令从"位置"指定的字节数开始,一次写入长度等于变量长度的数据。如果省略位置,则表示从文件指针所指的当前位置开始写入。

2. 读文件

读二进制文件的形式如下:

Get [♯]<文件号>,[<位置>],<变量名>

Get 命令从指定位置开始读取长度等于变量长度(字节数)的数据并存放到变量中。如果省略位置,则从文件指针所指的位置开始读取,数据读出后移动变量长度位置。

另外,也可以使用 Input 函数返回从文件指针当前位置开始指定字节数的字符串,通常的使用格式如下:

变量名 = Input(<字节数>, ♯<文件号>)

11.4.3 二进制文件的关闭

关闭、打开二进制文件的方法与前面相同。

例 11.5 编写程序,将 D: 盘目录中的文件 userInfo. txt 复制到 C: 盘,且将文件名改为 MyFile. txt。

```
Private Sub Command1_Click()
Dim char As Byte
Open "D:\userInfo. txt" For Binary As ♯1        '打开源文件
Open "C:\MyFile. txt" For Binary As ♯2          '打开目标文件
Do While Not EOF(1)
    Get ♯1, , char                              '从源文件读出一个字节
    Put ♯2, , char                              '将一个字节写入目标文件
Loop
Close ♯1, ♯2
End Sub
```

上例仅用来说明二进制文件的读写操作,在 Visual Basic 系统中还提供了文件复制命令 FileCopy,可以用来完成上面的操作。

11.5   文件系统控件

文件系统控件包括驱动器列表框、目录列表框和文件列表框,这 3 个列表框经常结合起来使用。

(1) 驱动器列表框是下拉式列表框,默认时在用户系统上显示当前驱动器。当该控件获得焦点时,用户可以从中选择任何有效的驱动器标识符。

(2) 目录列表框从最高层目录开始显示用户系统上的当前驱动器目录结构。在列表中上、下移动时将依次突出显示每个目录项。

(3) 文件列表框在运行时显示由 Path 属性指定的包含在目录中的文件。

Visual Basic 提供了 3 种可直接浏览系统目录结构和文件的常用控件,这 3 种控件在工具箱上为驱动器列表框(DriveListBox) ▭ 、目录列表框(DirListBox) ▭ 、文件列表框(FileListBox) ▤。结合使用这 3 个控件和文件操作语句,可以编写完整的文件管理程序,

其管理器界面如图 11-3 所示。

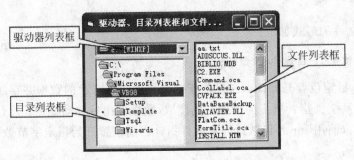

图 11-3　驱动器、目录和文件列表框

11.5.1　驱动器列表框和目录列表框

1. 驱动器列表框

驱动器列表框(DriveListBox)及后面介绍的目录列表框、文件列表框有许多标准属性，包括 Enabled、FontBold、Font 组、Height、Left、Name、Top、Visible、Width，这些属性的作用与其他一些控件基本类似，这里不再赘述。

此外，驱动器列表框还有一个 Drive 属性，用来设置或返回所选择的驱动器名。Drive 属性只能用程序代码设置，不能通过属性窗口设置。其格式如下：

Object.Drive = 驱动器字符串

例如在"Drive1. Drive＝"C：\""中，Drive1 是一个驱动器列表框对象的名称。

在程序执行期间，驱动器列表框下拉显示系统拥有的所有可用驱动器名称。在一般情况下，只显示当前的磁盘驱动器名称。如果单击列表框右端向下的箭头，则把计算机所有的驱动器名称全部在下拉列表中显示出来，如图 11-4 所示。单击某个驱动器名，即可把它变为驱动器列表框对象的当前驱动器，同时还会触发该驱动器列表框对象的 Change 事件。

2. 目录列表框

目录列表框(DirListBox)控件用来显示当前驱动器目录结构及当前目录下的所有子文件夹(子目录)，供用户选择其中一个目录为当前目录。顶层目录用一个打开的文件夹表示，当前目录用一个加了阴影的文件夹来表示，当前目录下的子目录用关闭的文件夹表示，如图 11-5 所示。

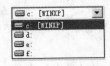

图 11-4　运行时的驱动器列表框控件

图 11-5　运行时的目录列表框控件

Path 属性是目录列表框控件最常用的属性，用于返回或设置当前路径。该属性在设计时是不可用的。其使用格式如下：

```
Object.Path [ = <字符串表达式>]
```

- Object：对象表达式，其值是目录列表框的对象名。
- <字符串表达式>：用来表示路径名的字符串表达式。

例如，在"Dir1.Path=" C:\Mydir""中，Dir1 是一个目录列表框对象的名称，默认是当前路径。

对于 List、ListCount 和 ListIndex 等属性，这些属性与列表框（ListBox）控件的基本相同。

目录列表框中的当前目录的 ListIndex 值为－1，紧邻其上的目录的 ListIndex 值为－2，再上一个的 ListIndex 值为－3，如图 11-6 所示。

对于驱动器列表框，在程序运行时，每当改变当前目录，即目录列表框的 Path 属性发生变化时，都要触发其 Change 事件发生。

图 11-6　目录列表框的 ListIndex 的值

11.5.2　文件列表框

文件列表框（FileListBox）控件用来显示 Path属性指定的目录中的文件定位并列举出来。该控件用来显示所选择文件类型的文件列表。

1. 常用属性

（1）Path 属性：用于返回和设置文件列表框的当前目录，在设计时不可用。当 Path 的值改变时，会引发一个 PathChange 事件。

（2）FileName 属性：用于返回或设置被选定文件的文件名，在设计时不可用。FileName 属性不包括路径名。

（3）Pattern 属性：用于返回或设置文件列表框所显示的文件类型，可在设计状态设置或在程序运行时设置。省略时表示所有文件。其设置形式如下：

```
Object.Pattern [ = value]
```

其中，value 是一个用来指定文件类型的字符串表达式，可使用包含通配符（"＊"和"?"）。例如：

```
File1.Pattern = " ＊.txt "
File1.Pattern = " ＊.txt; ＊.doc"
File1.Pattern = "???.txt"
```

注意：如果要指定显示多个文件类型，使用";"作为分隔符，重新设置 Pattern 属性引发 PatternChange 事件。

（4）List、ListCount 和 ListIndex 属性：文件列表框中的 List、ListCount 和 ListIndex 属性与列表框（ListBox）控件的 List、ListCount 和 ListIndex 属性的含义和使用方法相同，在程序中对文件列表框中的所有文件进行操作，就要用到这些属性。

例如，下段程序是将文件列表框（File1）中的所有文件名显示在窗体上。

```
For i = 0 To File1.ListCount － 1
```

```
        Print File1.List(i)
    Next i
```

（5）文件属性：

- Archive：True，只显示文档文件；
- Normal：True，只显示正常标准文件；
- Hidden：True，只显示隐含文件；
- System：True，只显示系统文件；
- ReadOnly：True，只显示只读文件。

（6）MultiSelect 属性：文件列表框的 MultiSelect 属性与 ListBox 控件中的 MultiSelect 属性的使用完全相同。默认情况下为 0，即不允许选取多项。

2. 主要事件

1）PathChange 事件

当路径被代码中的 FileName 或 Path 属性的设置改变时，此事件发生。

说明：可使用 PathChange 事件过程来响应 FileListBox 控件中路径的改变。当将包含新路径的字符串给 FileName 属性赋值时，FileListBox 控件就调用 PathChange 事件过程。

2）PatternChange 事件

当文件的列表样式（如" * . * "）被代码中对 FileName 或 Path 属性的设置改变时，此事件发生。

说明：可使用 PatternChange 事件过程来响应 FileListBox 控件中样式的改变。

3）Click、DblClick 事件

3. 文件系统控件的联动

在实际应用中，驱动器列表框、目录列表框和文件列表框往往需要同步操作，这可以通过 Path 属性的改变引发 Change 事件来实现。例如：

```
Private Sub Dir1_Change()
    File1.Path = Dir1.Path
End Sub
```

该事件过程使窗体上的目录列表框 Dir1 和文件列表框 File1 产生同步。因为目录列表框 Path 属性的改变将产生 Change 事件，所以在 Dir1_Change 事件过程中把 Dir1.Path 赋给 File1.Path 就可以产生同步效果。

类似地，增加下面的事件过程，就可以使 3 种列表框同步操作：

```
Private Sub Drive1_Change()
    Dir1.Path = Drive1.Drive
End Sub
```

该过程使驱动器列表框和目录列表框同步，前面的过程使目录列表框和文件列表框同步，从而使 3 种列表框同步。其运行结果如图 11-7 所示。

例 11.6 利用文件系统控件、组合框、文本框制

图 11-7 文件系统控件同步的运行结果

作一个文件浏览器,组合框限定文件列表框中显示文件的类型,如选定 * . txt 文件。当在文件列表框中选定要显示的文件时,在文本框中显示出该文件的内容,程序的运行结果如图 11-8 所示。各控件的主要属性设置如表 11-2 所示。

图 11-8　文本浏览器的运行界面

表 11-2　"文本浏览器"中各控件的主要属性设置

控　　　件	属性(属性值)	属性(属性值)	属性(属性值)
窗体	Name(Form1)	Caption(文本浏览)	
驱动器列表框	Name(Drive1)		
目录列表框	Name(Dir1)		
文件列表框	Name(File1)		
组合框	Name(Combo1)	Style(2)	
文本框	Name(Text1)	MultiLine(True)	ScrollBox(3)

程序代码如下:

```
Option Explicit
Private Sub Combo1_Click()                          '选择文件类型
    Dim FileType As String
    Select Case Combo1.Text                         '获取选择的文件类型
        Case "所有文件( * . * )"
            FileType = " * . * "
        Case "Word 文件( * .doc)"
            FileType = " * .doc"
        Case "文本文件( * .txt)"
            FileType = " * .txt"
    End Select
    File1.Pattern = FileType                         '设置文件列表框中所显示文件的类型
End Sub

Private Sub Dir1_Change()                            '当目录列表框改变后,使文件列表框同步
    File1.Path = Dir1.Path
End Sub
Private Sub Drive1_Change()                          '当驱动器改变后,使目录列表框同步
    Dir1.Path = Drive1.Drive
End Sub
Private Sub File1_DblClick()          '若双击选中的文件,则将文件的内容显示在 Text1 中
    Dim st As String, sFullPath As String
    Text1.Text = ""
```

```
        '判断当前目录是否为根目录,并组合得到包含路径的文件名
        If Right(Dir1.Path, 1) = "\" Then
            sFullPath = Dir1.Path & File1.FileName
        Else
            sFullPath = Dir1.Path &"\"& File1.FileName
        End If

        Open sFullPath For Input As #1              '打开文件
        Do While Not EOF(1)                         '读入文件,并将其显示在文本框中
            Line Input #1, st
            Text1.Text = Text1.Text & st & vbCrLf
        Loop
        Close #1                                    '关闭文件
End Sub

Private Sub Form_Load()                             '初始化组合列表框
    Combo1.AddItem "所有文件(*.*)"
    Combo1.AddItem "Word 文件(*.doc)"
    Combo1.AddItem "文本文件(*.txt)"
    Combo1.ListIndex = 2
End Sub
```

11.6   常用的文件操作和目录操作函数

11.6.1   文件操作函数

1. 删除文件(Kill 语句)

格式：

Kill   pathname

功能：删除文件。

说明：在 pathname 中可以使用通配符"*"和"?"。

例如：

```
Kill  "*.txt"; Kill "C:\Mydir\Abc.dat"
```

2. 复制文件(FileCopy 语句)

格式：

FileCopy   source, destination

功能：复制一个文件。

例如：

```
FileCopy "D:\Mydir\Test.doc""A:\MyTest.doc"
```

说明：FileCopy 语句不能复制一个已打开的文件。

3. 文件的更名(Name 语句)

格式：

Name   oldpathname   As   newpathname

功能：重新命名一个文件或目录。

例如：

Name "D:\Mydir\Test.doc" As "A:\MyTest.doc"

说明：

（1）Name 具有移动文件的功能。

（2）不能使用通配符"＊"和"？"，不能对一个已打开的文件使用 Name 语句。

11.6.2　目录操作函数

1. 建立目录（MkDir 语句）

格式：

MkDir　path

功能：创建一个新的目录。

例如：

MkDir "D:\Mydir\ABC"

2. 删除目录（RmDir 语句）

格式：

RmDir　path

功能：删除一个存在的目录。

说明：只能删除空目录。

例如：

RmDir "D:\Mydir\ABC"

说明：RmDir 只能删除空子目录，如果想使用 RmDir 删除一个含有文件的目录或文件夹，则会发生错误。

例 11.7　设计一个简单的学生成绩管理程序，使用随机文件存储学生信息。程序的运行界面如图 11-9 所示，该程序具有添加、修改、删除数据及顺序查询学生信息等功能。按图 11-9 所示设计程序界面，各控件的属性设置如表 11-3 所示。

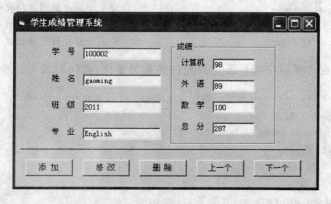

图 11-9　学生成绩管理程序的运行界面

表 11-3 学生成绩管理系统主要控件的属性设置

对　象	属性(属性值)	属性(属性值)	说　明
窗体	Name(Form1)	Caption("学生成绩管理")	
标签框(1~8)	Caption("学号","姓名","班级","专业","计算机","外语","数学","总分")		
直线	Name(Line1)		分隔
文本框 1	Name(TxtId)	Text("")	输入和显示学号
文本框 2	Name(TxtName)	Text("")	输入和显示姓名
文本框 3	Name(TxtClass)	Text("")	输入和显示班级
文本框 4	Name(TxtSubject)	Text("")	输入和显示专业
文本框控件数组	Name(TxtMark)	Index(1~3)	输入和显示 3 门课程的成绩
文本框 6	Name(TxtTotal)	Text("")	显示总成绩
命令按钮 1	Name(CmdAdd)	Caption("添加")	向文件中追加记录
命令按钮 2	Name(CmdChange)	Caption("修改")	修改当前记录
命令按钮 3	Name(CmdDelete)	Caption("删除")	删除当前记录
命令按钮 4	Name(CmdBefore)	Caption("上一个")	显示上一条记录
命令按钮 5	Name(CmdNext)	Caption("下一个")	显示下一条记录

第一步：打开 Visual Basic 6.0，创建一个工程，并存档。

第二步：按表中所列控件及属性在窗体上建立相关控件，并设置其相关属性。

第三步：在标准模块 Module1 中定义学生信息数据类型及全局变量。

```
Type student
    Id As String * 8
    Name As String * 10
    Class As String * 10
    Subject As String * 20
    Mark(1 To 3) As Integer              '定义了一个数组,存放 3 门课程的成绩
End Type
Public stu As student                    '定义 student 类型的变量存放当前记录内容
Public Filename As String                '定义变量存放学生信息文件名
Public Rec_no As Integer                 '定义变量存放当前记录号
Public Rec_total As Integer              '定义变量存放总记录数
Public Rec_long As Integer               '定义变量存放记录长度
```

第四步：在窗体模块中编写各主要控件的相关事件，其代码如下。

```
' ==================== 增加一条记录模块 ====================
Private Sub cmdAdd_Click()
    Dim i As Integer, nmsg As Integer
    Dim temp As String
    For i = 1 To Rec_total
      Get #1, i, stu
      If Trim(stu.Id) = Trim(txtID.Text) Then
```

```
                nmsg = MsgBox("文件中已有该同学的记录,要显示修改此记录吗?", vbYesNo)
            If nmsg = vbYes Then
Rec_no = i
Call display
            Else
            txtclear
            End If
                Exit Sub
End If
            Next i
            Call getData
            Rec_total = Rec_total + 1
            Rec_no = Rec_total                              '在文件末尾添加记录
            Put #1, Rec_no, stu
            temp = MsgBox("记录添加成功,要继续吗(Y/N?)", vbYesNo)
            If temp = vbYes Then
             txtclear
             txtID.SetFocus
            getData
Else
            End If
End Sub
' ==================== 删除一条记录模块 ====================
Private Sub cmdDelete_Click()                       '删除当前记录
    Dim i As Integer
    Dim tempno As Integer
    tempno = Rec_no
    Open Filename &".temp" For Random As #2 Len = Rec_long
    For i = 1 To Rec_total
        If i <> tempno Then
          Get #1, i, stu
          Put #2, , stu
        End If
    Next i
    Close
    Kill Filename
    Name Filename &".temp" As Filename
    Call fileopen
End Sub
' ==================== 显示下一条记录模块 ====================
Private Sub cmdNext_Click()                         '显示下一条记录子过程
    Dim nmsg As Integer
    If Rec_no < Rec_total Then
        Rec_no = Rec_no + 1
        Call display
    Else
    nmsg = MsgBox("已到最后一条记录了,要返回首记录吗?", vbYesNo)
        If nmsg = vbYes Then
            Rec_no = 1
```

```
                    Call display
                End If
            End If
    End Sub
    ' ===================== 显示上一条记录模块 =====================
    Private Sub cmdPriver_Click()                    '显示上一条记录子过程
        If Rec_no > 1 Then
            Rec_no = Rec_no - 1
        Else
            MsgBox "现已是首记录!"
            Exit Sub
        End If
        Get #1, Rec_no, stu
        Call display
    End Sub
    ' ===================== 修改一条记录模块 =====================
    Private Sub cmdUpdate_Click()                    '修改当前记录
        Call getData
        Put #1, Rec_no, stu
        Call display
    End Sub
    ' ================= 窗体下载初始化模块 =================
    Private Sub Form_Load()
        Filename = App.Path &"\student.dat"
        Rec_long = Len(stu)                          '给定随机文件记录长度
        Call fileopen
    End Sub
    ' ================= 打开(建立)文件子过程 =================
    Private Sub fileopen()
        Dim i As Integer
        Open Filename For Random As #1 Len = Rec_long'打开学生信息数据文件
        Rec_long = Len(stu)                          '给定随机文件记录长度
        Rec_total = LOF(1) / Rec_long                '初始化全部记录
        If Rec_total = 0 Then
            Call txtclear
            Exit Sub
        Else
            Rec_no = 1
            Call display
        End If
    End Sub
    ' ================= 清除文本框内容的子过程 =================
    Private Sub txtclear()                           '清除各文本框中内容的子过程
    Dim i As Integer
        txtID.Text = ""
        txtName.Text = ""
        txtClass.Text = ""
        txtSubject.Text = ""
        txtMark(1).Text = ""
        txtMark(2).Text = ""
        txtMark(3).Text = ""
```

```
        txtTotal.Text = ""
        With stu
        txtID = ""
        txtName = ""
        txtClass = ""
        txtSubject = ""
        For i = 1 To 3
        txtMark(i) = ""
        Next i
        End With
End Sub
' ================== 显示当前记录子过程 ==================
Private Sub display()                          '显示当前记录子过程
    Dim i As Integer
    Get #1, Rec_no, stu
    With stu
        txtID = .Id
        txtName = .Name
        txtClass = .Class
        txtSubject = .Subject
        For i = 1 To 3
        txtMark(i) = .Mark(i)
        Next i
    txtTotal = .Mark(1) + .Mark(2) + .Mark(3)
    End With
End Sub
' ================= 向记录输入数据子过程 ==================
Private Sub getData()                          '将在文本框中输入的数据存入到记录变量中
    Dim i As Integer
    stu.Id = txtID.Text
    stu.Name = txtName.Text
    stu.Class = txtClass.Text
    stu.Subject = txtSubject.Text
    For i = 1 To 3
        stu.Mark(i) = Val(txtMark(i).Text)
    Next i
    Call txtclear
End Sub
' ==================== 求总分数子过程 ====================
Private Sub txtMark_LostFocus(Index As Integer)
    If Index = 3 Then
    txtTotal = Val(txtMark(1)) + Val(txtMark(2)) + Val(txtMark(3))
    End If
End Sub
```

11.7 本章小结

本章主要介绍 Visual Basic 6.0 的文件控件语句,这是学习 Visual Basic 编程的重要内容。因此,读者应全面掌握它们的语法格式、执行过程等。Visual Basic 的主要文件控制语句如下。

(1) Open 语句：打开(或建立)文件。

(2) Close 语句：对文件操作完之后，要关闭文件。

(3) Print ♯ 语句和 Write 语句：用于对顺序文件进行写操作处理。

(4) Input ♯ 语句和 Line Input ♯ 语句：用于对顺序文件进行读操作处理。

(5) Put、Get 和 Seek 语句等：用来处理随机文件和二进制文件的读写操作。

11.8 课后练习与上机实验

一、上机实验

1. 在窗体上画一个文本框，名称为 Text1(可显示多行)，然后画 3 个命令按钮，名称分别为 Command1、Command2 和 Command3，标题分别为"读数"、"统计"、"存盘"。程序的功能是：单击"读数"按钮，则把 C 盘根目录下的 in5. txt 文件(自己建立一个 in5. txt，然后向该文件输入一定量的字符)中的所有英文字符放入 Text1(可多行显示)；单击"统计"按钮，找出并统计英文字母 i、j、k、l、m、n(不区分大小写)出现的次数；单击"存盘"按钮，将字母 i~n 出现次数的统计结果依次存到 C 盘根目录下的顺序文件 out5. txt 中。

2. 在保存工程的相同目录下建立一个文本文件 in1. txt，文件 in1. txt 中有 5 组数据，每组 10 个，依次代表语文、英语、数学、物理、化学这 5 门课程 10 个人的成绩。程序运行时，单击"读入数据"按钮，可从文件 in1. txt 中读入数据放到数组 *a* 中。

单击"计算"按钮，则计算 5 门课程的平均分(平均分取整)，并依次放入 Text1 文本框数组中。单击"显示图形"按钮，则显示平均分的直方图，如图 11-10 所示。

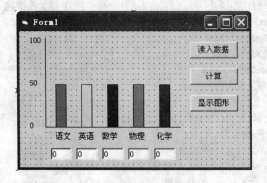

图 11-10 运行后的结果

窗体文件中已经有了全部控件，但程序不完整，要求去掉程序中的注释符，把程序中的"?"改为正确的内容。in1. txt 中的内容如下，建立一个文本文件，然后将其存在该工程所存在的位置。

```
75 88 65 98 58 76 80 89 76 100
56 76 81 66 59 58 71 74 60 48
98 95 88 79 74 68 92 89 76 85
56 71 74 81 78 90 56 73 55 64
80 68 76 94 53 67 85 79 68 70
        Dim a(5, 10) As Integer
```

```
    Dim s(5)
    Private Sub Command1_Click()
    '    Open App.Path &"\in1.txt" For ? As #1
      For i = 1 To 5
          For j = 1 To 10
    ?
          Next j
      Next i
      Close #1
    End Sub

    Private Sub Command2_Click()
        For i = 1 To 5
            s(i) = 0
            For j = 1 To 10
    '              s(i) = ?
        Next j
    '          ? = CInt(s(i) / 10)
            Text1(i - 1) = s(i)
        Next i
     End Sub

    Private Sub Command3_Click()
        For k = 1 To 5
            Shape1(k - 1).Height = s(k) * 20
            m = Line2.Y1
    '        Shape1(k - 1).Top = ? - Shape1(k - 1).Height
    '        Shape1(k - 1).? = True
        Next k
End Sub
```

第 12 章

数据库编程基础

本章主要任务：

（1）掌握数据库及数据库管理系统的概念；

（2）掌握关系型数据库模型的关系（表）、记录、字段、关键字、索引等概念；

（3）学会使用可视化数据管理器创建数据库；

（4）了解数据库控件的常用属性及与相关控件的绑定；

（5）了解结构化查询语言 SQL 如何对数据库中的数据进行操作。

本章重点难点：

（1）数据库的建立与使用；

（2）结构化查询语言 SQL 对数据库中的数据进行的操作；

（3）ADO 对象模型。

12.1 数据库基础

12.1.1 数据库的概念

数据（data）是信息的具体物理表示。数据经过处理、组织并赋予一定的意义后即可成为信息。

数据库（Data Base，DB）指存储在计算机存储介质上的、有一定组织形式的、可共享的、相互关联的数据集合，简单地说就是存储数据的仓库。最早的数据库是用类似二维表的方式来存放信息的。Visual Basic 本身使用的是 Access 数据库，是关系数据库，数据库文件的扩展名为.mdb。

数据库按结构可分为层次模型、网状模型和关系模型。每一种模型对应一种格式的数据库，即层次数据库、网状数据库和关系数据库。使用最多、最容易管理的是关系数据库，在这里重点介绍。

12.1.2 数据库的相关术语

1. 数据表

数据表（Table）是一组相关联的数据按行和列排列形成的二维表格，简称为表。数据库只是一个框架，数据表才是其实质内容。一个数据库由一个或多个数据表组成，各个表之间可以存在某种关系。例如表 12-1 所示的学生简明登记表。

表 12-1　学生简明登记表

学　　号	姓名	性别	籍贯	专业
A61806106	向　欣	女	湖北武汉	侦查技术
A61404093	李大鹏	男	湖北襄阳	治安管理
A11994131	陈敏	女	安徽合肥	法　　学
A11994133	陈笑宇	男	湖北咸宁	司法鉴定
A44004153	钱多多	女	湖南娄底	信息技术
A51014032	闵银华	女	湖南湘潭	网络侦查

2. 字段

数据表的每一列为一个字段(FieLd),是具有相同数据类型的集合,数据表表头中的每一个数据项的名称称为字段名。例如学生简明登记表中的列(学号、姓名、性别等)相当于表的列。

3. 记录

数据表中的每一行是一条记录(Record),它是字段值的集合。

4. 关键字

对数据库中的记录进行分类查询时所用到的字段为关键字(KeyWord)。关键字可分为主关键字和候选关键字。在数据表中可以有多个候选关键字,主关键字只有一个,其值各不相同。

主关键字(Primary Key)用来唯一标识表中记录的字段。

5. 索引

一个表可以按照不同的顺序保存或排序,即一张表可以有不同的索引(Index)方式。在关系数据库中,通常使用索引的方法来提高数据的检索速度。表的数据往往是动态增减的,因此记录在表中的数据是按输入的自然顺序存放的。当为主关键字段或其他字段建立索引时,数据库管理程序将索引字段的内容以特定的顺序记录在一个索引文件上;而在检索数据时,数据库管理程序首先从索引文件上找到信息的位置,再从表中读取数据,这样可大大提高检索数据的速度。

6. 关系

关系数据库中的关系(Relation)是指关系数据库中各个表之间的连接方法。

7. 视图

视图是一个与真实表相同的虚拟表,用于限制用户可以看到和修改的数据量,简化数据的表达。

8. 关系数据库

将含有不必要重复数据的复杂数据进行标准化,使用若干个表,在每个表中存放仅需要记录一次的数据,然后用关键字段链接表格而构成的数据库称为关系数据库。

一个数据库可以由多个表组成,并且经过标准化以后,每个表中的数据都不存在重复,那么表与表之间可以用不同的方式(一对一、一对多、多对多关系)相互关联。

12.1.3　数据库的应用

一个完整的数据库系统除了包括可以共享的数据库外,还包括用于数据处理的数据库应用系统。Visual Basic 是一个功能强大的数据库开发平台,具有以下优点:

（1）简单性；

（2）灵活性；

（3）可扩充性。

12.1.4　VB 数据库应用程序的组成

VB 6.0 数据库应用程序由用户界面、数据库引擎和数据库 3 大部分组成。

1. 用户界面

大家对用户界面具有最直观的印象，其中包括用于与用户交互的界面和代码，例如对数据库记录进行添加、删除、修改、查询等操作的 VB 代码，完成查询和数据更新的窗体等。

2. 数据库引擎

数据库引擎是应用程序与数据库之间的"桥梁"，用于完成对数据库的操作。数据库引擎是一组动态链接库（DLL），主要任务是解释应用程序的请求并形成对数据库的物理操作，管理对数据库的物理操作，维护数据库的完整性和安全性，处理 SQL 语言的查询操作，实现对数据库的检索、添加、删除等，管理查询返回的结果等。

3. 数据库

数据库是存放数据的地方。数据库只包含数据，而对数据的操作都是由数据库引擎来完成的。

用户界面、数据库接口与数据库三者之间的关系是相辅相成的，如图 12-1 所示。

图 12-1　用户界面、数据库接口与数据库三者的关系方框图

12.1.5　用户与数据库引擎的接口

1. 数据控件

使用数据控件（Data Control）可以不经过编程访问数据库。根据需要设置好数据控件的属性后，即可通过文本框之类的控件与数据库绑定，从而实现对数据库中各个记录的访问。

2. 数据访问对象

数据访问，顾名思义就是与数据库"打交道"。数据访问对象（Data Access Object，DAO）是第一个面向对象的接口，显露了 Jet 数据库引擎（由 Microsoft Access 所使用），并允许 VB 通过 ODBC 像直接连接到其他数据库一样直接连接到 Access 表。DAO 对象封闭了 Access 的 Jet 函数，通过 Jet 函数，它还可以访问其他的结构化查询语言（SQL）数据库。

优点：DAO 最适用于单系统应用程序或小范围本地分布使用。

3. ActiveX 数据对象

ADO 是 VB 6.0 为数据访问提供的全新技术。ADO 是一种建立在最新数据访问接口 OLE DB 之上的高性能的、统一的数据访问对象，通过它可以访问文件数据库、客户/服务器数据库甚至非关系型数据库。

优点：完全不用关心数据库的实现方式，只用到了数据库的连接。特定的数据库支持的 SQL 命令可以通过 ADO 对象执行。

下面以图 12-2 来描述 ADO、OLE DB、ODBC、Access 数据库的关系。

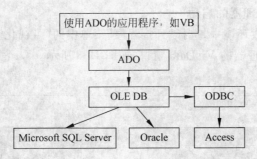

图 12-2　描述 ADO、OLE DB、ODBC、Access 数据库的关系图

12.1.6　VB 访问数据库的类型

VB 能访问的数据库类型有哪些呢？简单地分为下面 3 种。

1. 内部数据库

VB 6.0 数据库文件使用与 Microsoft Access 相同的格式，也称为内部数据库或本地数据库。内部数据库也叫 Jet 数据库。

2. 外部数据库

在 VB 6.0 中，能够创建和操作所有"索引顺序访问方法（ISAM）"数据库，例如 FoxPro、FoxBASE、Paradox 等，还可以访问电子表格软件 Microsoft Excel 或 Lotus 123、文本文件数据库等。

3. ODBC 数据库

ODBC（Open Database Connectivity，开放式数据库连接性）数据库指遵循 ODBC 标准的客户/服务器数据库，例如 Microsoft SQL Server、Oracle。一般来说，如果要开发个人的小型数据库系统，用 Access 数据库比较合适，如果要开发大、中型的数据库系统，用 ODBC 数据库更为适宜。而 dBASE 和 FoxPro 数据库已经过时，除非是特别的情况，否则不要使用，在本书的例子中选用 Access 数据库。建立 Access 数据库有两种方法，一是在 Microsoft Access 中建立数据库（可视化数据管理器）；二是使用数据访问对象（DAO）。

12.2　数据库的设计与管理

建立 Access 数据库有两种方法：

（1）在 Microsoft Access 中建立数据库。

（2）使用 VB 提供可视化数据管理器创建数据库。

Visual Basic 提供了一个非常实用的工具程序，即可视化数据管理器（Visual Data Manager），使用它可以方便地建立数据库、数据表和数据查询。对于在 Microsoft Access 中建立数据库的方法，这里不再讲述，重点介绍使用可视化数据管理器创建数据库的过程。

12.2.1 使用可视化数据管理器创建数据库

1. 可视化数据库管理器的启动

在 Visual Basic 集成环境中,选择"外接程序"菜单中的"可视化数据库管理器"命令,即可打开可视化数据库管理器的 VisData 窗口,如图 12-3 所示。

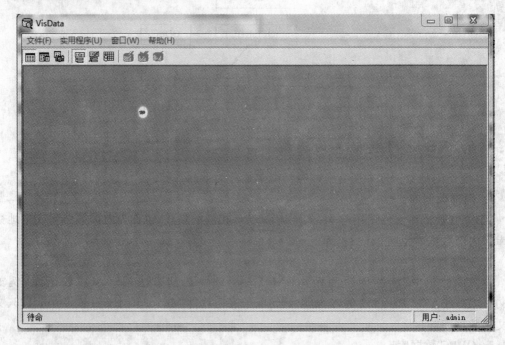

图 12-3　可视化数据库管理器的 VisData 窗口

2. 创建 Jet 数据库

(1)选择"文件"菜单中的"新建",将出现一个子菜单,选择数据库类型,然后选择数据库版本。

(2)出现创建数据库对话框,在该对话框中将选择保存数据库的路径和数据库的文件名。

(3)单击"保存"按钮,在 VisData 窗口中将出现数据库窗口和 SQL 语句两个子窗口,如图 12-4 所示。VisData 窗口的菜单栏中包含"文件"、"实用程序"、"窗口"、"帮助"菜单。其中"文件"菜单的主要功能如表 12-2 所示,"实用程序"菜单的实用程序如表 12-3 所示。

表 12-2　"文件"菜单中命令的功能

名　称	作　用
打开数据库	打开一个已有的数据库
新建(数据库)	新建一个选定已知类型的数据库
导入/导出	从其他数据库导入数据表或导出数据表及 SQL 查询结果
工作空间	显示注册对话框注册新空间
压缩 MDB	压缩指定的 Access 数据库
修复 MDB	修复指定的 Access 数据库

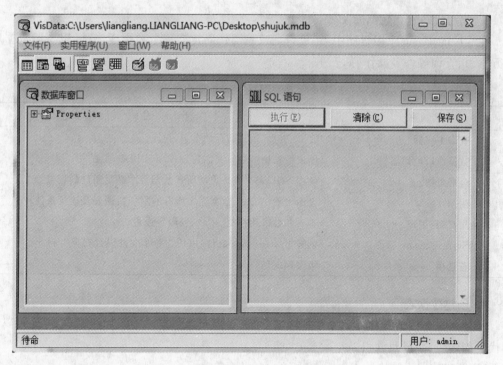

图 12-4　VisData 可视化数据管理器界面

工具栏上的图标按钮分别是表类型记录集、动态集类型记录集集、快照类型记录集、在新窗体上使用 Data 控件、在新窗体上使用 DBGrid 控件，如图 12-5 所示。

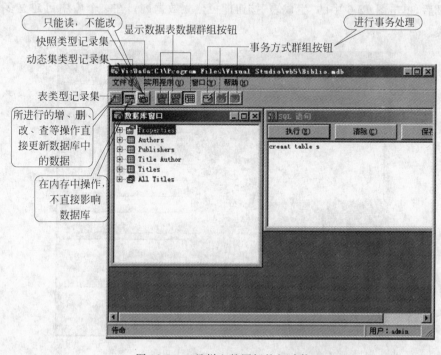

图 12-5　工具栏上的图标按钮功能

数据库编程基础

3. 编写代码建立数据库文件

在 Visual Basic 应用程序中,还可以通过编写代码建立一个数据库文件,以及对数据库进行索引、查询等许多操作(如表 12-3)。

表 12-3 "实用程序"菜单的实用程序

名　称	作　用
查询生成器	建立、查看、执行和存储 SQL 查询
数据窗口设计器	创建数据窗口并将其添加到 Visual Basic 工程
全局替换	创建 SQL 表达式并更新所选数据表中满足条件的记录
附加	显示当前 Access 数据库中所有的附加数据表及连接条件
用户组/用户	查看和修改用户组、用户、权限等设置
System. mda	创建 System. mda 文件,以便为每个文件设置安全机制
首选项	设置超时值

4. 创建数据表

使用可视化数据管理器建立数据库之后,就可以向该数据库中添加数据表了,还可以使用代码创建表、字段及索引。

1) 创建数据表结构

右击"数据库窗口"空白处,在弹出的菜单中选择"新建表"命令,打开如图 12-6 所示的"表结构"对话框,输入表名称(如"基本情况"),单击"添加字段"按钮,打开如图 12-7 所示的"添加字段"对话框,输入字段名称,设置类型和大小(仅 Text 类型可设置大小)。在添加了所有字段后,单击图 12-6 中的"生成表"按钮即可建立数据表。在一个库中可建立多个不同名称的表。

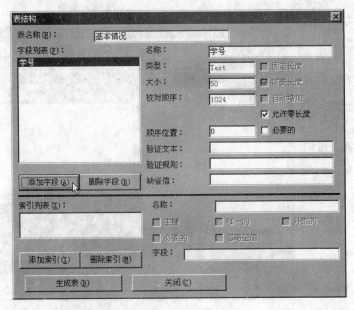

图 12-6 "表结构"对话框

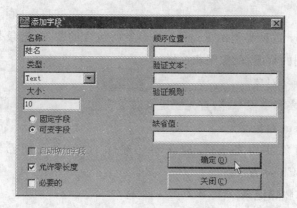

图 12-7 "添加字段"对话框

2）修改数据表结构

如果要修改表结构，可右击表名，在快捷菜单中选择"设计"，然后在"表结构"对话框中增加字段、修改字段（先删除后增加并填上原字段的序号）或删除字段。

5. 添加索引

为数据表添加索引可以提高数据检索的速度。在图 12-6 所示的"表结构"对话框中单击"添加索引"按钮，打开如图 12-8 所示的"添加索引到基本情况"对话框。在"名称"文本框中输入索引名称（如"sNo"），在"可用字段"列表框中选择需要为其设置索引的字段（如"学号"），并设置是否为主索引或唯一索引（无重复）。

6. 输入记录

双击"数据库窗口"中数据表名称左侧的图标，打开如图 12-9 所示的记录操作窗口，可以对记录进行增加、删除、修改等操作。

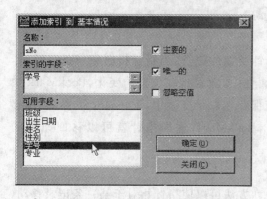

图 12-8 添加索引

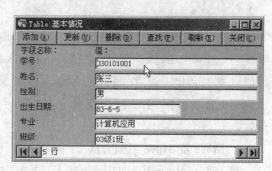

图 12-9 记录操作

12.2.2 使用数据库记录和字段

1. Recordset 对象

1）Recordset 对象类型

（1）表类型：这种类型的 Recordset 对象直接表示数据库中的一个表。

（2）动态集类型：这种类型的 Recordset 对象可以表示本地或链接表，也可以作为返回的查询结果。

（3）快照集类型：这种类型的 Recordset 对象所包含的数据、记录是固定的，它所表示的是数据库某一时刻的状况，就像照相一样。

2）创建 Recordset 对象

与创建数据库、表和字段一样，首先要定义对象变量。

3）删除 Recordset 对象

当 Recordset 对象使用完毕后，应该将它删除，也就是关闭已经打开的表。删除 Recordset 对象采用 Close 方法。

2. 增加、修改与删除记录

1）增加记录

增加记录首先要打开一个数据库和一个表，然后用 AddNew 方法创建一条新记录。AddNew 方法的语法格式为 recordset. AddNew。

2）修改记录

修改记录使用 Edit 方法，Edit 方法的语法格式为 recordset. Edit。

3）删除记录

删除一条记录使用 Delete 方法，其语法格式为 recordset. Delete。

3. 移动记录指针

当 Recordset 对象建立后，系统会自动生成一个指示器，指向表中的第一条记录，称之为记录指针。

1）AbsolutePosition 属性

在表中移动指针，最直接的方法就是使用 AbsolutePosition 属性，利用它可以直接将记录指针移动到某一条记录处，其语法格式为 Recordset. AbsolutePosition＝N。

2）BookMark 属性

使用 BookMark 属性可以记下当前记录指针所在的位置，当指针指向某一条记录时，系统会产生唯一的标识符，保存在 BookMark 属性中，随着指针位置的变化，BookMark 中的值也发生变化。通常先将 BookMark 中的值保存在一个变量中，记住这个位置，然后移动指针，当需要时可以再将变量中的值赋给 BookMark，这样指针就可以移回原来的位置。

4. Move 及 Move 系列方法

在 Visual Basic 中，使用 Move 及 Move 系列方法可以使指针相对于某一条记录移动，即做相对移动。Move 方法的语法格式如下：

```
Recordset.Move rows [,start]
```

其中，Recordset 为 Recordset 对象变量，表示一个打开的表。rows 表示要相对移动的行数，如果为正值，表示向下移动；若为负值，表示向上移动。start 为一条记录的 BookMark 值，指示从哪条记录开始相对移动，如果这一项不给出，则从当前记录开始移动指针。一般情况下，这一项可以省略。

5. 记录的查询

1) Seek 方法

在使用 Seek 方法之前需要先建立索引,并且要确定索引字段,然后与 Seek 方法给出的关键字比较,将指针指向第一条符合条件的记录。Seek 方法的语法格式如下:

```
Recordset.Seek = 比较运算符,关键字 1,关键字 2 …
```

其中,Recordset 为 Recordset 对象变量,表示一个打开的表。比较运算符用于比较运算,例如"<"、">"、"="、">="等。关键字为当前主索引的关键字段,如果有多个索引,则关键字段可以给出多个。

2) Find 方法

使用 Seek 方法可以定位符合条件的第一条记录,当需要用特殊方法定位记录时,可以使用 Find 方法。其语法格式分别为:

```
Recordset.FindFirst 条件表达式
Recordset.FindLast 条件表达式
Recordset.FindNext 条件表达式
Recordset.FindPrevious 条件表达式
```

注意:在 Seek、Find 后面给出关键字时要与索引字段的类型一致,否则找不到需要的记录。

12.3　使用控件访问数据库

中、大型的数据库管理信息系统(MIS)的开发,一般很少用 VC 来完成,而是使用 VB、C++、Java 等开发效率较高的语言。

下面介绍 4 种数据库访问技术。

(1) ODBC(Open Database Connectivity):开放式数据库连接,是一种用来在数据库管理系统(DBMS)中存取数据的标准应用程序接口,有 ODBC API 和 MFC ODBC 两种开发技术。

(2) DAO(Data Access Object):即数据访问对象集,是 Microsoft 提供的基于一个数据库对象集合的访问技术。和 ODBC 一样,它们都是 Windows API 的一部分,可以独立于(DBMS)进行数据库的访问。

DAO 和 ODBC 的区别如下:

访问机制不同,ODBC 工作依赖于数据库制造商(MS SQL Server、Oracle、Sybase 等)提供的驱动程序。在使用 ODBC API 的时候,Windows 的 ODBC 管理程序把对数据库的访问请求传递给正确的驱动程序,驱动程序再使用 SQL 语句指示 DBMS 完成数据库访问工作。DAO 则绕开中间环节,直接使用数据库引擎(Microsoft Jet Database Engine)提供的各种对象进行工作,速度比 ODBC 快。

(3) OLE DB(Object Link and Embedding Database):非常底层,基于 COM 接口技术;功能强大、灵活,但编程非常麻烦,使用 ADO 只需要 3~5 行代码,用 OLE DB 却需要 200~300 行代码才能完成。

(4) ADO(ActiveX Data Object)：建立在 OLE DB 之上的高层数据库访问技术，是对 OLE DB 的封装。微软公司为用户提供了丰富的 COM 组件(包括 ActiveX)访问各种关系型/非关系型数据库，特点是简单、易用，这也是大多数数据库应用软件开发者选择 ADO 的重要原因。

12.3.1　ADO 对象

ADO 是一个面向对象的 COM 组件库，用 ADO 访问数据库，其实就是利用 ADO 对象来操作数据库中的数据，所以用户首先要掌握 ADO 的对象。

(1) 连接对象(Connection)：连接对象用于与数据库建立连接、执行查询及进行事务处理，在连接时必须指定使用何种数据库的 OLE DB 供应者。

(2) 命令对象(Command)：可以执行数据库操作命令(如查询、修改、增加和删除)，用命令对象执行一个查询字串可以返回一个记录集合。

(3) 记录集对象(Recordset)：用于表示查询返回的结果集，它可以在结果集中增加、删除、修改和移动记录。当建立一个记录集时，一个游标就自动建立了，查询所产生的记录就放在本地的游标中。游标有 4 种类型，即仅能向前移动的游标、静态游标、键集游标和动态游标。记录集对象是对数据库进行查询和修改的主要对象。

(4) 字段对象(Fields 字段集合对象、Field 字段对象)：字段对象用于表示数据库或记录集中的信息，包括列值等信息。一个记录集或一个数据库中的表包括多行记录，若将其当作二维网格，字段将是网格中的列，每个字段分别有名称、数据类型和值等属性，字段中包括了来自数据库中的真实数据。若要修改其中的数据，可以在记录集中修改 Field 字段对象，也可以在记录集中访问 Fields 字段集合对象，再定位要修改的 Field 字段对象。对记录集的修改将最终被传送给数据库。

(5) 参数对象(Parameter)：与命令对象联合使用的对象。当命令对象执行的查询是一个有参数的查询时，就要用参数对象为命令对象提供参数信息和数据。

下面先看一个简单的通过 ADO 控件访问数据库的例子，然后再学习如何通过上述 ADO 对象访问数据库。

通过 ADO 控件访问数据库的示例：

这里以 Microsoft Office Access 数据库为例，讲解通过 ADO 控件访问数据库的方法。这种方法基本不用编写代码，就可以完成对数据库的访问，非常方便。

(1) 在 Access 中建立数据库 student.mdb，并添加表 stu_info，如图 12-10 所示。

这里的字段名使用了中文，只是为了教学方便，建议用户在实际工作中使用英文字段名。

(2) 建立一个 MFC 对话框工程 AdoCtrl。

(3) 在对话框界面编辑器中增加以下两个 ADO 控件。

- ADO Data 控件：用于建立数据库连接。
- ADO DataGrid 控件：用于表示一个结果记录集。

在对话框编辑器中右击，选择 Insert ActiveX Control，在出现的对话框中选择 Microsoft ADO Data Control，version 6.0，单击 OK 按钮，这样 ADO Data 控件 IDC_ ADODC1 就加入到对话框中了。

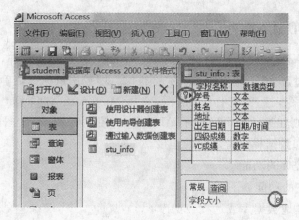

图 12-10　在 Access 中建立数据库

同样的方法,选择 Microsoft DataGrid Control, Version 6.0 加入到对话框中,这样 DataGrid 控件 IDC_DATAGRID1 就加入到对话框中了,如图 12-11 所示。

(4) 设置对话框中连接控件的属性。

① 设置 ADO Data 控件的属性:在"属性页"对话框中选择"使用连接字符串"单选按钮,单击"生成"按钮,在出现的对话框中选择 Microsoft Jet 4.0 OLE DB Provider;单击"下一步"按钮,选择刚建立的 Access 数据库文件名称 student.mdb;单击"测试连接"按钮,能连接数据库通过。再次打开 ADO Data 控件的属性设置,选择"记录源"选项卡,在"命令类型"下拉列表中选择 2-adCmdTable,在"表或存储过程名称"下拉列表中选择 stu_info 表。

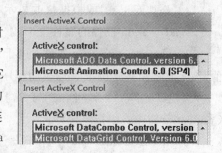

图 12-11　在对话框界面编辑器中
增加 ADO 控件

② 设置 DataGrid 控件的属性:在"属性页"对话框中选择 Control 选项卡,选中 Allow AddNew 和 Allow Delete 复选框,再选择 All 选项卡,设置 DataSource 参数为连接控件的 ID,即 IDC_ADODC1。

(5) 运行该程序。

此时可以在对话框中连接数据库,并取出表中的数据显示在 Grid 控件中,如图 12-12 所示。

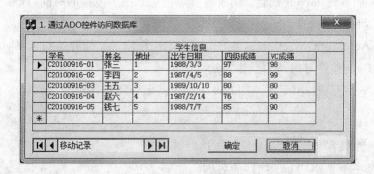

图 12-12　通过 ADO 控件连接数据库

12.3.2　ADO Data 控件

ADO Data 控件不是 Visual Basic 的内部控件,属于 ActiveX 控件,在加载后才能使用。在使用之前可以通过选择"工程"菜单中的"部件"命令,或用鼠标右键单击控件箱,在快捷菜单中,选择"部件"命令,打开"部件"对话框,选择 Microsoft ADO Data Control 6.0(SP6)(OLE DB)复选框,则在控件箱中增加了 ADO Data 控件(Adodc)的图标,单击它可以快速建立数据绑定控件和数据提供者之间的连接。

1. ADO Data 控件的功能

ADO Data 控件的功能如下:

(1) 连接一个本地数据库或远程数据库。

(2) 打开一个指定的数据库表,或定义一个基于结构化查询语言(SQL)的查询、存储过程或该数据库中的表的视图的记录集合。

(3) 将数据字段的数值传递给数据绑定控件,可以在这些控件中显示或修改这些数值。

(4) 添加新记录,或根据修改显示在绑定控件中的数据来更新一个数据库。

2. ADO Data 控件的属性

(1) ConnectionString 属性:用于连接字符串,可以包含进行一个连接所需的所有设置值,该字符串所传送的参数与驱动程序有关。

(2) UserName 属性:用于指定用户的名称,当数据库受密码保护时,需要在 ConnectionString 中指定属性。

(3) RecordSource 属性:用于设置要连接的表或一条 SQL 查询语句,可以在"属性"窗体中将"记录源"的属性设置为一个 SQL 语句。

(4) CommandType 属性:用于指定 RecordSource 属性的取值类型,告诉数据提供者 Source 属性是一条 SQL 语句、一个表的名称、一个存储过程,还是一个未知的类型。

(5) Password 属性:用于指定密码,在访问一个受保护的数据库时是必需的。与 Provider 和 UserName 属性类似,如果在 ConnectionString 属性中指定了密码,那么将覆盖此属性中指定的值。

(6) CursorType 属性:用于决定记录集是静态类型、动态类型还是键集光标类型。

(7) Mode 属性:用于决定用记录集进行什么操作,只读、读写还是其他。

(8) ConnectionTimeout 属性:用于设置等待建立一个连接的时间,以秒为单位。如果连接超时,则返回一个错误。

(9) BOFAction、EOFAction 属性:用于决定控件位于光标开始和末尾时的行为。

3. ADO Data 控件对记录的操作方法

(1) AddNew 方法:用于在 ADO Data 控件的记录集中添加一条新记录。其使用语法如下:

```
Adodcname.Recordset.AddNew
```

Adodcname 是一个 ADO Data 控件的名称。

(2) Edit 方法:用于在 ADO Data 控件的记录集中对当前记录进行修改,修改后调用

Update 方法保存记录。其使用语法如下：

```
Adodcname.Recordset.Edit
```

（3）Delete 方法：用于在 ADO Data 控件的记录集中删除当前记录。其使用语法如下：

```
Adodcname.Recordset.Delete
```

（4）Update 方法：用于把内存缓冲区中的内容写进数据库文件，保存对数据库所做的改动，该方法一般用在 AddNew、Edit 方法之后。其使用语法如下：

```
Adodcname.Recordset.Update
```

（5）Move 方法：Move 方法用于在 ADO Data 控件的记录集中移动记录。MoveFirst、MoveLast、MoveNext 和 MovetPrevious 分别移到第一条记录、最后一条记录、下一条记录和上一条记录。其使用语法如下：

```
Adodcname.Recordset.Move 8          '从当前记录开始向下移动 8 条记录
Adodcname.Recordset.MoveFirst       '移动到第一条记录
Adodcname.Recordset.MoveLast        '移动到最后一条记录
Adodcname.Recordset.MoveNext        '从当前记录移动到下一条记录
Adodcname.Recordset.MovetPrevious   '从当前记录移动到上一条记录
```

（6）Close 方法：用于关闭记录集。其使用语法如下：

```
Adodcname.Recordset.close
```

4. ADO Data 控件的事件

（1）WillMove 和 MoveComplete 事件：WillMove 事件是在当前记录的位置即将发生时触发，而 MoveComplete 事件是在位置改变完成时触发。

（2）WillChangeFiled 和 FiledChangeComplete 事件：WillChangeFiled 事件是在当前记录集中当前记录的一个或多个字段发生变化时触发，而 FiledChangeComplete 事件则是当字段的值发生变化完成后触发。

（3）WillChangeRecord 和 RecordChangeComplete 事件：WillChangeRecord 事件是当记录集中的一个记录或多个记录发生变化前触发，而 RecordChangeComplete 事件则是当记录发生变化完成后触发。

5. ADO 编程模型

ADO（ActiveX Data Object）是 Microsoft 处理数据库信息的最新技术，它是一种 ActiveX 数据对象，采用了被称为 OLE DB 的数据访问模式。它是数据访问对象 DAO（Data Access Object）、远程数据对象 RDO（Remote Data Object）和开放数据库互连 ODBC 三种方式的扩展。ADO 对象模型更为简化，不论是存取本地的还是远程的数据，都提供了统一的接口。

ADO 数据对象模型提供了一个可编程的分层对象集合。在这些对象中主要有 3 个对象成员，即 Connection、Command、Recordset 对象，以及集合对象 Error、Parameters 和 Fields 等，如表 12-4 所示。

表 12-4　ADO 对象描述

对　象　名	说　　　明
Connection	连接数据源
Command	从数据源获取所需数据命令信息
Recordset	所获取的一组记录组成的记录集
Error	在访问数据时,由数据源所返回的错误信息
Parameter	与命令对象相关的参数
Field	包含了记录集中某个字段的信息

ADO 的核心是 Command、Recordset 和 Connection。它们之间的关系是 Command 对象、Recordset 对象必须先通过 Connection 对象建立数据源的连接。

(1) Connection 对象:Connection 对象用于建立与数据源的连接。

(2) Command 对象:在建立 Connection 之后,可以发出命令对数据源进行操作。

(3) Recordset 对象:Recordset 对象只代表记录集,是基于某一连接的表或是 Command 对象的执行结果。

在使用 ADO 对象编程之前,要将 ADO 函数库设置为引用项目,通过选择"工程"菜单中的"引用"命令,然后选择 Microsoft ActiveX Data Object 2.1 Library 复选框完成,还可以使用代码编程对 ADO 对象模型的 Command、Recordset 和 Connection 对象进行操作。程序代码如下:

```
Option Explicit                      '在通用声明中定义
Private cnBook AS New ADODB.Connection
Private cmBook AS NEW ADODB.Command
Private rsBook AS NEW ADODB.Recordset
```

使用 ADO 的 Command 对象、Recordset 对象和 Connection 对象进行编程使用以下步骤:

(1) 创建 Connection 对象,设置好连接字符串(ConnectionString 属性),并使用 Open 方法与数据源建立连接。

(2) 创建 Command 对象,并设置该对象的活动连接(ActiveConnection 属性),为上一步已建好的 Connection 对象指定要执行的数据库操作命令(CommandText 属性),命令可以是任意的 Select、Insert 或 Update 语句等。

(3) 使用 Command 对象的 Execute 方法执行命令,如果是查询命令,该方法会返回一个 Recordset 对象。

(4) 将上一步返回的 Recordset 对象保存到变量中,并利用该变量处理记录。

(5) 使用 Close 方法关闭与 Connection 对象和 Recordset 对象关联的系统资源(与 Open 方法相反),此时对象可以继续使用。

(6) 使用 Set 对象=Nothing 彻底删除每个对象,对象删除后必须重新创建才能再使用。

6. 数据绑定控件

ADO 数据控件本身不能显示数据,需要通过绑定具有显示功能的其他控件显示数据,这些控件称为数据绑定控件或数据识别(感知)控件,例如文本框、DataGrid、标签、图像(片)

框、列表框、组合框、复选框等，其中最常用的是 DataGrid 和文本框。

1）数据绑定控件的相关属性

（1）DataSource（数据源）属性：指定（绑定到）ADO 数据控件。

（2）DataField（数据字段）属性：绑定到特定字段，绑定后只要移动指针，自动将修改内容写入数据库。

2）在属性窗口中设置绑定控件属性

在属性窗口中将数据绑定控件的 DataSource 属性设为 ADO 数据控件（如 Adodc1）。如果是单字段显示控件（如文本框等），还需将控件的 DataField 属性设置为特定字段。DataGrid 控件属于多字段显示控件，没有 DataField 属性。

例 12.1 用 ADO 数据控件和 DataGrid 控件创建一个简单的数据访问窗体，显示如图 12-13 所示的"基本信息"表的内容。

右击工具箱，在弹出的菜单中选择"部件"命令，在对话框的"控件"选项卡的列表中选中 Microsoft ADO Data Control 6.0 和 Microsoft DataGrid 6.0，单击"确定"按钮。选择工具箱中新增加的 ADO 数据控件和 DataGrid 控件，将其添加到窗体上，默认名称分别为 Adodc1 和 DataGrid1。按步骤建立 Adodc1 与 Student.mdb 数据库的连接，并设 Adodc1 的记录源为"基本信息"表，将 DataGrid1 控件的 DataSource 属性设为 Adodc1。程序运行效果如图 12-14 所示。

学号*	姓名	性别	出生日期
030101001	张三	男	1983-6-5
030102002	李四	男	1983-10-8
030201001	李梅	女	1983-8-12
030201002	王五	男	1983-3-22

图 12-13　"基本信息"表

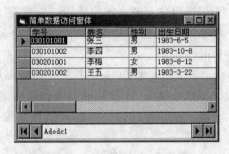

图 12-14　使用 DataGrid 控件

3）用代码设置绑定控件属性

程序运行时可以动态地设置数据绑定控件的属性。例如：

```
Set Text1.DataSource = Adodc1
Text1.DataField = "姓名"
Set DataGrid1.DataSource = Adodc1
```

说明：DataSource 是对象类型的属性，必须用 Set 语句为其赋值。

4）不用绑定方法如何显示和处理数据

不使用绑定的方法处理数据是指不对数据显示控件的 DataSource 和 DataField 属性进行设置，而是通过代码将当前记录的某个字段的值显示在控件（如文本框）中。这种方法比较灵活，缺点是代码编写量较大，其中涉及记录集对象的操作。

（1）字段内容的显示。

```
控件属性 = 记录集("字段")
```

235

第12章

数据库编程基础

例如：

```
Text1.Text = Adodc1.Recordset("学号")
Text2.Text = Adodc1.Recordset("姓名")
```

每当记录指针移动时均需对控件属性重新赋值。若需要显示的字段较多，可以编写一个自定义过程用于记录指针移动时显示各字段内容。

（2）为字段赋值。

记录集("字段") = 控件属性

例如：

```
Adodc1.Recordset("学号") = Text1.Text
Adodc1.Recordset("姓名") = Text2.Text
Adodc1.Recordset.Update
```

说明：为字段赋值后，应调用记录集的 Update 方法更新数据库。

7. ADO 数据库访问技术的应用

在 VB 中，使用 ADO 访问数据库主要有两种方式，一种是使用 ADO Data 控件，通过对控件的绑定来访问数据库中的数据，即非编程访问方式；另一种是使用 ADO 对象模型，通过定义对象和编写代码来实现对数据的访问，即编程访问方式。下面以 SQL Server 数据库为例说明这两种方式的使用。首先在 SQL Server 2000 中建立一个名为 XJGL 的数据库，在 XJGL 数据库中建立 student 数据表，然后将此数据表的信息通过数据绑定控件 DataGrid 显示出来。

1）使用 ADO Data 控件访问数据库

这是使用 ADO 快速创建数据绑定控件和数据提供者之间的连接。其中，数据绑定控件可以是任何具有 DataSource 属性的控件；数据提供者可以是任何符合 OLE DB 规范的数据源。

ADO Data 控件是 ActiveX 控件，在使用之前必须先将其添加到工具箱中。方法如下：

（1）选择"工程"→"部件"命令，在弹出的对话框中选中 Microsoft ADO Data Control 6.0(OLE DB)复选框后，单击"确定"按钮，此时 ADO 数据控件便出现在工具箱中。

（2）将 ADO Data 控件添加到窗体上，其默认的名称属性为 Adodc1。

（3）右击 ADO Data 控件，选择"ADODC 属性"命令，弹出"属性页"对话框。

（4）选中"使用连接字符串"（也可以选择"ODBC 数据源名称"），然后单击"生成"按钮，弹出"数据链接属性"对话框。

（5）选择"提供程序"选项卡，在列表中选择 Microsoft OLE DB Provider For SQL Server 选项，单击"下一步"按钮。

（6）指定服务器的名称和登录信息，并选择连接要使用的数据库文件。

（7）单击"测试连接"按钮确定连接是否正常。若得到测试成功的消息，单击"确定"按钮继续。

（8）在"属性页"对话框中选择"记录源"选项卡，在"命令类型"下拉列表中选择 2-adCmdTable 选项，在"表或存储过程名称"下拉列表中选择数据表 student（若选择的命令类型为 1-adCmdText，可在命令文本框中输入 SQL 查询语句），然后单击"确定"按钮。

（9）在窗体上再添加一个数据绑定控件 DataGridl，设定其 DataSource 为 Adodc1。

通过上述操作便实现了 SQL Server 数据库 XJGL 中 student 表的浏览功能，得到预期的运行结果。

2）使用 ADO 对象模型访问数据库

为了能够在程序中使用 ADO 对象编程，在连接数据库之前，需要在 Visual Basic 6.0 中选择“工程”→“引用”，然后选择 Microsoft ActiveX Data Objects 2.8 Library 组件。

Connection（连接）中的 ConnectionString 属性用于连接，ConnectionString 为可读写 String 类型，用于指定一个连接字符串，告诉 ADO 如何连接数据库。

（1）首先创建一组 ADO 对象，用于设置打开连接和产生结果集。声明语句如下：

```
Dim cn As New ADODB. Connection
Dim rs As New ADODB. Recordset
```

（2）创建 ADO 对象实例，在声明了对象以后，还需要创建对象实例，否则不能使用。以下是两条重要的语句：

```
Set cn = New ADODB. Connection
Set rs = New ADODB. Recordset
```

（3）设置 Connection 对象实例的 ConnectionString 属性连接到数据库，有下面两种方法。

方法一：有源数据库连接。首要任务是注册数据源名称（DSN），通过配置 ODBC 环境进行数据源的注册，然后才能对数据源进行连接、访问和操作。例如，DSN 数据源是“information”、用户名是“sa”、口令为空，与数据库 XJGL 建立连接的代码如下：

```
cn. ConnectionString = "dsn = information; uid = sa; pwd = ; database = XJGL"
```

方法二：无源数据库连接。不需要配置 ODBC 数据源，区别在于是否使用了 DSN 来决定。例如，服务器名称是“my_server”、用户名是“sa”、口令为空，与数据库 XJGL 建立的代码连接如下：

```
cn. ConnectionString = "driver = {sql server}; server = my_server; uid = sa; pwd = ; Database = XJGL"
```

（4）设置好连接属性后，就可以打开连接对象了。语句如下：

```
cn. Open
```

这样，VB 和后台 SQL Server 数据库的连接就创建好了。

实例：创建图示界面，并以无源数据库连接的方式完成与上例同样的功能。编写代码如下：

```
Dim cn As New ADODB. Connection
Dim rs As New ADODB. Recordset
Dim cmd As New ADODB. Command
Private Sub Form_Load()
Set cn = New ADODB. Connection
Set rs = New ADODB. Recordset
```

```
        cn. ConnectionString = "driver = {sql server}; server = my_server; uid = sa; pwd = ; Database = XJGL"
        cn. Open
        cmd. ActiveConnection = cn
        cmd. CommandType = adCmdText
        cmd. CommandText = "select * from student"
        rs. CursorLocation = adUseClient
        rs. CursorType = adOpenDynamic
        rs. LockType = adLockReadOnly
        rs. Open cmd
        Set DataGrid1. DataSource = rs
        End Sub
```

　　ADO 数据控件和 ADO 对象模型都为用户提供了数据库访问的接口技术，使用 ADO Data 控件建立连接，在选择数据表时，不需要创建连接对象和记录集对象。ADO Data 控件几乎封装了相应代码的所有功能，只需要设置好与之相关的属性、方法和事件，操作简单，但是 ADO Data 控件的灵活性较差，不利于对大型数据库进行访问。一个 ADO Data 控件只能在同一个数据源上打开一个记录集，在一个应用中若涉及多个记录集，则需要建立多个 ADO Data 控件。使用 ADO 对象模型，通过定义对象、编写代码来实现数据库的访问，可以很好地控制各种操作，使其具备了更多的灵活性和更强大的功能，便于实现对象的重用、封装等技术，也利于事件处理，提高数据的操作效率，特别是对海量数据的处理。两种方法各有优点，在开发应用程序时，用户应根据数据库应用程序的特点选择具体的访问方式。

　　例 12.2　用 Connection 对象连接不同数据库，如图 12-15 所示。

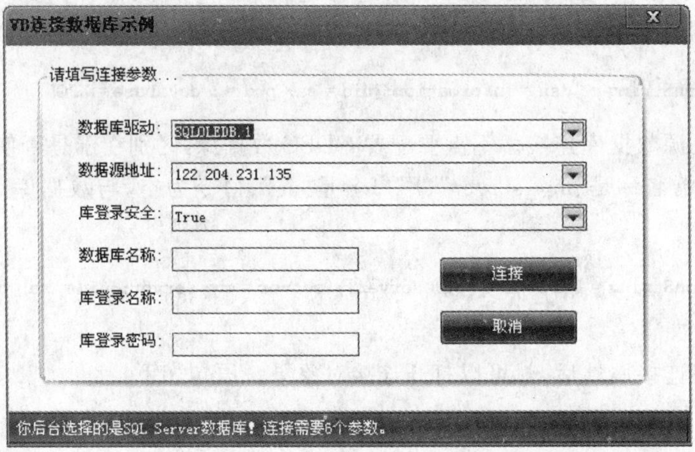

图 12-15　用 Connection 对象对数据库进行操作

　　Connection 对象也称为连接对象，是应用程序和数据库之间的"桥梁"，是用来与指定数据源创建连接的对象。在对数据源进行操作之前，必须先与数据源建立连接。根据数据源的不同，连接对象分为 SqlConnection、OleDbConnection、OdbcConnection 和 OracleConnection 4 种。

```
        Private Declare Function SkinH_AttachEx Lib "SkinH_VB6.dll" (ByVal lpSkinFile As String, ByVal
        lpPasswd As String) As Long              'API 调用，可选
        Private conn As ADODB. Connection         '定义了一个全局类对象 conn
        Rem:单击 Combo1 时，可以选择不同数据库的驱动，而不同数据库的连接需要不同的参数
```

```
Private Sub Combo1_Click()
Select Case Combo1.ListIndex
    Case 0                              '初始化状态
        Combo2.Enabled = False
        Combo3.Enabled = False
        Command1.Visible = False
        text1.Enabled = False: text2.Enabled = False: Text3.Enabled = False
        StatusBar1.Panels(1).Text = "请选择你后台数据库的驱动提供者."
    Case 1                              '数据库 Access 2003
        Combo2.Enabled = False
        Combo3.Enabled = True
        Command1.Visible = True
        text1.Enabled = False: text2.Enabled = False: Text3.Enabled = False
        StatusBar1.Panels(1).Text = "你后台选择的是 Access 2003 数据库!连接需要 3 个参数."
    Case 2                              '数据库 Access 2007
        Combo2.Enabled = False
        Combo3.Enabled = True
        Command1.Visible = True
        text1.Enabled = False: text2.Enabled = False: Text3.Enabled = False
        StatusBar1.Panels(1).Text = "你后台选择的是 Access 2007 数据库!连接需要 3 个参数."
    Case 3                              '数据库 SQL Server
        Combo2.Enabled = True
        Combo3.Enabled = True
        Command1.Visible = False
        text1.Enabled = True: text2.Enabled = True: Text3.Enabled = True
        Combo2.Text = Winsock1.LocalIP
        StatusBar1.Panels(1).Text = "你后台选择的是 SQL Server 数据库!连接需要 6 个参数."
    Case 4                              '数据库 Oracle
        Combo2.Enabled = False
        Combo3.Enabled = False
        Command1.Visible = False
        text1.Enabled = True: text2.Enabled = True: Text3.Enabled = True
        StatusBar1.Panels(1).Text = "你后台选择的是 Oracle 数据库!连接需要 4 个参数."
End Select
End Sub


Private Sub Command1_Click()           '弹出对话框,以供用户选择
CommonDialog1.Filter = "Access 2003 数据库文件( * . mdb) | * . mdb | Access 2007 数据库文件
( * . accdb) | * . accdb"
CommonDialog1.ShowOpen
Combo2.Text = CommonDialog1.FileName
End Sub


Private Sub Command2_Click()
Set conn = New ADODB.Connection
On Error GoTo error:                   '异常跳转
    Select Case Combo1.ListIndex       '选择的驱动提供者不同,连接数据库的字串也会有相应变化
        Case 0

        Case 1                         'Access 2003 数据库的连接字串
            conn.ConnectionString = "Provider = '" + Trim(Combo1.Text) + "';data source = '"
```

```
              + Trim(Combo2.Text) + "';Persist Security Info = '" + Trim(Combo3.Text) + "'"
                 Case 2                           'Access 2003 数据库的连接字串
                    conn.ConnectionString = "Provider = '" + Trim(Combo1.Text) + "';data source = '"
              + Trim(Combo2.Text) + "';Persist Security Info = '" + Trim(Combo3.Text) + "'"
                 Case 3                           'SQL Server 数据库的连接字串
                    conn.ConnectionString = "Provider = '" + Trim(Combo1.Text) + "';Persist Security
          Info = '" + Trim(Combo3.Text) + "';user id = '" + Trim(text1.Text) + "';password = '" + Trim
          (text2.Text) + "'; initial catalog = '" + Trim(Text3.Text) + "';data source = '" + Trim
          (Combo2.Text) + "'"
                    Case 4                         'Oracle 数据库的连接字串

              End Select

              conn.Open                            '打开数据库,并测试连接是否成功
              If conn.State = adStateOpen Then
                  MsgBox "恭喜你:测试连接成功!"
              Else
                  MsgBox "不好意思:测试连接失败!"
              End If

              Set conn = Nothing                   '清空类对象
              Exit Sub
          error:
              MsgBox Err.Description
          End Sub


          Private Sub Command3_Click()
          Unload Me
          End Sub


          Private Sub Form_Load()                  '控件初始化
          SkinH_AttachEx App.Path & "\skin\MSN.she", " "
          Combo1.AddItem "请选择…"
          Combo1.AddItem "Microsoft.JET.OLEDB.4.0"
          Combo1.AddItem "Microsoft.ACE.OLEDB.12.0"
          Combo1.AddItem "SQLOLEDB.1"
          Combo1.AddItem "MSDAORA"
          Combo1.Text = Combo1.List(0)
          Combo2.Text = Combo2.List(0)
          Combo2.AddItem "."
          Combo2.AddItem "127.0.0.1"
          Combo2.AddItem Winsock1.LocalHostName
          Combo3.AddItem "True"
          Combo3.AddItem "False"
          Combo3.Text = Combo3.List(0)
          StatusBar1.Panels(1).Text = "请选择你后台数据库的驱动提供者。"
          End Sub
```

12.3.3 记录集对象

Recordset 对象的作用是由数据库返回记录集。根据查询结果返回一个包含所查询数

据的记录集,然后显示在页面上。因为删除、更新、添加操作不需要返回记录集,因此可以直接使用连接对象或是命令对象的 Execute 方法,但是利用记录集对象有时会更简单。此外,通过记录集对象能够实现比较复杂的数据库管理任务,例如要分页显示记录就必须使用记录集对象。

Recordset 对象可以用来代表表中的记录,可以把记录集看成是一张虚拟的表格,包含一条或多条记录(行),每条记录包含一个或多个字段,但任何时候只有一条记录为当前记录。

用户可以在非显式建立连接对象的情况下直接打开一个带有查询的记录集,或是对命令对象的查询返回一个记录集。ADO 提供这种灵活性,可以用最简单的方式指明一个字符串来说明连接方式,从而得到数据库的查询结果,ADO 会自动创建所需要的连接对象。当然,也可以显式创建连接对象和命令对象,这样可以获得更多的灵活性,实现更加强大的功能。

1. 建立 Recordset 对象

创建记录集的方法主要有两种,可以先建立连接对象,再创建记录集对象;也可以在非显式建立连接对象的情况下创建记录集对象。

第一种,先建立连接对象,再创建记录集对象,用法如下:

```
<%
Set db = Server.CreateObject("ADODB.Recordset")      '先建立连接对象
db.Open"zbsdbbszb"
Set rs = db.Execute(select * from article)           '建立记录集对象 rs
%>
```

注意:为了说明问题方便,给记录集对象取名为 rs,本书下面的实例中记录集对象名均为 rs。

第二种,在非显式建立连接对象的情况下,用 Server 对象的 CreatObject 方法建立并打开记录集对象,语法为"Set rs=Server.CreateObject("ADODB.Recordset")"。

2. Recordset 记录集对象的属性

Recordset 记录集对象的常用属性如表 12-5 所示。

表 12-5　Recordset 记录集对象的常用属性

属　性	说　明	属　性	说　明
Source	指示记录集对象中数据的来源(命令对象名、SQL 语句或表名)	Filter	控制要显示的内容
		Bof	记录集的开头
ActiveConnection	连接对象名或包含数据库的连接信息的字符串	Eof	记录集的结尾
		RecordCount	记录集总数
CursorType	记录集中的指针类型	PageSize	分页显示时每一页的记录数
LockType	锁定类型	PageCount	分页显示时数据页的总页数
MaxRecors	控制从服务器获取的记录集的最大记录数	AbsolutePage	当前指针所在的数据页
		AbsolutePosition	当前指针所在的记录行
CursorLocation	控制数据处理是在客户端还是在服务器端		

3. Recordset 记录集对象的方法

Recordset 记录集对象的常用方法如表 12-6 所示。

表 12-6　Recordset 记录集对象的常用方法

方　法	说　明	方　法	说　明
Open	打开记录集	MoveNext	指针移至下一条记录
Close	关闭记录集	AddNew	添加记录
Requery	重新打开记录集	Delete	删除记录
Move	指针移至指定记录	Update	更新记录
MoveFirst	指针移至第一条记录	CancelUpdate	取消更新
MoveLast	指针移至最后一条记录	GetRows	从记录集得到多行记录
MovePrevious	指针移至上一条记录	Resync	与数据库服务器同步更新

例 12.3　记录集对象实例分析。

第一步：利用 Access 2003 或 Access 2007 建立如图 12-16 所示的数据库。

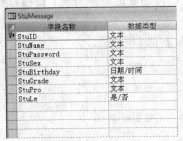
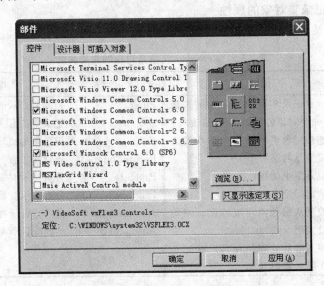

图 12-16　StuMessage 数据库

第二步：打开 Visual Basic 6.0，在 Form1 上引用 Microsoft ActiveX Data Objects 2.5 Library 和添加部件 Microsoft ADO Data Control 6.0(SP6.0)(OLEDB)，其方法是选择"工程"→"引用"→"部件"命令，打开"部件"对话框，如图 12-17 所示。

图 12-17　"部件"对话框

第三步：在窗体 Form1 上建立相关控件，如表 12-7 所示，其运行结果如图 12-18 所示。

表 12-7　窗体上的相关控件

控　件	名称(Name)	标题(Caption)
窗体	Form1	数据库记录操作示例
标签 1~ 12	Lable1~Lable12	请选择 Access 数据库、SQL 语句、学号、姓名、性别、年级、专业、出生日期、电话、入学日期、家庭住址、备注
命令按钮 1~10	Command1~Command10	Open、Conn、select、清空、字体设置、增加学员、保存、insert、delete、update
数据表格	DataGrid1	
对话框	CommonDialog1	
框架 1,2	Frame1、Frame2	SQL、信息
文本框 1~7	Text1~Text7	
单选按钮 1,2	Option1、Option2	男、女
下拉列表框 1,2	Combo1、Combo2	
日期列表框 1,2	DTPicker1、DTPicker2	2014-4-20、2014-4-20

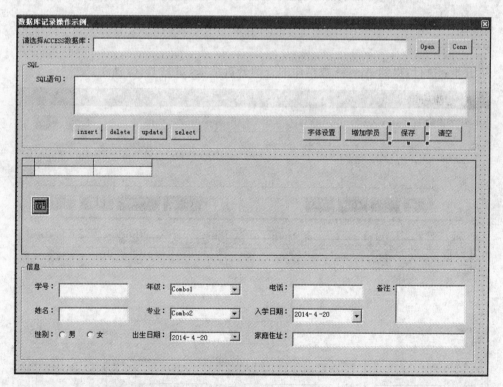

图 12-18　在窗体 Form1 上建立相关控件

第四步：编写公共模块，其中包含 openConn(ByVal strName As String) 和 openRes (ByVal StrSql As String) 两个函数，功能分别为连接和打开记录集。

```
Public Conn As New ADODB. Connection
Public rst As New ADODB. Recordset
Public Function openConn(ByVal strName As String)
If Conn. State = adStateOpen Then
    Conn. Close
Else
    Conn. Open "Provider = microsoft. jet. oledb. 4. 0; data source = " & strName
                                        '连接 Access 2003 数据库
                                        ' Conn. Open " Provider = SQLOLEDB. 1; uid = sa; pwd = sa;
initial catalog = student; data source = 122. 204. 231. 140"          '连接 SQL Server 数据库
End If
End Function

Public Function openRes(ByVal StrSql As String)
If rst. State = adStateOpen Then
    rst. Close
Else
    With rst
        . CursorLocation = adUseClient '使用客户端光标
        . CursorType = adOpenDynamic    '设置游标类型
        . Open StrSql, Conn, , , cmdtext
            '语法格式: Recordset. Open Source ActiveConnection, CursorType, LockType, Options
    End With
End If
End Function
```

第五步：执行，得到 Access 数据库的查询分析结果，如图 12-19 所示。

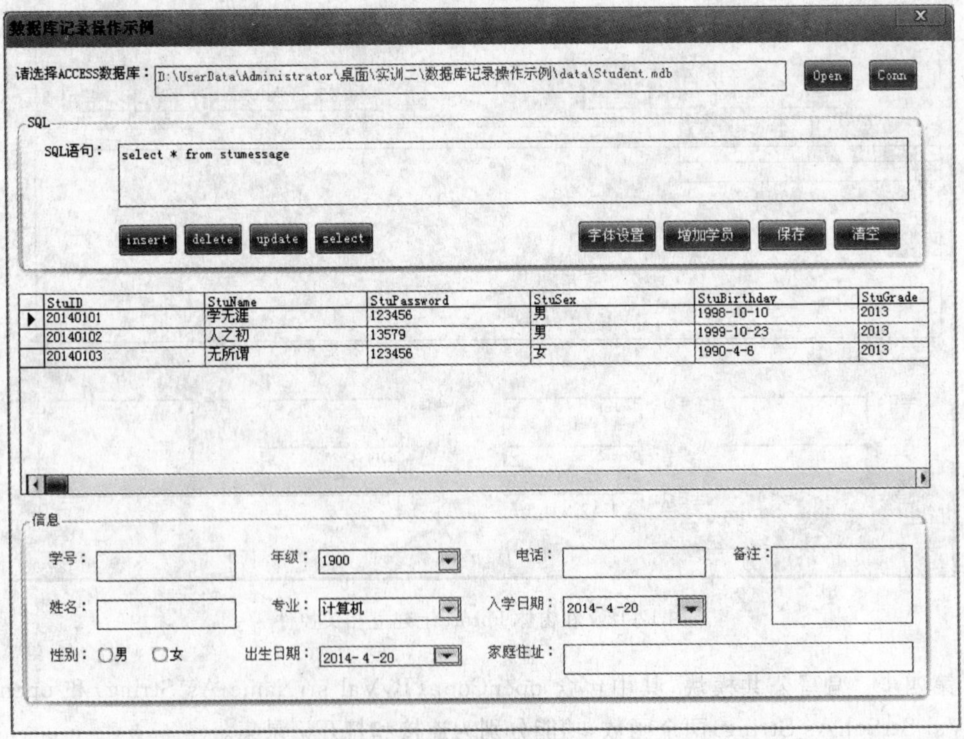

图 12-19　Access 查询分析结果

其相关代码如下：

```
Private Sub Command1_Click()
CommonDialog1.Filter = "Access 2003 数据库( * .mdb)| * .mdb"
CommonDialog1.ShowOpen
Text1.Text = CommonDialog1.FileName
End Sub


Private Sub Command10_Click()
On Error GoTo a:
    Conn.BeginTrans
    Conn.Execute Trim(Text2.Text)
    Conn.CommitTrans
    Call openRes("select * from stumessage")
    Set DataGrid1.DataSource = rst
    DataGrid1.Refresh
    Exit Sub
a:
    MsgBox Err.Description
End Sub


Private Sub Command11_Click()

End Sub


Private Sub Command2_Click()
On Error GoTo e:
If Text1.Text = "" Then
    Command2.Enabled = False
Else
    Command2.Enabled = True
    Call openConn(Trim(Text1.Text))
    MsgBox "与数据库连接成功!请执行下面的操作"
    Frame1.Enabled = True
    Text2.SetFocus
End If
Exit Sub
e:
    MsgBox Err.Description
End Sub


Private Sub Command3_Click()
On Error GoTo a:
    Call openRes(Trim(Text2.Text))
    Set DataGrid1.DataSource = rst
Exit Sub
a:
    MsgBox Err.Description
End Sub


Private Sub Command4_Click()
```

数据库编程基础

```
Text1.Text = ""
Text2.Text = ""
Set DataGrid1.DataSource = Nothing
Command2.Enabled = False
End Sub

Private Sub Command5_Click()
CommonDialog1.Flags = 1
CommonDialog1.ShowFont
Text2.FontSize = CommonDialog1.FontSize
End Sub

Private Sub Command6_Click()
Frame2.Enabled = True
Text3.SetFocus
End Sub

Private Sub Command7_Click()              '插入记录到数据库
Dim sex As String                         '变量 sex 存放"男"或"女"字符
If Option1.Value Then
    sex = "男"
Else
    sex = "女"
End If

birthday = Format(DTPicker1.Value, "yyyy - mm - dd")
nrol = Format(DTPicker2.Value, "yyyy - mm - dd")     '日期型数据在写入数据库前必须格式化(format)

On Error GoTo a:        '若执行以下语句出现异常,会自动跳到 A 标识符处,报异常说明
    Conn.BeginTrans     '实例对象 Conn 的方法,开始一个事务; BeginTrans 开始一个新事务
                        'Execute 执行一个相关的查询(SQL 语名或存储过程,或数据提供者特定文本)
                        'CommitTrans 保存一些改变或当前的事务,目的是为开始一个新事务
    Conn.Execute ("insert into stumessage(stuId, stuName, stuSex, stuGrade, stuPro, stuBirthday,
stuPhone, stuNrol, stuAddress, stuNote) values('" + Trim(Text3.Text) + _"','" + Trim(Text4.
Text) + "','" + sex + "', '" + Trim(Combo1.Text) + "','" + Trim(Combo2.Text) + "','" +
birthday + "','" + _Trim(Text5.Text) + "','" + nrol + "','" + Trim(Text6.Text) + "','" +
Trim(Text7.Text) + "')")
    Conn.CommitTrans

    Call openRes("select * from stumessage")          '调用公共模块中的 OpenRes 函数
    Set DataGrid1.DataSource = rst                    '记录集绑定到 DataGrid1 组件上
    DataGrid1.Refresh                                 '数据网格刷新
Exit Sub
a:
    MsgBox Err.Description
End Sub

Private Sub Command8_Click()
On Error GoTo a:
    Conn.BeginTrans
    Conn.Execute Trim(Text2.Text)
```

```
    Conn.CommitTrans
    Call openRes("select * from userinfo")
    Set DataGrid1.DataSource = rst
    DataGrid1.Refresh
    Exit Sub
a:
    MsgBox Err.Description
End Sub


Private Sub Command9_Click()
On Error GoTo a:
    Conn.BeginTrans
    Conn.Execute Trim(Text2.Text)
    Conn.CommitTrans
    Call openRes("select * from userinfo")
    Set DataGrid1.DataSource = rst
    DataGrid1.Refresh
    Exit Sub
a:
    MsgBox Err.Description
End Sub


Private Sub Form_Load()                          '控件初始化
Command2.Enabled = False
Frame1.Enabled = False
Frame2.Enabled = False
For i = 1900 To 2013
    Combo1.AddItem i
Next i
Combo2.AddItem "计算机"
Combo2.AddItem "法学"
Combo2.AddItem "侦查"
Combo2.AddItem "治安管理"
Combo2.AddItem "公安管理"
Combo1.Text = Combo1.List(0)
Combo2.Text = Combo2.List(0)
End Sub


Private Sub Form_Unload(Cancel As Integer)
Unload Me
End Sub


Private Sub Text1_Change()
Command2.Enabled = True
End Sub
```

ADO 数据控件的 Recordset 属性代表属于本控件的记录集对象。

记录集对象是 ADO 中的一个功能强大的对象,对数据库的绝大部分操作,例如记录指针的移动,记录的查找、添加、删除和修改等,都是针对记录集对象进行的。

12.4 结构化查询语言

12.4.1 SQL 概述

SQL 是关系数据库的标准语言,是一种综合的、通用的、功能强大的、简单易学的语言。在 SQL 语言中,指定要做什么而不是怎么做。只要告诉 SQL 需要数据库做什么,就可以确切地指定想要检索的记录以及按什么顺序检索,可以在设计或运行时对数据控件使用 SQL 语句。用户提出一个查询,数据库返回所有与该查询匹配的记录。

1. SQL 的主要特点

SQL 主要具有以下特点。

(1) 综合统一:SQL 集数据定义(Data Define)、数据查询(Data Query)、数据操纵(Data Manipulation)和数据控制(Data Control)功能于一体。

(2) 面向集合的操作方式:SQL 采用面向集合的操作方式,无论是查询操作,还是删除、插入及更新操作,它操作的对象和结果都是一个记录的集合。

(3) 非过程化:SQL 是非过程化的语言,在使用 SQL 进行数据库操作时,只需提出"做什么",而不需要说明"该怎么做"。

(4) 同一种语法结构提供两种执行方式:SQL 既是一种自含式语言,又是一种嵌入式语言。它既可以独立地采用联机交互的方式对数据库进行操作,也可以嵌入到高级语言程序中。

(5) 语言简洁、易学易用。

2. SQL 功能与分类

SQL 语言具有以下功能:

(1) 在数据库中查找并返回符合条件的记录。

(2) 创建、更改和删除数据库中的表、字段和索引等。

(3) 对表中的数据进行统计,例如计算总和、平均值等。

SQL 语言的分类如下:

(1) 数据查询 DQL;

(2) 数据操作语言 DML;

(3) 数据定义语言 DDL。

3. VB 环境下 SQL 的使用方法

VB 环境下 SQL 的使用方法如下:

(1) 在 VisData 中先打开一个数据库。

(2) 在 ADO/DAO 对象编程中设置 RecordSource 属性,或在 Connection 对象、Command 对象的 Execute 方法和 Recordset 对象的 Open 方法的命令中使用 SQL 语句。

12.4.2 SQL 的构成

SQL 由命令、子语句、运算符和函数等基本元素组成,使用这些元素组成语句对数据库进行操作。

1. SQL 命令

SQL 对数据库所进行的数据定义、数据查询、数据操纵和数据控制等操作都是通过 SQL 命令实现的,常见的 SQL 命令如表 12-8 所示。

表 12-8 常用的 SQL 命令

命令	功 能 说 明	命令	功 能 说 明
select	用于在数据库中查找满足某特定条件的记录	drop	用于删除数据库中的表和索引
		alter	用于通过添加字段或修改字段来修改表
create	用于创建新的表、字段和索引		
insert	用于在数据库中添加记录	update	用于改变指定记录和字段的值
delete	用于从数据库表中删除记录		

2. 子句

SQL 命令中的子句是用来修改查询条件的,通过它可以定义要选择和要操作的数据,常用的 SQL 子句如表 12-9 所示。

表 12-9 常用的 SQL 子句

子句	功 能 说 明	子句	功 能 说 明
from	用来指定需要从中选择记录的表名	having	用来指定每个群组需要满足的条件
where	用来指定选择的记录需要满足的条件	order by	按指定的次序对记录排序,asc 为升序,desc 为降序
group by	用来把所选择的记录分组		

3. 运算符

SQL 运算符如表 12-10 所示。

表 12-10 常用的 SQL 运算符

运算符		功 能 说 明
比较运算符	<、<=、>、>=、< >、=	分别为小于、小于或等于、大于、大于或等于、不等于、等于
	between	用来判断表达式的值是否在指定的范围
	like	在多个、单个、特定字符、单个数字、范围之内或范围之外等匹配种类模式中使用
	in	用来判断表达式的值是否在指定的列表中出现
逻辑运算符	and	逻辑与
	or	逻辑或
	not	逻辑非

4. 函数

SQL 所提供的统计函数如表 12-11 所示。

表 12-11 sql 常用统计函数

函数	功 能 说 明	函数	功 能 说 明
sum	用于返回指定段中值的总和	min	用于返回指定段中的最小值
count	用于计算所选择记录的个数	avg	用于计算指定段中值的平均数
max	用于返回指定段中的最大值		

12.4.3 SQL 在 Visual Basic 中的应用

1. 建立、修改或删除 Access 数据库中的表

语法：

create table 数据表([字段名称 1]数据类型(长度),[字段名称 2]数据类型(长度)…)

例如，建立 S_BOOK 数据表

create table S_BOOK([书名] text (40),[书号] text (5))

2. 建立或删除 Access 数据库中表的索引

语法：

drop {table 数据表/index index on 数据表}

例如，从用户列表中删除编号索引/从数据库中删除整个表。

drop index MyIndex on 用户列表/ drop table 用户列表

3. 对记录进行插入、删除或更新操作

插入记录：

insert into 数据表(字段名 1,字段名 2,…) values(数据 1,数据 2,…)

删除记录：

delete (字段名) from 数据表 where 子句

其中，字段名可以省略，因为一般都是删除整条记录。

更新记录：

update (字段名) set 新数据值 where 子句

例如，将数据表 S_BOOK 中所有"数量"少于 10 的字段都改为 10。

update S_BOOK set 数量 = 10 where 数量 < 10

4. 从一个或多个数据库的一个或多个表中获取数据

语法：

select 字段列表 from 子句 where 子句 group by 子句 having 子句 order by 子句

例如，选择图书信息表 S_BOOK 中"书名"字段含有"计算机"的书，并按升序排列书号。

select * from S_BOOK where S_BOOK 书名 like '计算机 * 'order by 书号 desc

5. 对表中数据进行统计，例如求和、求最大/最小值、计数、求平均值等

语法：

select count 字段列表 as xx from 子句 where 子句

例如，查询数学成绩不及格的人数、数学平均分及最高分。

select count * as 人数 from 成绩表 where 数学<60
select avg 数学 as 平均分, max 数学 as 最高分 from 成绩表

12.5 管理应用软件的实现

(1) 运行 SQL 2005 服务器,打开 SQL 2005 企业管理器,然后从"文件"菜单中把 Students. SQL 的脚本文件打开,然后单击"执行"按钮,即可得到数据库 Student。该库为示例库,如图 12-20 所示,内有 4 个关系,即学生基本信息 stuMessage、课程 Course、成绩 Results 和管理员 userInfo,如表 12-12~表 12-15 所示。数据库及其表的创建参见本章最后的附录中的 Students. SQL。

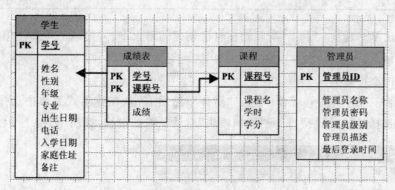

图 12-20 4 个关系

表 12-12 userInfo

字段	类型	长度	主键	说明
userId	varchar	10	是	管理员 ID
userName	varchar	20		管理员名称
userPassword	varchar	20		管理员密码
userLevel	bit			管理员级别
userDescription	varchar	50		管理员描述
userLastLogin	smalldatetime			最后登录时间

表 12-13 stuMessage

字段	类型	长度	主键	说明
stuId	varchar	20	是	学号
stuName	varchar	20		姓名
stuSex	varchar	4		性别
stuGrade	varchar	20		年级
stuPro	varchar	20		专业
stuBirthday	smalldatetime			出生日期
stuPhone	varchar	16		电话
stuNrol	smalldatetime			入学日期
stuAddress	varchar	50		家庭住址
stuNote	varchar	50		备注

表 12-14　Course

字段	类型	长度	主键	说明
courseId	varchar	10	是	课程号
courseName	varchar	20		课程名
Hours	int			学时
Gredit	int			学分

表 12-15　Results

字段	类型	长度	主键	说明
stuId	varchar	20	是	学号
courseId	varchar	10	是	课程号
score	int			成绩

（2）打开 VB，建立一个工程，归档在自己创建的目录下，并把该工程要使用的素材一并复制到该目录下。

（3）建立公共模块。

第一步：在工程资源管理器中选定"窗体"，然后右击，在弹出式菜单中选择"添加"，在级联菜单中选择"添加模块"，打开"添加模块"对话框添加模块，如图 12-21 所示。

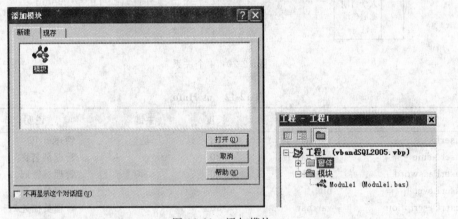

图 12-21　添加模块

第二步：在该模块中建立两个公共模块，分别是数据库的连接函数和执行 SQL 语句得到记录集的函数，如图 12-22 所示。

```
Public Conn As New ADODB.Connection
Public rst As New ADODB.Recordset

Public Function openConn(ByVal strName As String)
If Conn.State = adStateOpen Then
    Conn.Close
Else
    'Conn.Open "Provider=microsoft.jet.oledb.4.0;data source=" & strName          '连接Access2003数据库
    Conn.Open "Provider=SQLOLEDB.1;uid=sa;pwd=sa;initial catalog=student,data source=122.204.231.140"   '连接SQL Server数据库
End If
End Function

Public Function openRes(ByVal StrSql As String)
If rst.State = adStateOpen Then
    rst.Close
Else
    With rst
        .CursorLocation = adUseClient                '使用客户端光标
        .CursorType = adOpenDynamic                  '设置游标类型
        .Open StrSql, Conn, , , cmdtext              '语法格式：Recordset.Open Source, ActiveConnection, CursorType, LockType, Options
    End With
End If
End Function
```

图 12-22　建立公共模块

第三步：关闭模块，到普通窗体中调用该公共模块，部分截图，如图 12-23 所示。

```
Private Sub Command7_Click()        '插入记录到数据库
Dim sex As String                   '变量Sex是存放"男"或"女"字符
If Option1.Value Then
    sex = "男"
Else
    sex = "女"
End If

birthday = Format(DTPicker1.Value, "yyyy-mm-dd")
nrol = Format(DTPicker2.Value, "yyyy-mm-dd")     '日期型数据在写入数据库前必须格式化（format）

On Error GoTo a:                    '若执行以下语句出现异常，会自动跳到A标识符处，报异常说明
    Conn.BeginTrans                 '实例对象Conn的方法，开始一个事务，BeginTrans 开始一个新事务
                                    'Execute 执行一个相关的查询（SQL语句命令存储过程），或数据提供者特定文本
                                    'CommitTrans 保存一些改变要当前的事务目的是为开始一个新事务
    Conn.Execute ("insert into stuMessage(stuId,stuName,stuSex,stuGrade,stuPro,stuBirthday,stuPhone,stuNrol,stuAddress,stuNote) values(" + Trim(Text3.Text) +
            "','" + Trim(Text4.Text) + "','" + sex + "','" + Trim(Combo1.Text) + "','" + Trim(Combo2.Text) + "','" + birthday + "','" +
            Trim(Text5.Text) + "','" + nrol + "','" + Trim(Text6.Text) + "','" + Trim(Text7.Text) + "')")

    Conn.CommitTrans

    Call openRes("select * from stumessage")     '调用公共模块中的OpenRes函数
    Set DataGrid1.DataSource = rst                '记录集绑定到DataGrid1组件上
    DataGrid1.Refresh                             '数据网格刷新
Exit Sub
a:
    MsgBox Err.Description
End Sub
```

图 12-23   部分截图

下面是一个比较完整的函数，用于执行所有的 SQL 语句，以决定是否返回一个记录集。

```
Public Function DBConnectionString() As String
    DBConnectionString = "Provider = SQLOLEDB.1;uid = sa;pwd = sa;data source = 122.204.231.
135;initial catalog = student"
End Function
Public Function ExecuteSQL(ByVal sql As String, msgText As String) As ADODB.Recordset
    Dim myconn As New ADODB.Connection
    Dim myres As New ADODB.Recordset
    Dim sTokens() As String


On Error GoTo ExecuteSQL_Error                          '异常处理机制
    myconn.Open DBConnectionString                      '打开连接
    sTokens = Split(sql)          '分隔用户带来的 SQL 语句，以决定是否要返回记录集
    '下面的 Instr 是在第一个参数中搜索第二个参数是否存在，若存在，返回在其中出现的位置(一
个整型数值)，若不存在，返回 0
    If InStr("insert,delete,update", UCase(sTokens(0))) Then
        myconn.Execute sql        '执行 SQL 语句,若是增、删、改,只需执行功能,不需要返回记录集
        msgText = sTokens(0) & " 执行成功!"       '操作成功后把其成功的信息返回给第二个参数
    Else
        Set myres = New ADODB.Recordset
                                '执行 SQL 语句,若是 select,则需执行其功能,并且返回记录集
        myres.CursorLocation = adUseClient
        myres.Open sql, myconn, adOpenKeyset, adLockPessimistic, cmdtext
        mstText = "查询到" & myres.RecordCount & "条记录!"
        Set ExecuteSQL = myres
    End If

ExecuteSQL_Exit:
    Set myconn = Nothing
    Set myrst = Nothing
    Exit Function

ExecuteSQL_Error:
    MsgBox Err.Description
```

```
        Resume ExecuteSQL_Exit
End Function
```

12.6 本 章 小 结

数据库用于储存结构化数据,它的应用无处不在。Visual Basic 不仅具有强大的数据库操作功能,而且是一个优秀的数据库开发平台,提供了数据管理器(Data Management)、数据控件(Data Control)以及 ADC(ActiveX 数据对象)等功能强大的工具。利用 Visual Basic 能够开发各种数据库应用系统,建立多种类型的数据库,并可以管理、维护和使用这些数据库。

12.7 课后练习与上机实验

一、典型题分析与解答

1. 什么是 ADO? 其主要属性包括哪些?

【分析】 本题主要考核学习者对 ADO 的基本概念及相关属性的掌握。

【解答】 ADO 是 ActiveX Data Object 的英文缩写,即数据访问接口,是微软公司处理数据库信息的最新技术,它是一种 ActiveX 对象,采用了 OLE DB(动态链接与嵌入数据库)的数据访问模式,是数据访问对象 DAO、远程数据对象 RDO 和开放式数据库互连 ODBC 3 种方式的扩展。如果要使用 ADO 对象,必须先为当前工程引用 ADO 对象库,方法如下:

选择"工程"菜单中的"引用"命令,在对话框中选中 Microsoft ActiveX Data Object 2.0 Library;从"工程"菜单中选择"部件"命令,在对话框中选中 Microsoft ADO Data Controls 6.0(OLE DB),将其添加到工具箱,并在窗体上拖出 ADO 数据控件。

ADO 数据控件的基本属性如表 12-16 所示。

表 12-16 ADO 数据控件的基本属性

属 性 名	作 用
ConnectionString	用来与数据库建立连接,它包括 4 个参数: Provide——指定数据源的名称 FileName——指定数据源所对应的文件名 RemoteProvide——在远程数据服务器打开一个客户端时所用的数据源名称 RemoteServer——在远程数据服务器打开一个主机端时所用的数据源名称
RecordSource	确定具体可访问的数据,可以是数据库中的单个表名、一个存储查询或一个 SQL 查询字符串
ConnectionTimeout	设置数据连接的超时时间,若在指定时间内连接不成功则显示超时信息
MaxRecords	确定从一个查询中最多能返回的记录数

2. 下面说法中错误的是(   )。

A)一个表可以构成一个数据库

B)多个表可以构成一个数据库

C)表中的每一条记录中的各数据项具有相同的类型

D) 同一个字段的数据具有相同的类型

【分析】 在现代数据库系统中一个或多个表可以构成一个数据库,故选项 A 和 B 都正确;在一个表中同一个字段的数据类型都是相同的,故选项 D 是正确的;而表中每一条记录的各数据项的类型不一定相同,故选项 C 是错误的。

3. 利用 VB 可视化数据管理器中的查询生成器不能完成的功能有(　　)。

　　A) 在指定的表中任意指定查询结果要显示的字段

　　B) 打开某个索引以加快查询速度

　　C) 按一定的关联条件同时查询多个表中的数据

　　D) 同时查询多个数据库中的数据

【分析】 可视化数据管理器中的查询生成器没有打开索引的功能,并且只能查询一个数据库中的一个或多个表中的数据,选项 A 和 C 的功能是可以完成的,选项 B 和 D 是可视化数据管理器中的查询生成器不能完成的功能。

4. 当 BOF 属性为 True 时,表示(　　)。当 EOF 属性为 True 时,表示(　　)。

　　A) 当前记录位置位于 Recordset 对象的第一条记录

　　B) 当前记录位置位于 Recordset 对象的第一条记录之前

　　C) 当前记录位置位于 Recordset 对象的最后一条记录

　　D) 当前记录位置位于 Recordset 对象的最后一条记录之后

【分析】 BOF 属性指示当前记录位置是否位于 Recordset 对象的第一条记录之前(即记录头),当为 True 时表示位于 Recordset 对象的第一条记录之前,故选项 B 是正确的。EOF 属性指示当前记录位置是否位于 Recordset 对象的最后一条记录之后(即记录尾),当为 True 时表示位于 Recordset 对象的最后一条记录之尾,故选项 D 是正确的,所以答案为 B 和 D。

5. 通过设置 Adodc 控件的(　　)属性可以建立该控件到数据库的连接的信息。

　　A) RecordSource　　　　　　　　　B) DataBase

　　C) Recordset　　　　　　　　　　　D) ConnectionString

【分析】 为了让 Adodc 数据控件与某种格式的数据库建立连接,需要设置该控件的 ConnectionString 属性,故选项 D 是正确的。

6. 在 ADO 对象模型中,使用 Field 对象的(　　)属性可以返回字段名。

　　A) Name　　　　　B) FieldName　　　　C) Caption　　　　D) Text

【分析】 Field 对象的 Name 属性可以取得字段名,返回字段名,故选项 A 是正确的。

7. SQL 语句"select 编号,姓名,部门 from 职工 where 部门='信息技术系'"所查询的表名称是(　　)。

　　A) 部门　　　　　　　　　　　　　B) 编号,姓名,部门

　　C) 信息技术系　　　　　　　　　　D) 职工

【分析】 因为在 SQL 语句中,有语法格式"select 字段名 from 表名 where 查询条件"。本题中 from 后面是"职工",所以要查询的表名是"职工"表,故选项 D 是正确的。

8. 语句"select * from 学生基本信息 where 专业='计算机应用'"中的"*"表示(　　)。

　　A) 所有表　　　　　　　　　　　　B) 所有指定条件的记录

　　C) 指定表中的所有字段　　　　　　D) 所有记录

【分析】 因为在 SQL 语句中,select 后面可以使用通配符"﹡"表示选择所有字段,故选项 C 是正确的。

二、上机实验

1. 创建数据库 stud. mdb。

通过 Microsoft Access 和 VB 中的"可视化数据库管理器"分别建立数据库 stud. mdb,其中有一个数据表 student,该数据表的结构如表 12-17 所示。

表 12-17 数据表 student 的结构

字 段 名	类 型	长 度
学号	String	7
班级	String	8
姓名	String	8
性别	String	2
年龄	Integer	
出生日期	Date/Time	
婚否	Boolean	
简历	备注	

在数据表中输入 3 条记录:

学号	班级	姓名	性别	年龄	出生日期	婚否	简历

2. 控件的数据绑定技术。

程序 1:使用控件的数据绑定技术显示、修改、添加 student 数据表中的数据,窗体界面如图 12-24 所示。

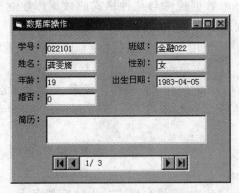

图 12-24 窗体界面

提示:

(1) 将数据控件的 EofAction 的值设为 2,可以利用数据控件添加数据。

(2) 数据控件上的当前记录号和总记录数可以使用记录集对象的两个属性

AbsolutePosition 和 RecordCount 得到。

3. 数据库记录集的操作方法。

程序 2：利用数据库记录集的操作方法实现显示、修改、添加和删除记录的功能，程序界面如图 12-25 所示。程序代码见本章附录。

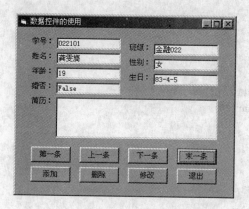

图 12-25　程序界面

附　　录

程序 1：Students. SQL 的脚本文件

```
use master
go
if exists(select * from dbo.sysdatabases where name = 'Student')
drop database Student
go
create database Student
go
use student
go
create table userInfo
(
    userId varchar(10) primary key,
        userName varchar(20) ,
    userPassword varchar(20) ,
    userLevel bit,
    userDsecription varchar(50),
    userLastLogin smalldatetime

)
go
create table stuMessage
(
    stuId varchar(20) primary key,
    stuName varchar(20),
    stuSex varchar(4),
    stuGrade varchar(20),
```

```
        stuPro varchar(20),
        stuBirthday smalldatetime,
        stuPhone varchar(16),
        stuNrolsmalldatetime,
        stuAddress varchar(50),
        stuNote varchar(50)
)
go
create table Course
(
        courseId varchar(10) primary key,
        courseName varchar(20),
        Hours int,
        Credit int
)
go
create table Results
(
        stuId varchar(20) ,
        courseId varchar(10),
        score int
)
go
select * from stuMessage
select * from course
select * from results


go
alter table results
add constraint fk_stuId foreign key(stuId) references stuMessage(stuId)
go
alter table results
add constraint fk_courseId foreign key(courseId) references Course(courseId)


go
insert into stuMessage values('20140101','张三','男','2011','计算机','1992-8-9',
'13525654231','2011-9-1','湖北武汉','本科四年制')
insert into stuMessage values('20140102','李四','女','2012','信息','1993-3-12','13522554231',
'2011-9-1','湖北宜昌','本科四年制')
insert into stuMessage values('20140103','王五','男','2010','法律','1992-10-24',
'13525650001','2011-9-1','湖北孝感','本科四年制')
    …


go
insert into course values('00001','大学物理',64,10)
insert into course values('00002','面向对象的程序设计',72,8)
insert into course values('00003','马克思主义经济学',64,8)
insert into course values('00004','离散数学',58,6)
insert into course values('00005','计算机应用基础',64,10)
insert into course values('00006','邓小平理论',72,10)
go
```

```
insert into results values('20140101','00001',98)
insert into results values('20140101','00002',42)
insert into results values('20140101','00003',66)
insert into results values('20140101','00004',78)
insert into results values('20140101','00005',100)

insert into results values('20140102','00001',35)
insert into results values('20140102','00002',72)
insert into results values('20140102','00003',87)
insert into results values('20140102','00004',54)
insert into results values('20140102','00005',70)

insert into results values('20140103','00001',20)
insert into results values('20140103','00002',100)
insert into results values('20140103','00003',56)
insert into results values('20140103','00004',78)
insert into results values('20140103','00005',74)
insert into results values('20140103','00006',79)

insert into results values('20140104','00001',87)
insert into results values('20140104','00002',100)
insert into results values('20140104','00003',89)
insert into results values('20140104','00004',87)
insert into results values('20140104','00005',88)
insert into results values('20140104','00006',80)

insert into results values('20140105','00001',85)
insert into results values('20140106','00002',64)
insert into results values('20140107','00003',92)
insert into results values('20140108','00004',66)
insert into results values('20140109','00005',74)
insert into results values('20140110','00006',96)

go
select * from stumessage
select * from course
select * from results
```

程序 2：

```
Private Sub Command1_Click()
 If Data1.Recordset.RecordCount <> 0 Then
    Data1.Recordset.MoveFirst
 End If
 ListRec
End Sub

Private Sub Command2_Click()
 If Not Data1.Recordset.BOF Then
```

```
        Data1.Recordset.MovePrevious
    End If
    ListRec
End Sub


Private Sub Command3_Click()
    If Not Data1.Recordset.EOF Then
        Data1.Recordset.MoveNext
    End If
    ListRec
End Sub


Private Sub Command4_Click()
    If Data1.Recordset.RecordCount <> 0 Then
        Data1.Recordset.MoveLast
    End If
    ListRec
End Sub


Private Sub Command5_Click()
    Data1.Recordset.AddNew
    Data1.Recordset.Fields(0) = Text1.Text
    Data1.Recordset.Fields(1) = Text2.Text
    Data1.Recordset.Fields(2) = Text3.Text
    Data1.Recordset.Fields(3) = Text4.Text
    Data1.Recordset.Fields(4) = CInt(Text5.Text)
    Data1.Recordset.Fields(5) = CDate(Text6.Text)
    Data1.Recordset.Fields(6) = CBool(Text7.Text)
    Data1.Recordset.Fields(7) = Text8.Text
    Data1.Recordset.Update
    ListRec
End Sub


Private Sub Command6_Click()
    If Not Data1.Recordset.EOF And Not Data1.Recordset.BOF Then
        Data1.Recordset.Delete
    End If
    ListRec
End Sub


Private Sub Command7_Click()
    If Not Data1.Recordset.EOF And Not Data1.Recordset.BOF Then
        Data1.Recordset.Edit
        Data1.Recordset.Fields(0) = Text1.Text
        Data1.Recordset.Fields(1) = Text2.Text
        Data1.Recordset.Fields(2) = Text3.Text
        Data1.Recordset.Fields(3) = Text4.Text
        Data1.Recordset.Fields(4) = CInt(Text5.Text)
        Data1.Recordset.Fields(5) = CDate(Text6.Text)
        Data1.Recordset.Fields(6) = CBool(Text7.Text)
        Data1.Recordset.Fields(7) = Text8.Text
```

```
      Data1.Recordset.Update
   End If
   ListRec
End Sub


Private Sub Command8_Click()
   End
End Sub


Private Sub ListRec()
   If Not Data1.Recordset.EOF And Not Data1.Recordset.BOF Then
      Text1.Text = Data1.Recordset.Fields(0)
      Text2.Text = Data1.Recordset.Fields(1)
      Text3.Text = Data1.Recordset.Fields(2)
      Text4.Text = Data1.Recordset.Fields(3)
      Text5.Text = Data1.Recordset.Fields(4)
      Text6.Text = Data1.Recordset.Fields(5)
      Text7.Text = Data1.Recordset.Fields(6)
      Text8.Text = Data1.Recordset.Fields(7)
   End If
End Sub


Private Sub Form_Load()
   Data1.DatabaseName = "stud.mdb"
   Data1.RecordSource = "student"
   Data1.Refresh
   If Data1.Recordset.RecordCount <> 0 Then
      Data1.Recordset.MoveLast
      Data1.Recordset.MoveFirst
   End If
   ListRec
End Sub
```

第13章　程序的调试与程序的发布

VB 为调试程序提供了一组交互的、有效的调试工具,除了设置断点、单步执行外,还可以在程序运行过程中编辑,设置下一个执行语句以及在应用程序处于中断模式时进行过程测试。此外,程序本身也应具有一定的容错能力,称为程序的健壮性。如果程序在运行过程中有错误发生,或有不合法的数据输入,程序应该有适当的信息提示,不至中断程序的运行。

13.1　常见的错误类型

调试程序的目的就是为了找出程序中的错误并加以纠正,使程序能正确运行。明确程序中的错误类别对于发现程序中的错误是极有好处的。

VB 中常见的错误可分为 3 种类别,即编译错误、运行错误和逻辑错误。

13.1.1　编译错误

编译错误是由于在程序中输入了不正确的代码而产生的,包括语法错误和结构错误。例如输入了不正确的关键字、缺少标点符号或语句前后不配套等,都会在编译程序时被系统检测到。

可以用 VB 对语法错误进行语法检查,设置方法是在"选项"对话框的"编辑"选项卡中选择"自动语法检测"复选框,则以后用户在代码窗口中输入的语句有语法错误时,VB 即以红色标示错误的语句并用对话框给予提示。

13.1.2　运行错误

应用程序在 VB 环境下运行,当语句执行无效操作时就会产生运行错误。例如数据类型不匹配、试图打开一个并不存在的文件、除数为 0 等,都会产生运行错误。

运行错误具有隐蔽性,如果带有运行错误的语句因条件表达式不满足而在程序运行时未被执行到,则该错误难以被发现。

13.1.3　逻辑错误

逻辑错误的出现是由程序员考虑不周造成的。当应用程序未按预期的方式执行从而得到预期结果时,表示可能有一个或多个逻辑错误。在这种情况下,应用程序的代码完全符合 VB 的语法要求,在运行时也未执行无效的操作,故系统不会报告出错信息,甚至还会给出一个很接近正确值的结果。

如果一个程序的运行结果有错,则程序中必定隐藏着逻辑错误,因此在程序编写完毕后应使用一些数据对程序做测试以发现其中的错误。程序的可读性、程序员的编程经验、程序的结构化是否良好、测试工具的使用等,对发现、纠正程序中的逻辑错误起着决定性的作用。

13.2　Visual Basic 中的 3 种工作模式

13.2.1　设计模式

在设计模式下可以进行程序的界面设计、属性设置、代码编写等,标题栏上显示“设计”,在此模式下不能运行程序,也不能使用调试工具。

13.2.2　运行模式

选择“运行”菜单中的“启动”命令或单击工具栏上的“启动”按钮或按 F5 键,即由设计模式进入运行模式,标题栏显示“运行”,在此模式下可以查看程序代码,但不能修改。若要修改,必须单击工具栏上的“结束”按钮,回到设计模式,也可以选择“中断”按钮,进入中断模式。

13.2.3　中断模式

当程序运行时单击了“中断”按钮,或当程序出现运行错误时,都可以进入中断模式。在此模式下,运行的程序被挂起,可以查看代码、修改代码、检查数据。修改结束后,单击“继续”按钮可以继续程序的运行,也可以单击“结束”按钮停止程序的执行。

13.3　调试和排错方法

13.3.1　进入/退出中断状态

进入中断状态有下面 4 种方法:

(1) 程序运行时发生错误自动进入中断。

(2) 程序运行中用户按中断键强制进入中断。

(3) 用户在程序中预先设置了断点,程序执行到断点处即进入中断状态。

(4) 在采用单步调试方式,每运行一个可执行代码后即进入中断状态。

13.3.2　使用调试窗口

1. 立即窗口

立即窗口是调试窗口中使用最方便、最常用的窗口。用户可以在程序中用 Debug. Print 方法把输出送到“立即”窗口,也可以在该窗口中直接使用 Print 语句或 ? 显示变量的值,如图 13-1 所示。

2. 本地窗口

本地窗口显示当前过程中所有变量的值,当程序的执行从一个过程切换到另一个过程时,该窗口的内容发生改变,它只反映当前过程中可用的变量,如图 13-2 所示。

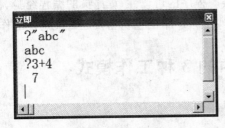

图 13-1 "立即"窗口

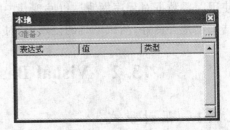

图 13-2 "本地"窗口

例 13.1 新建一个标准工程,在表单中添加两个命令按钮 Command1 和 Command2, 双击 Command1(或 Command2)进入代码窗口,输入以下代码:

```
Private Sub Command1_Click()
    Dim i As Integer
    Dim j As Integer
    For j = 1 To 3
        i = j + 2
        proce1 i, j
    Next j
End Sub


Private Sub proce1(c1, c2 As Integer)
    Dim k As Integer
    k = c1 * 2
    Command1.Caption = "k = " & k
End Sub


Private Sub Command2_Click()
    Unload Me
End Sub
```

正确输入以上程序,打开本地窗口。按 F8 键进入单步执行状态,单击 Command1 按钮 后,代码窗口被打开,并以黄色标示当前执行到的语句,同时可以看到本地窗口中显示出变 量的初始信息,如图 13-3 所示。

反复按 F8 键单步执行程序,会看到变量的值随着程序的执行发生变化。当程序进入 proce1 过程后,本地窗口中的内容发生了改变,不再显示变量 i、j 的值,而是显示变量 c_1、c_2 和 k 的值,如图 13-4 所示,从而使用户能够逐步了解程序运行中变量的每一次变化。

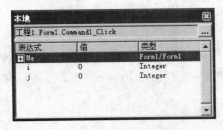

图 13-3 变量的初始值

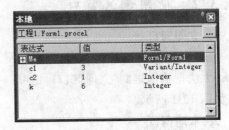

图 13-4 进入 proce1 过程后变量的值

3. 监视窗口

该窗口可显示当前的监视表达式,在此之前必须在设计阶段利用"调试"菜单中的"添加监视"命令或"快速监视"命令添加监视表达式以及设置监视类型,根据设置的监视类型进行相应的显示,如图 13-5 所示。

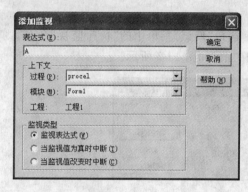
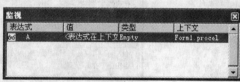

图 13-5　监视窗口

13.3.3　排错方法

1. 断点

程序调试的第一步是进入中断模式,可以使用前面介绍的方法由运行模式转换到中断模式,但这种方法并不适合快速确定出错位置。通常通过设置断点的方法来中断程序的运行,然后逐句跟踪检查相关变量、属性和表达式的值是否在预期范围内。

在任何模式下均可设置断点,具体方法为:在代码窗口中将光标移到可能存在逻辑错误的语句(或其附近),选择"调试"菜单中的"切换断点"命令或按 F9 键,则在该语句处设置了断点,当程序运行至此时将进入中断模式(注意该断点语句还未执行),如图 13-6 所示。

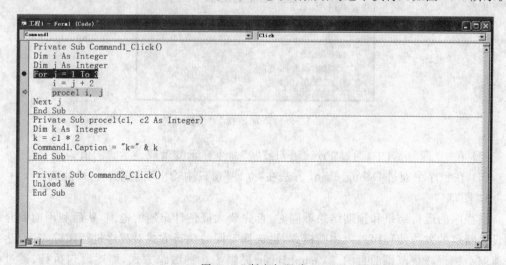

图 13-6　断点与跟踪

程序调试完毕后,应将断点清除。在代码窗口中将光标移到断点语句处,再次选择"调试"菜单中的"切换断点"命令或按 F9 键,即清除该语句处的断点,也可以选择"调试"菜单

程序的调试与程序的发布

中的"清除所有断点"命令或按 Ctrl＋Shift＋F9 组合键清除所有断点。

2. 监视

在中断模式下,可以使用以下几种方法观察某个变量的值。

(1)将鼠标指针指向代码窗口中的某个变量并稍候片刻,则自动显示出该变量当前的值。

(2)在代码窗口中选择某个变量或表达式,选择"调试"菜单中的"快速监视"命令,则在"快速监视"对话框中显示该变量或表达式当前的值,如图 13-7 所示。

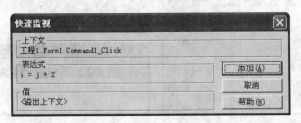

图 13-7 "快速监视"对话框

(3)选择"视图"菜单中的"本地窗口"命令,则自动显示当前过程中所有变量的值。

(4)选择"调试"菜单中的"添加监视"命令,在如图 13-8 所示的"添加监视"对话框中加入要观察的变量或表达式。选择"视图"菜单中的"监视窗口"命令,则显示当前监视变量或表达式的值。

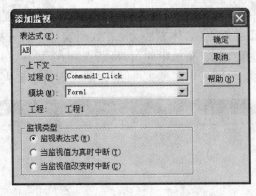

图 13-8 "添加监视"对话框

(5)在"立即"窗口中,通过 Print 语句或"?"命令显示变量或表达式的值。

(6)在程序中通过 Debug. Print 方法在"立即"窗口中输出变量或表达式的值。

3. 跟踪

当程序的运行结果和预期结果不同时,首先要大概估计出错的范围,然后利用前面介绍的设置断点的方法使程序进入中断模式,再选择不同的执行方式对程序进行跟踪,从而达到快速缩小错误查找范围的目的。Visual Basic 提供了 3 种跟踪方式,即逐语句执行、逐过程执行、跳跃执行。

1)逐语句执行

逐语句执行又称单步执行,即每次只执行一条语句。在设计或中断模式下,选择"调试"

菜单中的"逐语句"命令即进入单步执行状态。此后,每执行一次"逐语句"命令或按一次 F8 键,就执行当前执行点处的一条语句(如图 13-6 所示),然后中断于下一条语句。如果当前执行点处的语句是一个过程调用,则下一条语句调用过程内的第一条语句。

2)逐过程执行

逐过程执行是每次执行一个过程或函数,一般在确认某些过程不存在错误时选用此调试方法。在设计或中断模式下,选择"调试"菜单中的"逐过程"命令或按 Shift+F8 组合键即进入逐过程执行状态。它与逐语句执行的区别在于:如果在当前执行点处的语句中调用一个过程或函数,它不会进入该过程或函数。

3)跳跃执行

跳跃执行可以十分方便地将当前过程中的剩余语句执行完毕。在设计或中断模式下,选择"调试"菜单中的"跳出"命令或按 Ctrl+Shift+F8 组合键即进入跳跃执行状态。从当前执行点到 End Sub 或 End Function 之间的语句均被执行,然后中断于该过程调用后的下一条语句。

13.4 程序出错的处理

通过前面的学习,用户了解应用程序在 Visual Basic 环境下运行时,如果发生运行错误,Visual Basic 将中断程序的执行。事实上,用户可以使用 Visual Basic 提供的错误捕获和处理的方法和函数编写错误处理程序,对运行的错误进行响应。

错误处理的基本步骤为:首先设置错误陷阱来捕获错误,发生错误时进入预先编好的错误处理程序,错误处理完毕后退出处理程序。

13.4.1 设置错误陷阱

使用 Visual Basic 的 On Error 语句可以启动一个错误处理程序并指定该子程序在一个过程中的位置,也可用来禁止一个错误处理程序。On Error 语句的语法格式如下:

1. On Error GoTo 行标签或行号

该语句用于启动错误处理程序,该错误处理程序的起始位置由行标签或行号指明。当发生运行错误时,程序会跳转到行标签或行号所在的行,激活错误处理程序。

行标签可以是以字母开头、以冒号结尾的任何字符的组合,用于指示一行代码。行标签与大小写无关,但必须从第一列开始,也可以使用行号来识别一行代码。行号可以是任何数值的组合,在使用行号的模块内,该组合是唯一的。行号也必须从第一列开始。注意,行标签或行号必须与 On Error 语句处于同一过程,否则会发生编译错误。

2. On Error Resume Next

该语句可以置运行错误不顾,使程序从紧随产生错误的语句之后的语句继续执行。一般使用该语句处理访问其他对象期间产生的错误。

3. On Error GoTo 0

该语句用于禁止当前过程中任何已启动的错误处理程序,即使过程中包含编号为 0 的行,它也不把行 0 指定为错误处理程序的起点。如果没有 On Error GoTo 0 语句,在退出过程时,错误处理程序会自动关闭。

13.4.2 编写错误处理程序

一个错误处理程序不是一个 Sub 过程或 Function 过程,它是一段用行标签或行号标记的代码。在编写错误处理程序时,经常使用系统对象 Err,该对象含有运行错误信息。当发生运行错误时,Err 对象的相关属性被填入用于识别和处理这个错误所使用的信息。Err 对象的常用属性和方法如下:

1. Number 属性

Number 属性是 Err 对象的默认属性。当 On Error 语句捕获错误后,Err 对象的 Number 属性即被设置为对应的错误号(有关捕获错误的代码和信息,请参阅 MSDN)。在错误处理程序中一般用条件语句 If 或 Select Case 来判断 Err. Number 的值,从而确定可能发生的错误,并提供相应的错误处理方法。

2. Source 属性

Source 属性用于返回或设置一个字符串表达式,指明最初生成错误的对象或应用程序的名称。

3. Description 属性

Description 属性用于返回或设置与错误相关的描述性字符串,当无法处理或不想处理错误的时候,可以使用这个属性提醒用户。

4. Clear 方法

在处理错误之后应该使用 Clear 方法清除 Err 对象所有的属性设置,每当执行任意类型的 Resume 语句、Exit Sub、Exit Function、Exit Property 或任何 On Error 语句时,系统都会自动调用 Clear 方法。

13.4.3 退出错误处理程序

在错误处理程序中,当遇到 Exit Sub、Exit Function、End Sub、End Function 等语句时,将退出错误处理。在错误程序结束后,可用 Resume 语句恢复原有的运行,其语法格式如下。

1. Resume

如果错误和错误处理程序出现在同一个过程中,则从产生错误的语句恢复运行。如果错误出现在被调用的过程中,则从最近一次调用包含错误处理程序的过程的语句处恢复运行。

2. Resume Next

如果错误和错误处理程序出现在同一个程序中,则从紧随产生错误的语句的下一条语句恢复运行。如果错误发生在被调用的过程中,则找到最后一次调用包含错误处理程序的过程的语句(或 On Error Resume Next 语句),从紧随该语句之后的语句恢复运行。

3. Resume 行标签或行号

在行标签或行号所在行处恢复运行,行标签或行号必须与错误处理程序处于同一过程。注意,在错误处理程序之外的任何地方使用 Resume 语句都会导致错误发生。

13.5　制作安装程序与发布程序

在前面的学习过程中,所有应用程序的设计、运行和调试都是在 Visual Basic 集成开发环境下进行的。在一个应用程序调试通过后,通常希望它能够脱离 Visual Basic 集成开发环境独立运行,本节将和大家讨论生成可执行文件、制作安装盘以及发布应用程序的有关问题。

13.5.1　生成可执行文件

可执行文件是扩展名为.exe 的文件,双击此类文件的图标,即可在 Windows 环境下运行。在 Visual Basic 集成开发环境下生成可执行文件的步骤如下:

(1) 选择"文件"菜单中的"生成工程名.exe"命令(此处工程名为当前要生成可执行文件的工程文件名),在如图 13-9 所示的"生成工程"对话框中确定要生成的可执行文件的保存位置和文件名。

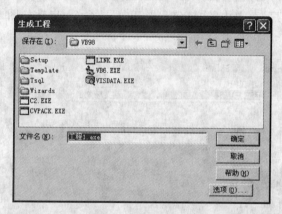

图 13-9　"生成工程"对话框

(2) 单击"生成工程"对话框中的"选项"按钮,在如图 13-10 所示的"工程属性"对话框的"生成"选项卡中设置所生成可执行文件的版本号、标题、图标等信息。

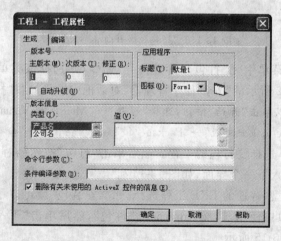

图 13-10　"工程属性"对话框

（3）单击"工程属性"对话框中的"确定"按钮，关闭该对话框，然后在"生成工程"对话框中单击"确定"按钮，编译和链接生成可执行文件。

注意：按照上述步骤生成的可执行文件只能在安装了 Visual Basic 6.0 的计算机上使用。

13.5.2 制作安装盘

为了使应用程序能够在任何计算机上使用，需要为应用程序制作安装程序。Visual Basic 提供了打包和展开向导，用于帮助用户将应用程序部件包装为压缩 cabinet(.cab) 文件，其中包含用户安装和运行应用程序所需的被压缩的工程文件和任何其他必需的文件。用户可以创建单个或多个.cab 文件，以便复制到 U 盘或光盘上。其操作过程如下：

（1）打开准备打包和展开的工程文件，如果正在使用一个工程组或已经加载了多个工程，则应确认当前工程为准备打包和展开的工程。

（2）在启动打包和展开向导前，确保已经保存并编译过工程。

（3）选择"外接程序"菜单中的"打包和展开向导"命令，启动如图 13-11 所示的"打包和展开向导"对话框。

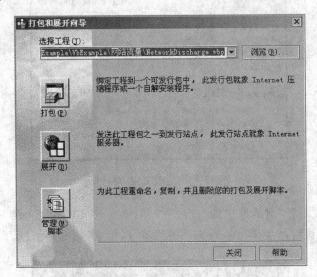

图 13-11 "打包和展开向导"对话框

如果"外接程序"菜单中无"打包和展开向导"命令，则选择该菜单中的"外接程序管理器"命令，在如图 13-12 所示的"外接程序管理器"对话框中选择加载"打包和展开向导"。

注意：用户也可以单击"开始"按钮，选择"程序"→"Microsoft Visual Basic 6.0 中文版"→"Microsoft Visual Basic 6.0 中文版"→"Package & Deployment 向导"命令，如图 13-13 所示。

单击"浏览"按钮，选择要打包的工程。然后单击"打包"按钮（在此只介绍打包，对其他的功能不做介绍），进入下一个界面，如图 13-14 所示。

选择要打包的类型，普通的 EXE 工程选择"标准安装包"就可以了，控件之类的看使用的地点，如果是在网页中使用，选择"Internet 软件包"，然后单击"下一步"按钮。选择包文件存放的位置，如图 13-15 所示。

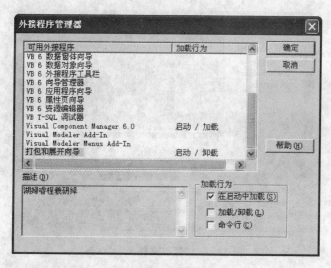

图 13-12 "外接程序管理器"对话框

图 13-13 用"开始"菜单启动打包向导

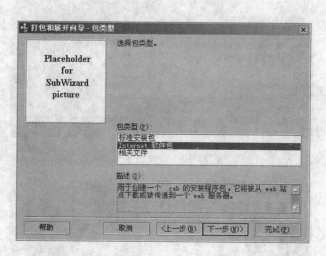

图 13-14 "包类型"对话框

　　向导自动找出了工程中应用的控件、DLL 等文件,用户需要自己到工程中检查一下,看看所包含的文件是否齐全,第三方控件所带的文件一定要带上,然后单击"下一步"按钮,如图 13-16 所示。选择打包的文件类型,根据需要,如果发布是用光盘,则选择单个的压缩文件,如果发布是用软盘之类,则选择多个压缩文件,然后单击"下一步"按钮,如图 13-17 所示。

　　确定安装程序的标题,就是在安装背景上显示的文字,然后单击"下一步"按钮,如图 13-18 所示。

程序的调试与程序的发布

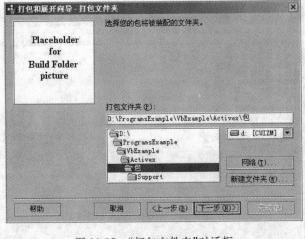

图 13-15　"打包文件夹"对话框

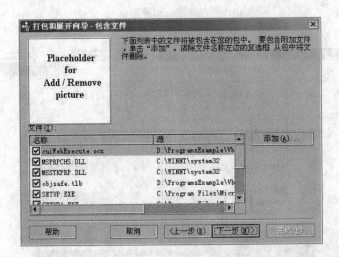

图 13-16　选择包含文件

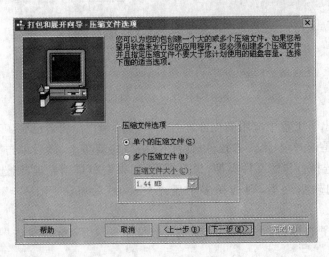

图 13-17　压缩文件

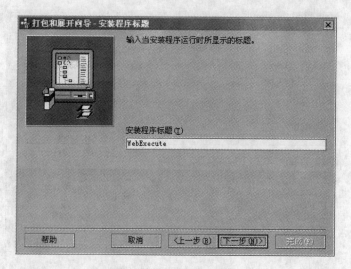

图 13-18　安装背景显示文字

在这里可以设置在"开始"菜单中显示哪些项目,例如可以加/卸载程序项,可以单击"新建项"按钮,然后在"目标"栏中输入"＄(WinPath)\st6unst.exe -n "＄(AppPath)\ST6UNST.LOG"",包括双引号。在"开始"项目中选择"＄(WinPath)",不包括双引号。然后单击"确定"按钮,如图 13-19 所示。

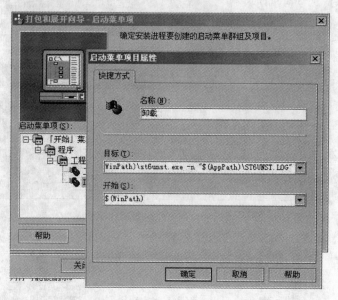

图 13-19　安装文件时的路径选择

在此可以更改文件夹的安装位置,然后单击"下一步"按钮,如图 13-20 所示。

在此可以将文件设置为共享(即文件可以被多个程序使用),如图 13-21 所示。至此,安装制作完成。安装完之后会生成 3 个文件和 1 个文件夹,如图 13-22 所示。

- SERTUP.LST:安装信息文件;
- .CAB:数据文件,安装的文件全部在该文件包中;

程序的调试与程序的发布

274

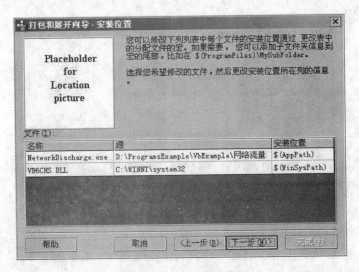

图 13-20　安装位置的选择

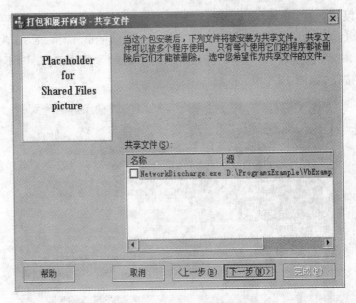

图 13-21　文件的共享设置

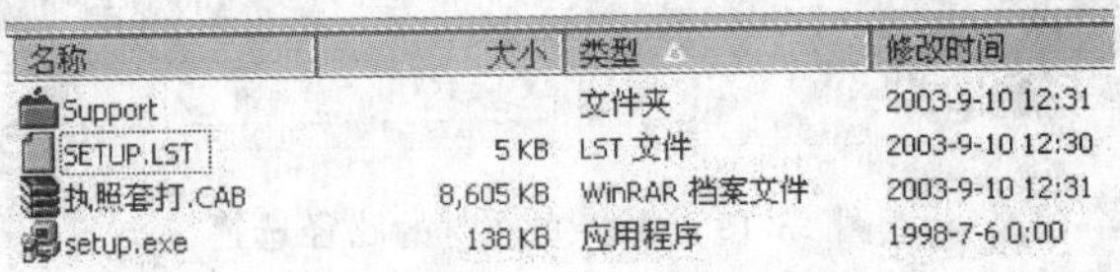

名称	大小	类型 △	修改时间
Support		文件夹	2003-9-10 12:31
SETUP.LST	5 KB	LST 文件	2003-9-10 12:30
执照套打.CAB	8,605 KB	WinRAR 档案文件	2003-9-10 12:31
setup.exe	138 KB	应用程序	1998-7-6 0:00

图 13-22　打包后的文件

- setup.exe：安装的主文件；
- support：压缩包中所包含的所有文件。

　　support 文件夹中有一个比较重要的文件，就是"执照套打.BAT"这个批处理文件（不同的工程，文件名会不一样），当工程改动之后，用户可以将工程重新编译一下，然后将执行文件复制到此 Support 目录下,执行这个批处理文件,就可以重新打包,而不需要每次改动都运行打包向导了。

其中还有一个比较重要的文件,就是 SETUP1.EXE,它是安装的主文件,安装时用户看到的界面就是这个文件运行产生的。它是用 VB 写的,源程序在 VB 的安装目录下,即"C:\Program Files\Microsoft Visual Studio\VB98\Wizards\PDWizard\Setup1\SETUP1.VBP"。

下面对向导生成的 SETUP.LST(安装信息文件)进行介绍,双击该文件会出现如图 13-23 所示的窗口。

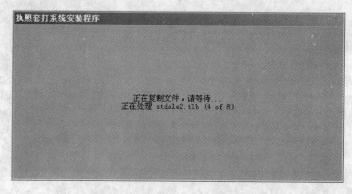

图 13-23　双击 SETUP.LST 文件

这是文件的第一个区的内容,SetupTitle 设置的是解压窗口的标题,SetupText 设置的是解压窗口的内容。最后利用安装向导依次执行下一步的操作,即可安装好该系统,此时它就可以脱离 Visual Basic 环境直接运行在操作系统上。

程序的调试与程序的发布